UG NX 12 五轴数控加工编程应用实例教程

主　编　宋艳丽　孙海亮　齐　壮

副主编　冯金广　孔凡坤　卫　恒

参　编　付计幼　徐丽霞　程正华

张　键　张　茜　张庆明

机 械 工 业 出 版 社

本书共分7章，全面系统讲解了华中HNC-848数控系统五轴机床的结构组成、五轴数控系统的面板操作、五轴刀长设置、RTCP标定技术等，通过实例讲解UG四轴加工中心编程及加工、五轴加工中心定向编程及加工、五轴联动加工中心编程及加工、五轴复杂零件加工。本书言简意赅，循序渐进，过程完整，将复杂知识简单化、抽象理论实体化，可帮助读者把握五轴加工重点知识，并熟练掌握五轴加工中心基本操作及编程技能。书中所提供的实例完整地呈现了五轴加工编程思路，便于读者学习。通过手机扫描前言中的二维码可下载书中实例源文件。联系QQ 296447532获取思考题答案和PPT课件。

本书适合应用型本科、中高职院校、技师院校数控技术专业学生和数控技术人员阅读。

图书在版编目（CIP）数据

UG NX 12五轴数控加工编程应用实例教程 / 宋艳丽，孙海亮，齐壮主编. —北京：机械工业出版社，2021.3（2025.1重印）

ISBN 978-7-111-67760-4

Ⅰ. ①U… Ⅱ. ①宋… ②孙… ③齐… Ⅲ. ①数控机床—加工—计算机辅助设计—应用软件—教材 Ⅳ. ①TG659-39

中国版本图书馆CIP数据核字（2021）第046276号

机械工业出版社（北京市百万庄大街22号 邮政编码100037）

策划编辑：周国萍　　责任编辑：周国萍　刘本明

责任校对：陈　越　　封面设计：马精明

责任印制：郜　敏

北京富资园科技发展有限公司印刷

2025年1月第1版第8次印刷

184mm×260mm・13印张・301千字

标准书号：ISBN 978-7-111-67760-4

定价：59.00元

电话服务

客服电话：010-88361066
010-88379833
010-68326294

网络服务

机　工　官　网：www.cmpbook.com
机　工　官　博：weibo.com/cmp1952
金　　书　　网：www.golden-book.com
机工教育服务网：www.cmpedu.com

前　言

装备制造业是一国工业的基石，它为新技术、新产品的开发和现代工业生产提供重要的手段，是不可或缺的战略性产业。即使是发达的工业化国家，也无不对其高度重视。随着电子信息技术的发展，世界机床制造业已进入了以数字化制造技术为核心的机电一体化时代，其中数控机床就是代表产品之一。五轴联动数控机床是数控机床中难度最大、应用范围最广的机床之一，主要应用于复杂曲面的高效、精密、自动化加工。这种机床系统对一个国家的航空、航天等领域，对精密器械、高精医疗设备等行业有着举足轻重的影响力。目前，五轴联动数控机床系统是解决叶轮、叶片、船用螺旋桨、重型发电机转子、汽轮机转子、大型柴油机曲轴等加工的主要手段。

目前介绍数控五轴机床的图书少，这会影响五轴联动加工高端数控技术人才的培养。本书全面系统讲解了华中 HNC-848 数控系统五轴机床的结构组成、五轴数控系统的面板操作、五轴刀长设置、RTCP 标定技术等，通过实例讲解 UG 四轴加工中心编程及加工、五轴加工中心定向编程及加工、五轴联动加工中心编程及加工、五轴复杂零件加工。本书言简意赅，循序渐进，过程完整，将复杂知识简单化、抽象理论实体化，可帮助读者把握五轴加工重点知识，并熟练掌握五轴加工中心基本操作及编程技能。书中所提供的实例完整地呈现了五轴加工编程思路，便于读者学习。通过手机扫描前言中的二维码可下载书中实例源文件。联系 QQ 296447532 获取思考题答案和 PPT 课件。

本书由宋艳丽、孙海亮和齐壮主编并负责统稿。各章具体编写情况如下：第 1、2 章由武汉交通职业学院宋艳丽副教授和武汉华中数控股份有限公司孙海亮工程师编写；第 3 章由河南职业技术学院冯金广老师和张庆明工程师编写；第 4 章由黑龙江农业工程职业学院孔凡坤老师和付计幼工程师编写；第 5 章由武汉华中数控股份有限公司卫恒和徐丽霞工程师编写；第 6 章由湖北科技职业技术学院张茜老师和湖北城市职业学校张键老师编写；第 7 章由武汉华中数控股份有限公司齐壮和程正华工程师编写。在此衷心感谢参与编写的各位同仁！

本书适合应用型本科、中高职院校、技师院校数控技术专业学生和数控技术人员阅读。

限于编者的水平和经验，书中难免存在一些错误和不足，恳请读者批评指正。

编　者

2021 年 4 月

实例模型源文件

目　录

第1章 五轴加工中心基础知识

1.1 五轴加工中心的结构

1.1.1 五轴加工中心的结构及轴间位置关系

图 1-1 所示为门型立式五轴加工中心。该五轴加工中心标配华中 HNC-848 总线式高档数控系统，支持多轴多通道、五轴加工 RTCP（刀尖跟随）等功能，使 A 轴、C 轴与 X、Y、Z 三直线轴可以实现联动，能够加工出复杂的空间曲面。

图 1-1 门型立式五轴加工中心

该五轴加工中心为摇篮式 A、C 轴双转台结构，其中 A 轴为定轴、C 轴为动轴。C 轴转台位于 A 轴转台的中间，C 轴轴线与 A 轴轴线正交，即 Y 向偏置距离为 0，A 轴可倾斜角度为 −42° ～ 120°，C 轴旋转范围为 0° ～ 360°，最小分度单位为 0.001°。C 轴转台上表面与 A 轴轴线重合，可加装自定心卡盘、单动卡盘或其他专用夹具以实现各类中小坯件的装夹。五轴加工中心各轴位置关系如图 1-2 所示。其中，A 轴零位为工作台面水平放置，即与 Z 轴法向垂直的方位；C 轴零位为台面 T 形槽与 X 轴平行的方位，图 1-2 中 A、C 轴的运动方向均为工作台（工件）的旋转方向，与用右手螺旋定则确定的 A、C 轴正方向正好相反。

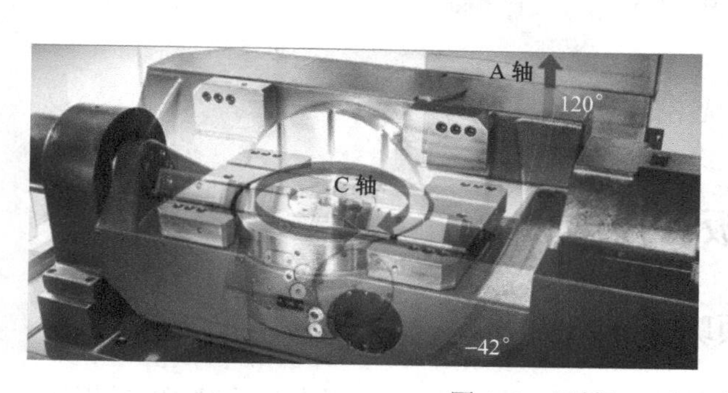

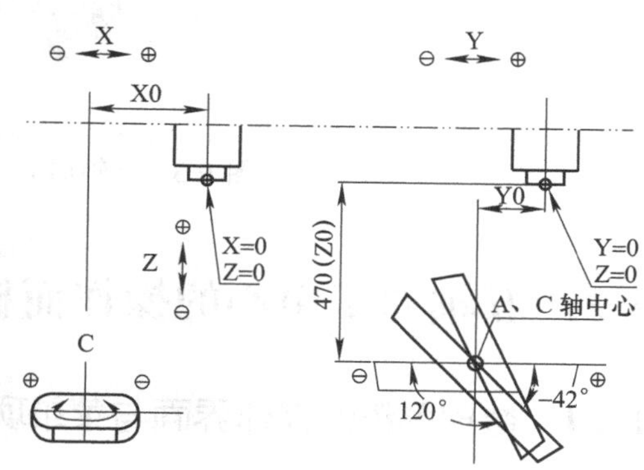

图 1-2 五轴加工中心各轴位置关系

图 1-2 所示的各轴位置关系为加工中心设计时的理想几何关系，实际上因制造和装配误差，AC 轴线间会存在少量的轴间偏置，该偏置对加工结果会造成较大影响。因此，在使用机床之前，必须先进行偏置距离的标定，以确保执行 RTCP 功能的准确性，使用非 RTCP 程序输出时也需要采用这些偏置数据。

1.1.2　五轴加工中心的结构布局关系

五轴加工中心各运动轴的结构布局关系如图 1-3 所示，其采用高刚性龙门式结构，立柱与横梁一体，有效提高了整机结构的稳定性。X 轴在龙门立柱横梁上带动 Z 轴及主轴箱左右水平运动，除正常的 400mm 工作行程外，还有预定的 550mm 的换刀行程；Z 轴驱动刀具主轴箱上下垂直运动，其工作行程为 350mm，主轴鼻端至工作台面（水平时）的距离为 120 ～ 470mm；Y 轴带动双摆台在龙门框架内做前后水平运动，其工作行程为 550mm；X、Y、Z 三轴的快移速度为 36m/min，进给速度为 1 ～ 12m/min。A、C 轴做回转运动，其运动速度分别为 13.3r/min 和 22.2r/min。

该机床的 X、Y、Z 三轴采用双固定滚珠螺杆，通过预拉消除螺杆自身的传动间隙，能较好地预防使用中因温升导致的热变形。通过无齿隙弹性联轴器直连伺服电动机与滚珠螺杆，可有效提升机床的定位精度。X、Y、Z 三轴采用直线重载型滚柱线轨导轨，通过预紧处理达到零间隙及满载荷的状态，摩擦系数小，驱动的定位精度高。X、Y、Z 三轴的定位精度为 -0.005 ～ 0.005m，A 轴定位精度为 45 "，C 轴定位精度可达 15 "。

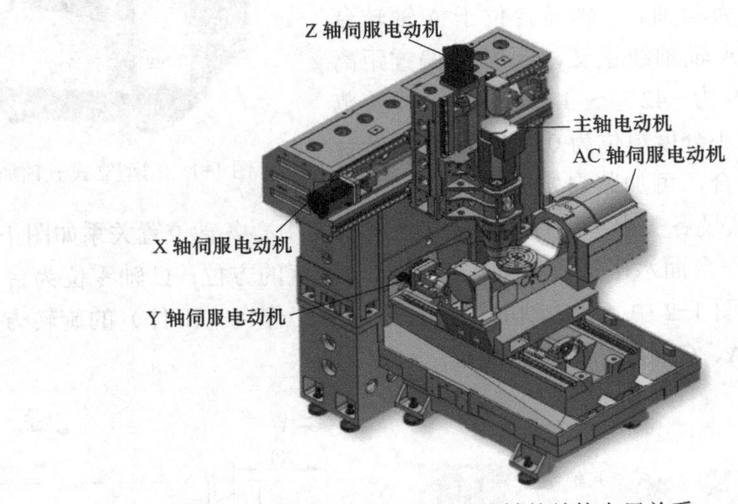

图 1-3　五轴加工中心各运动轴的结构布局关系

1.2　五轴加工中心的操作面板与控制界面

1.2.1　数控系统的操作界面与菜单项功能

图 1-4 所示为华中 HNC-848 数控系统的操作界面，其底部和右侧为菜单软键控制区，

用于各菜单项的选择。操作界面的主要显示区可显示加工位置坐标、程序编码、系统参数及切削仿真图形等各类信息；辅助显示区可显示当前坐标、切削速度、当前模态等辅助信息。数控系统除可使用菜单软键外，还支持指点触控板控制。操作界面中的各菜单项所具有的功能介绍如下。

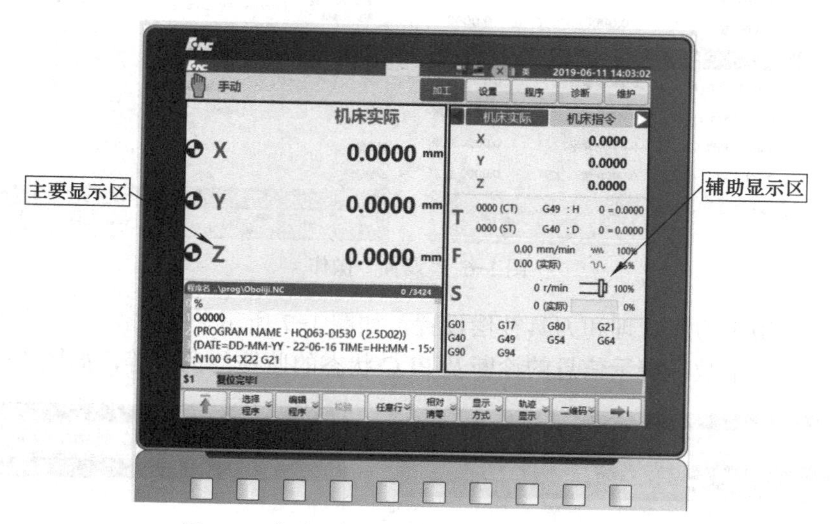

图 1-4　华中 HNC-848 数控系统的操作界面

（1）程序　用于新建程序、选择已有的程序并进行编辑修改，或复制外部程序并进行程序文件的管理，如图 1-5 所示。

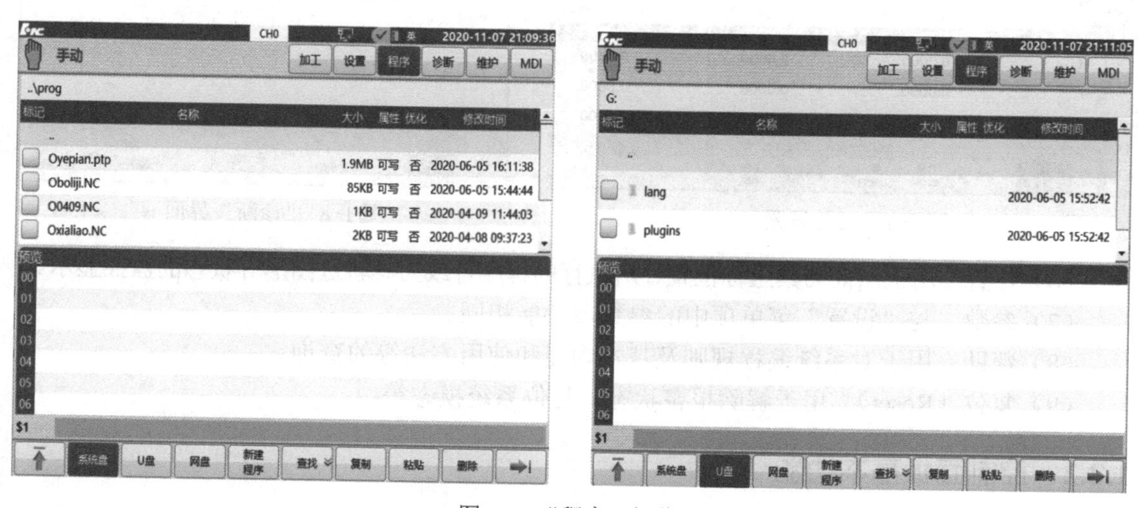

图 1-5　“程序”操作

（2）设置　用于设置工件坐标系原点（可通过直接输入、提取位置坐标或对刀找正计算等多种方式）及各类参数（系统参数、显示参数、系统时间及通信端口参数等），如图 1-6 所示。

（3）MDI　用于手动数据录入功能操作。MDI 是即时从数控面板上输入一个或几个程序段指令并立即实施的运行方式，常用于系统部件性能检查、模态查询及即时调试等。

图 1-6 “设置”操作

（4）刀补　用于刀库管理和刀具补偿设置，如图 1-7 所示。

（5）诊断　用于故障警示信息的诊断及 PLC 状态的监控与调试等，如图 1-8 所示。

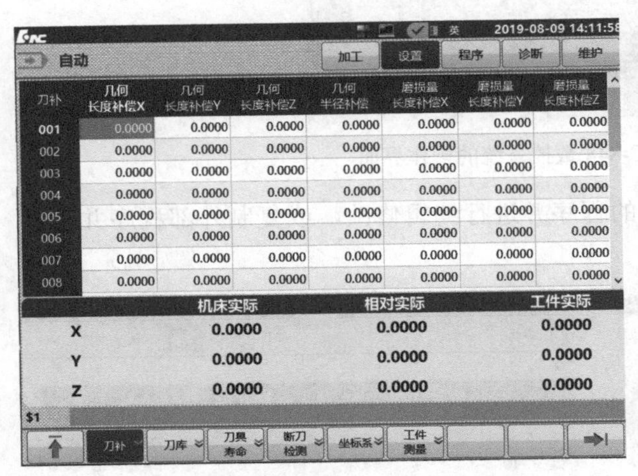

图 1-7　刀补设置

图 1-8 “诊断”界面

（6）位置　用于当前刀具坐标位置、所执行的程序行或刀具轨迹图形等状态的监控显示。

（7）参数　与“设置”菜单项中的参数项功能相同。

（8）帮助　用于对系统编程规则及基本功能和使用方法等的查询。

（9）复位（Reset）　用于解除报警状态、复位系统模态等。

1.2.2　控制面板基本功能

图 1-9 所示为 HNC-848D 数控系统的控制面板，其软件控制区分布有主菜单项快速切换功能键（“程序”“设置”“MDI”“刀补”“诊断”“位置”“参数”及“帮助信息”等）、数字键、光标控制键（上下左右、翻页等）和编辑键（插入、删除、输入）等，采用标准 PC 键盘的布局设计，能让用户快捷方便地进行操作；机床控制区分布有工作方式选择按键（自动、回参考点、手动、增量、MDI、空运行开关、循环启动及进给保持等）、轴运动手动控制按键（主轴起停、主轴定向和点动、切削液启停、各进给轴及其方向选择等），

主轴转速及进给速度的修调采用旋钮控制。

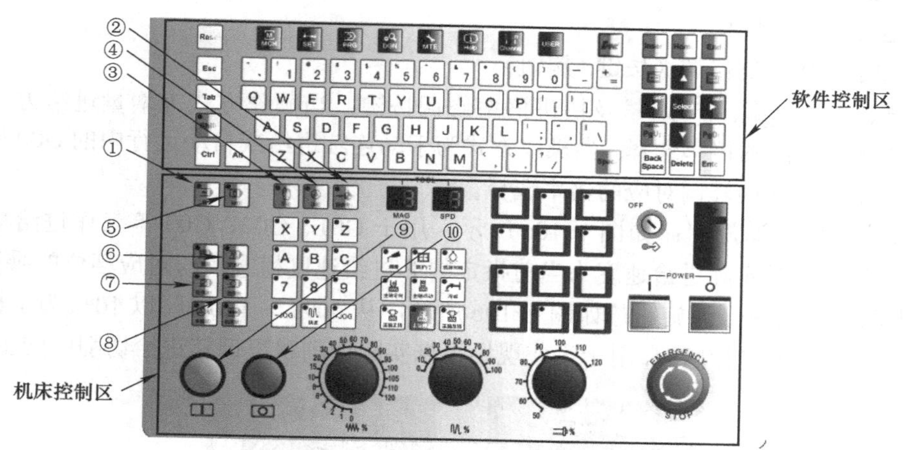

图 1-9　HNC-848D 数控系统的控制面板

控制面板各操作按键的功能说明如下。

（1）工作方式选择键

1）“自动”按键（见图 1-9 中①）：控制程序自动运行加工的按键。要自动执行 NC 程序或 MDI 指令时，应按此按键。

2）“回参考点”按键（见图 1-9 中②）：手动返回参考点方式。机床开机后，应先选择此方式进行手动返回参考点的操作，以初始化机床坐标系。

3）“手动”按键（见图 1-9 中③）：手动连续进给方式。手动移动调整各运动轴时，应选择此方式。

4）“增量”按键（见图 1-9 中④）：手轮或增量进给方式。手动微调或手轮调整各进给轴位置时，应选择此方式。

5）“MDI”按键（见图 1-9 中⑤）：按下此按键至灯亮，程序运行处于 MDI 方式。在 MDI 方式下，可以输入一些简单的数控程序，用于机床调试、对刀等相关操作。

6）“空运行”按键（见图 1-9 中⑥）：按下此按键至灯亮，自动运转将处于空运转运行方式。此时程序执行将无视指令中的进给速度，而按照快移速度移动，但会受到“快速修调”设定倍率的控制，常用于程序加工前的检查。再按一次按键断开，灯熄后即退出空运行状态。空运行时将伴有机械各轴的移动，如果同时按下机床锁定按键，则将以空运行的速度校验程序。

7）“程序跳段”按键（见图 1-9 中⑦）：按下此按键至灯亮，程序跳段为有效状态，自动运转时将跳过带有“/”（斜线号）的程序段。再按一次按键断开，灯熄后即为跳段无效状态，带“/”的程序段会继续被执行。

8）“选择停”按键（见图 1-9 中⑧）：按下此按键至灯亮，可在实施带有辅助功能 M01 的程序段后，暂停程序的执行，然后按“循环启动”可继续程序的执行。再按一次按键断开，灯熄后即为选择停无效状态，下次执行至 M01 指令时将不会暂停。

9）“循环启动”按键（见图 1-9 中⑨）：用于自动运转开始的按键，也用于解除临时停止，自动运转中按键灯亮。

10）“进给保持”按键（见图 1-9 中⑩）：用于自动运转中临时停止的按键，按下此按键，轴移动减速并停止，灯亮。

（2）轴运动倍率的修调（按键 / 旋钮）

1）、、、增量及快进倍率修调按键：当操作方式为增量进给方式时，这些按键用于增量进给的倍率选择；当操作方式为手动连续进给或自动运行中的 G00 模态时，这些按键用于快速移动修调对应的倍率选择。

2）进给倍率修调旋钮：如图 1-10a 所示，用于 G01、G02、G03 等工作进给模态下的进给倍率修调，此时实际进给速度为当前指定的 F 进给速度模态值与对应档位的乘积。

3）主轴转速倍率修调旋钮：如图 1-10b 所示，从 50% ～ 120%，以 10% 为 1 档对主轴转速 S 指定的模态值进行修调，用于工作现场根据实际切削状况调整进给切削中的主轴转速。

a）进给倍率修调　　b）主轴转速倍率修调

图 1-10　进给倍率和主轴转速倍率修调旋钮

（3）辅助功能控制操作

1）主轴起停及正反转控制按键：在手动控制方式下，按主轴正转或反转按键，可使主轴按当前的 S 模态值正转和反转，按主轴停止按键即可停止主轴的旋转。HNC-848 数控系统中主轴的默认 S 模态值为 500r/min，通过 MDI 或自动运行设定了 S 指令数据，则当前的 S 模态值随之改变，实际主轴转速同时受到主轴修调倍率的控制。

2）主轴定向手动控制按键：主轴装刀调整或需要做主轴定向相关操作时，可按此按键，则主轴将自动调整旋转角度，以处于设定好的角度方位，如使精镗刀尖朝向 +X 方向，或使刀柄定位键槽处于 ATC 自动换刀装置所要求的角度方位。

3）主轴点动控制按键：此功能按键可使静止主轴做一次微动调整。

4）切削液启停控制按键：按此按键至灯亮，即可手动开启切削液，再按一次至灯熄即关闭切削液。

5）工作灯控制按键：按此按键，即可打开机床内的工作照明灯，再按一次即可关闭照明灯。

1.2.3　基本操作方法

（1）手动回参考点（机床原点）　将操作面板上的操作方式开关置于“回参考点”方式，然后分别选择各手动轴按键，再按下“移动方向”键，则各轴将向参考点方向移动，一直至回零指示灯亮。手动回参考点是开机后必须首先执行的操作，若因某些原因实施过急停操作，解除急停状态后必须再次进行各轴的回参考点操作，否则程序执行时将产生报警。

（2）刀具相对工件位置的手动调整　刀具相对工件位置的手动调整是采用方向按键通过产生触发脉冲的形式或使用手轮通过产生手摇脉冲的方式来实施的。和普通机床手柄的粗调、微调一样，其手动调整也有两种方式。

1）粗调：置操作方式开关于 手动 “手动连续进给”方式档，先选择要运动的轴，再按轴移动方向按键，则刀具主轴相对于工件向相应的方向连续移动，移动速度受快速修调倍率旋钮的控制，移动距离受按下轴方向选择键的时间的控制，即按即动、即松即停。采用该方式无法进行精确的尺寸调整，大移动量的粗调时可采用此方法。

2）微调：位置调整的微调可使用增量或手轮来操作。将方式开关置于 增量 “增量”方式档。若手轮开关处于“OFF”档位，则处于增量微动方式，选按操作面板上的增量倍率 ×1000 100%、×100 50%、×10 25%、×1 F0 按键之一，再选择要运动的轴，然后按轴移动方向按键一次，则刀具主轴相对于工件向相应的方向分别移动 1mm、0.1mm、0.01mm、0.001mm；若手轮开关不在“OFF”档位，则处于手轮微动方式，用手轮选择移动轴和进给倍率，按“逆正顺负”方向旋动手轮手柄，则刀具主轴相对于工件向相应的方向移动，移动距离视进给倍率值和手轮刻度而定，手轮旋转 360°，相当于 100 个刻度的对应值。

（3）五轴加工的手动操作　若已由参数 P400 和 P401 正确设置了机床的五轴结构类型，对系统支持的机床结构类型，可进行刀具固连坐标系中的手动进给。如图 1-11 所示，所谓刀具固连坐标系，是指当刀具位于初始位置（刀具轴与机床坐标系 Z 轴平行）时，在刀具上建立的一个与机床坐标系平行的局部坐标系。在刀具旋转过程中，该坐标系随着刀具一起旋转，始终与刀具固连。不管刀具固连坐标系随着刀具旋转到什么位置，都可以通过手动操作使刀具沿着刀具固连坐标系的坐标轴移动。移动操作包括手轮、JOG 和增量方式。其操作方法如下：

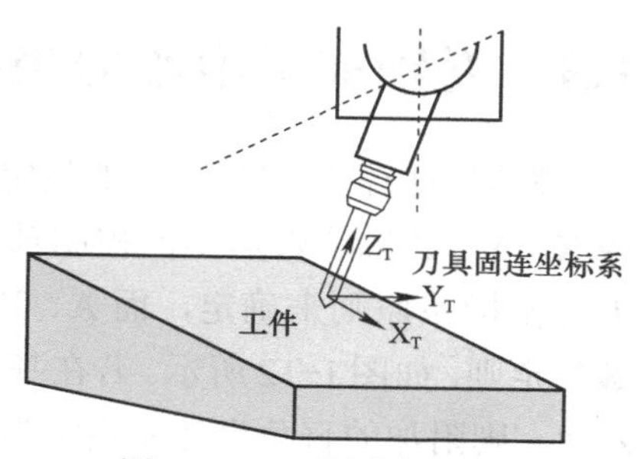

图 1-11　刀具固连坐标系

1）按下手动或增量按键，以及数字 9 按键，开启刀具固连坐标系进给功能。

2）在刀具固连坐标系进给功能开启后，当使用手轮、JOG 或增量方式移动 Z 轴时，将使刀具沿着刀具固连坐标系 Z 轴方向（即刀具轴线方向）移动，可用于五轴加工的法向进退刀；同样，使用手轮、JOG 或增量方式移动 X、Y 轴时，将使刀具沿着刀具固连坐标系的 X、Y 轴方向移动。

3）再次按下手动或增量按键，以及数字 9 按键，关闭刀具固连坐标系进给功能。

（4）MDI 程序运行　MDI 程序运行是指即时从数控系统面板上输入一个或几个程序段指令并立即实施的运行方式。其基本操作方法如下：

1）置操作控制方式为“自动”。

2）置菜单功能项为“MDI”运行方式，则界面的标题栏显示为 MDI 模式，当前各指令模态也可在此界面中查看出。

3）在 MDI 程序录入区可输入一行或多行程序指令，程序内容即被加载到番号为 %1111 的程序中。按“保存”软键可对该 MDI 程序内容赋名存储，按“清除”软键可清除所录入的 MDI 程序内容。

4）程序输入完成后，按“输入”软键确认，按“循环启动”按键即可执行 MDI 程序。

（5）程序输入及自动运行调试　NC 程序输入及自动运行调试的基本操作方法如下：

1）置菜单功能项为“程序”。

2）按“编辑”软键，然后在新建程序处键入程序文件名即可录入加工程序，录入完成后按“保存”软键。

3）选择当前编辑的程序或数控系统中已输入完成的程序。对由 CAM 软件编制并转存在外接 U 盘、CF 卡等介质中的程序，可通过复制、粘贴等操作输入到数控系统中。

4）置操作方式为“自动”，并根据需要选择其他工作方式的开关状态。

5）按“校验”软键可使系统处于校验检查的执行模式，置菜单功能项为“位置”，然后按“循环启动”按键，可在不执行机械运动的状况下运行检查所选择的程序。程序执行的同时可按菜单软键进行“坐标”“程序正文”“轨迹图形”等监控信息的切换。

6）当程序校验检查无误，并完成零件装夹、对刀调整及设置等操作后，可按“重运行”软键，然后按“循环启动”按键进行零件加工程序的自动运行。

1.3　五轴加工中心的坐标系统

根据数控机床坐标系统的设定原则，通常数控机床的基本控制轴 X、Y、Z 为直线运动，绕 X、Y、Z 轴旋转运动的控制轴则分别为 A、B、C，其 X、Y、Z 线性轴的正负方向按笛卡儿坐标系原则来确定，而 A、B、C 旋转轴与对应线性轴 X、Y、Z 的正负方向遵循右手螺旋定则，如图 1-12 所示。若在基本的直角坐标轴 X、Y、Z 之外，还有其他轴线平行于 X、Y、Z 轴，则附加的直角坐标系指定为 U、V、W 或 P、Q、R。一般地，由三个基本直线运动轴 X、Y、Z 和 A、B、C 三个旋转轴中的任意两个联动即可构成五轴联动加工，其组合实现的方式多种多样。

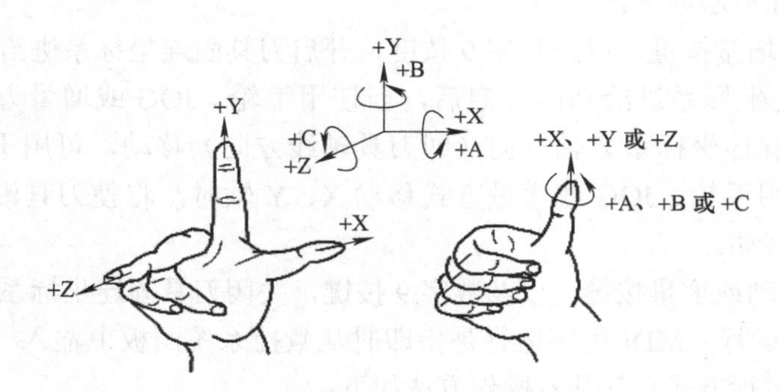

图 1-12　数控机床坐标系统

五轴联动机床有立式、卧式和摇篮式二轴 NC 工作台，NC 工作台 NC 分度头，NC 工作台 90° 轴，NC 工作台 45° B 轴，NC 工作台 A 轴，二轴 NC 主轴六种类型。这六大类共 7 种五轴联动方式各自有各自的特点，无法说哪一种形式更好，只能说你的产品适合哪种类型的五轴加工。

五轴联动双转台机床的结构特点是能通过工作台的摆动和旋转改变工件相对刀具的姿

态，而机床主轴保持不变，可以有效地利用机床空间，使加工范围扩大。

由于受结构的限制，摆动坐标的刚性较低，成为整个机床刚性的薄弱环节。而双转台机床转台的刚性大大高于摆头的刚性，从而提高了机床的总体刚性，如图 1-13 所示。双转台结构主要应用于中小型五轴加工中心上。

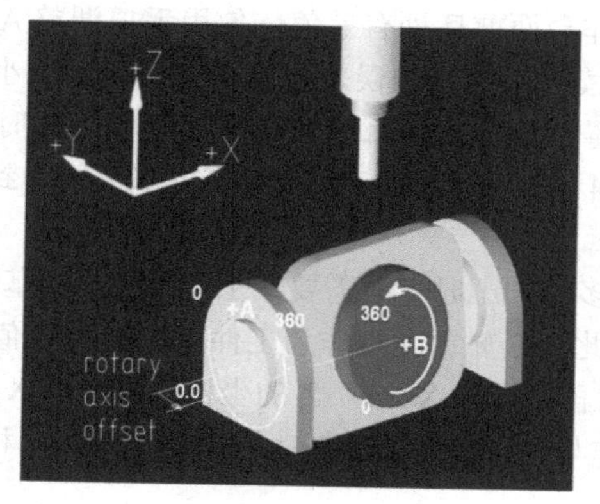

图 1-13　双转台机床

1.4　五轴加工中心的对刀方法以及刀长定义

1.4.1　五轴加工中心的对刀方法

以双转台机床为例，五轴加工中心的结构是：三个直线轴是 X、Y、Z，旋转轴是 A、C 轴，其中定义围绕 X 轴旋转的为 A 轴，围绕 Z 轴旋转的为 C 轴，结构上一般有整体式结构和 3+2 结构。企业生产上一般采用整体式结构，如图 1-14 所示；3+2 结构一般用于教学。整体式结构的性能要高于 3+2 结构，但是同规格整体式结构五轴机床的价格要比 3+2 结构高。

图 1-14　整体式双转台五轴加工中心

校正 A 轴水平面的角度：一台新的五轴机床，因为有些情况下旋转轴 A 轴为 0（指的是机床坐标值）时，它所带动的转台即工作台面不是水平面，这种情况3+2结构的五轴机床特别常见。那么此时首先校正A轴工作台面为水平面时的A轴角度，取C轴转台（圆形小转盘），把圆形小转盘台面清理干净，将百分表或千分表在主轴上固定，表针压到转盘工作台面上，使用手摇调整A轴的角度，移动Y轴使表头在圆形小转盘上移动，在Y轴取其最大移动距离，观察表针的读数，如表针在工作台面前后处有差值，使用手摇调整A轴的角度，重新移动Y轴，观察表针的读数，直到读数在允许的误差范围内，此时圆形小转盘台面确定为水平，通过这个工作台面为水平时得到A轴角度（机床坐标值），把此时A的角度值输入到使用的工件坐标系中的A，如G54这个坐标系，A为−2.15，那么就得到了A轴工件坐标系的值。

C轴工件坐标系的值一般设置为0。在进行多轴加工时有时需要在工件上取一个基准边，这个基准边与X或Y轴成一个特定的角度，取此时C轴的角度作为工件坐标系的C值。

上面得到了A、C轴工件坐标系的值，那么再来设置X、Y、Z的坐标值。对于X、Y、Z三个直线轴的设定，五轴加工中心的对刀操作与是否使用RTCP功能相关，其有两种对刀方式。

（1）一般的对刀方式　即不使用RTCP功能的对刀方式　首先设置X和Y的工件坐标值，这里讲述的是旋转轴C轴中心和圆孔中心重合，通常这种类型的机床其中心都重合，如果不重合，机床厂家会在其说明书上注明具体偏移值。然后找到主轴在C轴中心的位置，如图1-15所示，将磁力表座固定在主轴的主轴头上，或刀具安装到主轴上后将磁力表座固定在刀柄上，注意此时表座在手动旋转主轴时要随之旋转，且旋转时不受任何阻碍。接着将千分表安装到磁力表座上，让表针压到转盘工作台面的圆孔内表面，小心旋转主轴或刀柄，如果此时在旋转一周后表针的跳动超过了误差范围，使用手摇移动X和Y轴位置，重新旋转主轴或刀柄，直到满足允许误差范围，此时就找到了主轴在圆孔中心的位置，把当前的X、Y机床坐标值输入工件坐标系中，此时设置的值就是需要的工件坐标值。

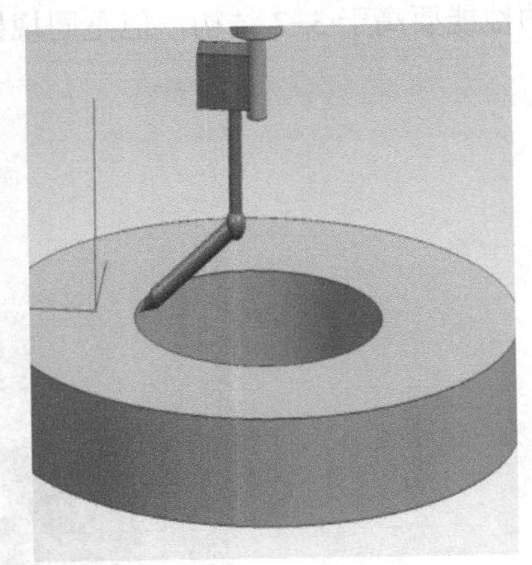

图1-15　磁力表座固定主轴

在装夹工件时，简单的做法是让工件的X、Y坐标（也是CAD/CAM的坐标）与圆孔中心的坐标保持一致。对于毛坯为圆棒料的工件，如果把圆棒料的中心作为工件坐标系，先把圆棒料放在转盘台面上，然后大致装夹好，用刀具采用试切法或用寻边器找圆料的中心，得到X、Y值，此值与刚刚找到的圆孔中心X、Y值进行比较，看是否有偏差，如果有偏差，轻轻移动圆棒料，重新进行找圆棒料中心的X、Y值，直到符合偏差或在允许的偏差范围内，最后装夹好圆棒料。这里使用的是圆孔中心的X、Y坐标值作为工件坐标系的值。

如果是方形工件，以方形工件的一个角作为工件坐标系的X、Y值，那么同样要使CAD/CAM中工件坐标系的X、Y坐标值与圆孔中心重合；如果在装夹工件对刀时，觉得工件X、Y坐标值与圆孔中心重合不太方便，可测量工件上定位的X、Y坐标值与圆孔中心的矢量值，将得到的矢量值输入软件后置处理中，有些软件可以通过在CAD/CAM坐标系偏移的方式来到达上述目的。其他形状的工件也可以采用这个方法，基本原则就是使CAD/CAM的工件坐标系X、Y值和圆孔中心X、Y值重合或有确切的矢量值。

这种对刀方式也可以使用更简单的方法，即采用工装夹具的形式，将圆孔中心的坐标X、Y值与工装夹具的基准重合，这样其工件的具体位置也就是确定的。对于批量生产的零件，通常采用这种方式。

设置Z坐标值，把工件上表面作为工件坐标系的Z坐标值，有以下两种情况：

1）A轴中心线与C轴圆形转盘工作台面在一个平面上。一般整体式五轴机床A轴旋转中心线与工作台面距离是在一个平面上。测量工件上表面到工作台面的距离，即工件的高度设为ZH1；把磁力表座固定到主轴上，安装好百分表或千分表，把表头压到工件上表面，把此时的Z坐标值相对坐标值清零，然后移开表头，使用手摇移动Z再把表头压到圆形转盘台面上，使表针与刚刚压上表面时相同的读数，得到系统面板上Z坐标的相对坐标值，此时的值就是工件的高度，即ZH1。把工件高度ZH1值输入后置处理中，即可得到正确的刀路。

2）A轴中心线与C轴圆形转盘台面不在一个平面上，而是有一定的距离ZH2，这个距离值一般由厂家给定。3+2结构的五轴机床常常就是这样的情况。这种机床的结构一般是A轴中心线在工作台面下面，那么就要把此值加上其上面测量的工件高度，得到一个值，即ZH1+ZH2，然后把这个值输入CAM的后置处理中，同样得到正确的刀路。

另外，如果在装夹工件时，工件和工作台面中间又有夹具连接的话，那么要把此时夹具的高度进行测量，为ZH3，加入到计算的值中，即ZH1+ZH2+ZH3，然后把这个值输入后置处理中，即可得到正确的刀路。

有的CAD/CAM软件根据制作后置的情况不同，在软件中将坐标系向下偏移上面测量计算的值也可以，其目的都是使CAD/CAM软件明确旋转轴A轴中心所处的位置，正确计算输出各个坐标的具体位置，得到正确的编程代码。

（2）使用RTCP功能的对刀方式　对于操作者来讲，这种对刀方式要相对简单一点。理论上工件可以放置在工作台上的任意位置，只要在机床各个轴的可加工行程范围内，A、C轴对刀方式与上述方法一致。

对于X、Y坐标值，理论上可以选择任意位置，但是选择的工件位置一定要与CAD/CAM保持一致，过程如下：

1）校正A轴水平面的角度，方法参考前面的介绍。

2）用常用三轴的对刀方法设置工件上某一点的坐标X、Y值，或中心，或某一个角，输入数控系统中所选择的工件坐标系中。

3）设置 Z 坐标值。以下的方法都是以工件上表面作为工件零点。首先测量刀尖到主轴端面的距离，如图 1-16 所示，将磁力表座固定到工作台上，此时工作台为水平面，把百分表或千分表安装好，表针朝上，移动刀具，把刀尖压到表头上，在系统面板上把 Z 轴相对清零，移动刀具，再把刀尖压到主轴端面上，此时在系统面板上得到 Z 轴的相对坐标值，此值作为刀具的整个长度，把这个值设置到刀具长度补偿中，比如设置在 1 号刀具长度值下。现在对刀 Z 轴的工件坐标（工件上表面），然后负向偏置测量，得到的 1 号刀具长度值输入到对应的工件坐标系中，得到的值就是 Z 轴工件坐标值，而此时 CAD/CAM 中 Z 轴的坐标是在工件的上表面。在程序中建立坐标系后，必须加上 G43.4 H1 这样的代码，如下所示：

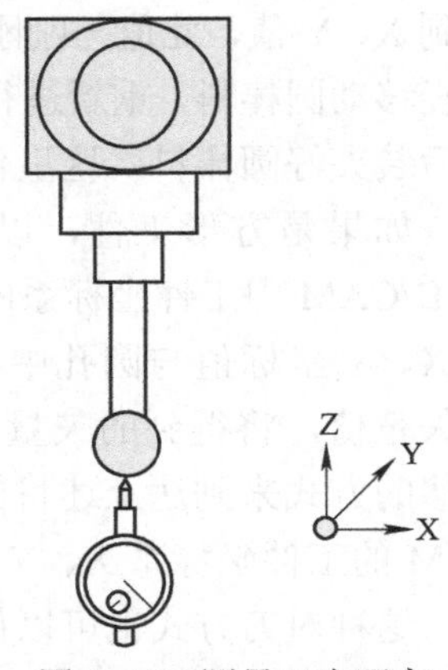

图 1-16　测量刀尖距离

```
%12
G40 G49
G54
G43.4 H1
......
M30
```

也就是说首先把坐标向下移动一个距离（这个距离需要测量刀尖到主轴端面的距离），然后使用刀具长度补偿把它再移动到一个这样的距离，即刀尖回到上表面，这样做的目的是为了 RTCP 功能的实现。

1.4.2　五轴加工中心的刀长定义

刀具长度补偿指令代码为 G43、G44、G49。

$$\text{格式：}\begin{Bmatrix}G17\\G18\\G19\end{Bmatrix}\begin{Bmatrix}G43\\G44\\G49\end{Bmatrix}\begin{Bmatrix}G00\\G01\end{Bmatrix}X\_\ Y\_\ Z\_\ H\_$$

说明：

G17：刀具长度补偿轴 Z 轴；

G18：刀具长度补偿轴 Y 轴；

G19：刀具长度补偿轴 X 轴；

G49：取消刀具长度补偿；

G43：正向偏置（补偿轴终点加上偏置值）；

G44：负向偏置（补偿轴终点减去偏置值）；

X，Y，Z：G00/G01 的参数，即刀补建立或取消的终点；

H：G43/G44 的参数，即刀具长度补偿偏置号（H1 ～ H99），它代表了刀补表中对应的长度补偿值。

G43、G44、G49 都是模态代码，可相互注销。

以下是华中数控系统安装刀具、设定刀具长度补偿的过程：

如图 1-17 所示，1 号刀是铣刀，2 号刀是中心钻，3 号刀是钻头。

1）在手动或增量方式下，按下数控系统面板上的换刀允许按键，左手抓住刀柄，右手按下主轴松 / 紧按键，主轴里的气缸松，把刀柄上的螺钉伸入主轴内；再次按下主轴松 / 紧按键，此时主轴气缸抓住刀柄上的螺钉，即 1 号刀安装在主轴上，以上平面为工件零点，把 1 号刀移动到工件上表面进行对刀操作，在数控系统显示面板下面的菜单中打开工件坐标系，通过上下按键，把蓝底光标移到 Z 位置处，按菜单“当前位置”，得到 Z 轴工件坐标值，比如 G54，而此时 1 号刀在刀具长度表要占一个位置，比如 H1 中，如图 1-17 所示，只是此时为 0，即 1 号刀刀具长度补偿为 0.0000。

2）左手抓刀，右手按下主轴松 / 紧按键，主轴里的气缸松，卸下 1 号刀，把 2 号刀安装在主轴上，安装过程同 1 号刀。在 MDI 下输入 G54，在“单段”或“自动”下执行“循环启动”，使用同样的方式对 2 号刀进行对刀操作（上平面为工件零点），把 2 号刀刀尖移到上表面时，数控系统面板上可得到此时的 Z 工件坐标值，此值就是当前刀和 1 号刀的长度差，把此值输入刀具长度表中，如 H2，如图 1-17 所示，2 号刀的长度补偿值就是 −27.1630。

3）左手抓刀，右手按下主轴松 / 紧按键，主轴里的气缸松，卸下 1 号刀，把 2 号刀安装在主轴上，安装过程同 1 号刀。用同样的方法对 3 号刀进行对刀操作（上平面为工件零点），此时得到 Z 轴的工件坐标值，将此值输入刀具长度表 H3 中，如图 1-17 所示，3 号刀的长度补偿值就是 38.2620。

4）使用这把刀时，首先此刀应是当前刀，然后在程序中调用这把刀的刀具长度补偿且 Z 轴移动一段距离，刀具长度补偿才有效，程序段为：G01 G43 H01 Z50 F1000。

另外需要说明的是，把 1 号刀的刀具长度补偿位置 H1 设为 0.0000 的目的是，如果这把刀具有磨损或损坏，这把刀具就会被换掉，这时 1 号刀具的长度补偿值就有具体的一个值而不是 0.0000。

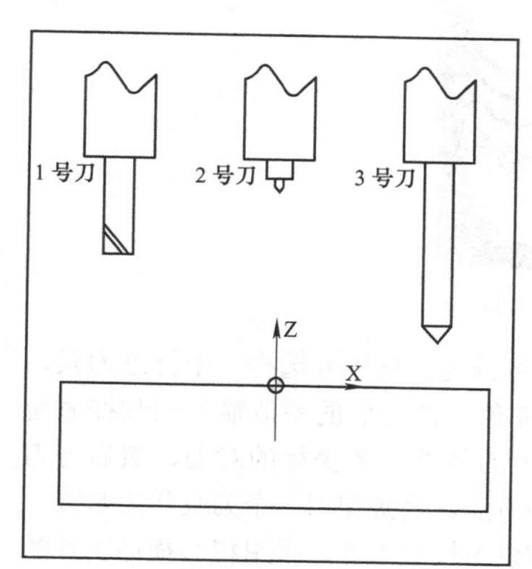

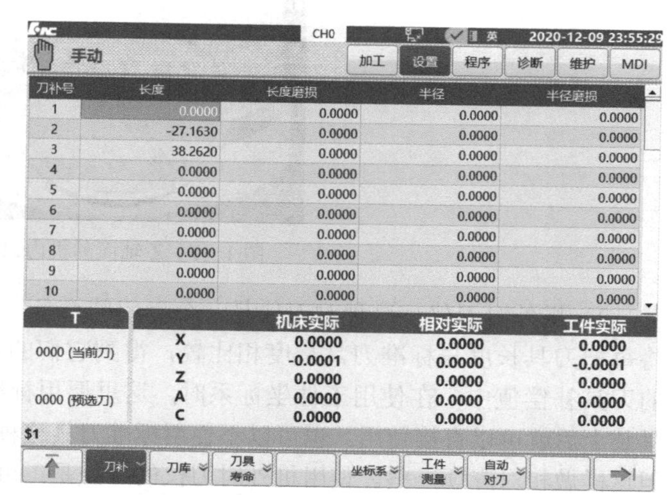

图 1-17　数控系统刀具界面

设定刀具长度补偿的方法通常有 3 种：

（1）试切法　直接使用刀具在工件上面试切。

（2）量块法　在工件上放置好标准量块，直接使用刀具接触量块把设定好的坐标系向下偏移一个量块值即可。

（3）对刀仪　在对刀时可预先测定切削刀具的长度，然后根据刀具的长度差值设定到数控系统的刀具长度补偿中去。这种测量方式一般通过对刀仪实现。对刀仪分为机内对刀仪和机外对刀仪，它代替了试切法、量块法等方法，它比通常的方法要省事省力，对操作者技术要求不高，且精度高。

1）机内对刀仪：分为与数控系统相连的和单独的两种，是利用固定在机床工作台面上的测量装置（对刀仪），对刀具事先进行测定，然后与参考位置或者标准刀进行比较得到刀具的长度，最后把这个长度输入数控系统的刀具长度补偿中。图 1-18 所示是一个 Z 轴简易机内对刀仪，我们使用 3 把刀来进行说明，首先要把 1 号刀具进行对刀，设置到工件坐标系的 Z 坐标，如 G54。主轴在后面的操作中一直处于停止状态，把 1 号刀移动到固定在机床工作台的对刀仪上，工作台要处于水平面，把刀具接触到对刀仪上表面，对刀仪上的表针会显示到一定刻度，把此位置在数控系统里 Z 轴相对坐标设置为 0，最好也把此位置设置为 G59 的 Z 坐标值，这个工件坐标值作为备用参考。移开刀具把 1 号刀具换成 2 号刀具，同样把 2 号刀具移动到对刀仪上表面，对刀仪上的表针显示到之前的位置，在数控系统中得到的相对 Z 坐标值就是 2 号刀具与 1 号刀具的长度差值，把此值设置到数控系统的刀具长度补偿中。同理，可以把 3 号刀具与 1 号刀具的长度差值测定，把此值输入到数控系统的长度补偿中，就得到 3 把刀具的长度补偿值，最后在程序中调用每把刀的刀具长度补偿。

图 1-18　Z 轴简易机内对刀仪

2）机外对刀仪：这种对刀仪是一个专门的设备，可预先在机床外选择一个标准刀具，将每把刀具长度与标准刀具长度相比较，得到它们的差值，把它们的差值输入到数控系统的刀具补偿值中。在使用工件坐标系时，这里要用标准刀具进行 Z 坐标的对刀，然后把刀具装上后就可以直接使用。也可以不使用标准刀具这种方法，直接使用一个刀具作为基准，但这样做相对麻烦一些。使用机外对刀仪的好处是：可以不接触工件，不用担心损坏工件的表面质量；操作在机外，可节省在机内的操作时间。

注意：

①垂直于 G17/G18/G19 所选平面的轴受到长度补偿；

②偏置号改变时，新的偏置值并不加到旧偏置值上，例如：设 H01 的偏置值为 20，H02 的偏置值为 30，则

```
G90 G43 Z100 H01        ；Z 将达到 120
G90 G43 Z100 H02        ；Z 将达到 130
```

思　考　题

1. 选择题

（1）假如站在机器的面前，右手的中指指向主轴的进给方向 +Z 向，则拇指指向是 +X 向，食指指向是（　　）。

A．−Y 向　　B．+Y 向　　C．+A 向　　D．+C 向

（2）刀具长度测量的方式有几种（　　）。

A．1 种　　B．2 种　　C．3 种　　D．4 种

（3）加工坐标系 Y 先旋转 −90°，Z 旋转 −90° 后 Y+ 指向机床坐标系的（　　），X+ 指向机床坐标系的（　　）。

A．X+　　B．Y+　　C．Z+　　D．X−

E．Y−　　F．Z−

2. 填空题

（1）数控机床坐标系三坐标轴 X、Y、Z 及其正方向用____________判定，X、Y、Z 各轴的回转运动及其正方向 +A、+B、+C 分别用____________判断。

（2）在数控机床坐标系中，绕平行于 X、Y 和 Z 轴回转运动的轴，分别称为____轴、____轴和____轴。

（3）数控机床的坐标联动数是指____________________________。

3. 简答题

（1）简述五轴机床测刀长的方法。

（2）在数控铣削加工中，确定程序起点应考虑哪些因素？

第 2 章 五轴加工中心的 RTCP 认知

2.1 五轴加工中心 RTCP 功能的含义

五轴加工中心加工时，程序控制的旋转轴运动通常是绕其旋转轴心旋转。例如如图 2-1 所示的双摆头五轴加工中心，其刀具中心（刀位点）和旋转主轴头的中心有一个距离，这个距离称为枢轴中心距（Pivot）或摆长。由于这个距离的存在，导致产生这样一个问题，即如果对刀具中心编程的话，旋转轴的转动将导致直线轴坐标的平移变化，产生一个位移。如前所述，当不使用 RTCP 功能时，若进行直线插补的同时伴有旋转轴运动，其刀心轨迹就会偏离预定的插补直线。要铣削一条不含旋转轴角度变化的直线，整个枢轴保持主轴刀具与 Z 轴方向一致做平行于轨迹直线的运动即可，若同时含有旋转轴角度的改变，在控制枢轴仍做平行于轨迹直线运动的状态下，由于刀轴有绕旋转轴心的偏摆，刀尖会随之出现高低起落的弧形运动，则刀尖轨迹将不再是一直线而是一条曲线。为了确保刀尖轨迹为一条直线，必须对该曲线进行补偿。需根据刀尖点到旋转轴心的刀具摆长关系，对所有插补点进行旋转轴角度和旋转轴心点三轴坐标位置的计算，得出枢轴控制点（旋转轴心）的插补轨迹（曲线），然后按此计算结果调整控制枢轴的运动，方可保证刀尖轨迹为指定的直线，这就是通常意义上的刀具中心点 RTCP 控制功能。

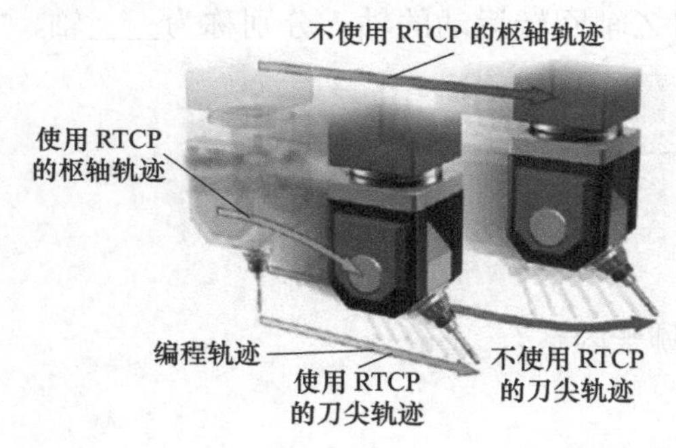

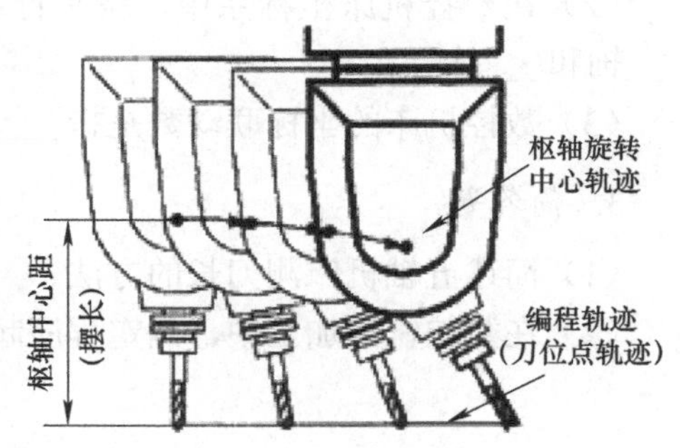

图 2-1 RTCP 功能的含义

通常在五轴加工中心处理这种补偿有两种办法，一种是在 CAM 后置处理中添加枢轴中心距后得到预补偿的程序，即由 CAM 实施 RTCP 的预补偿编程，适用于早期无 RTCP 功能的五轴机床；另一种就是由 CAM 输出适合利用机床 RTCP 功能而未做补偿的程序，然后在机床系统中启用 RTCP 功能，由机床实施 RTCP 补偿的计算控制。对不具备 RTCP 功能的机床，在编制五轴加工程序时，必须知道枢轴中心距。需根据枢轴中心距和旋转角度计算出 X、Y、Z 的直线补偿后编程，以保证刀具中心处于所期望的位置。且实际运行时，必须要求机床的枢轴中心距正好等于编程计算时所采用的数值，一旦刀具长度在换新刀具等情况下发生了改变，原来的程序数据就都不正确了，需要重新进行后处理，因此给实际使用带来了很大的麻烦。若机床具备 RTCP 功能，则系统能根据被加工曲线在空间的轨迹，以保持刀具中心始终在被编程的 X、Y、Z 坐标位置上，由旋转角度变化可能导致刀具中心的 X、Y、Z 直线位移将被转换成枢轴旋转中心的 X、Y、Z 位移变化，即自动对旋转轴进行补偿。这一坐标变换由机床系统控制器来计算，加工程序可以保持不变。在 CAM 编程时，可直接按刀具中心的轨迹实施程序输出，而不需考虑枢轴中心的位置，枢轴中心距是独立于编程的，是在执行程序前通过 RTCP 标定（现场实测后在机床系统中输入）赋予的。

对于以工件旋转实现五轴加工的双摆台五轴加工中心，这种补偿功能则称为 RPCP，即基于工件旋转中心的编程。其意义与 RTCP 功能类似，不同的是该功能是补偿工件旋转所造成的平动坐标的变化。不同结构模式的机床，其转换控制的算法不同。可根据机床结构类型以及 RTCP 标定的结果，将机床结构参数（摆头式机床的摆长、摆台式机床的轴间偏置等）填入通道参数中，系统即可根据机床结构模式进行相应的 RTCP 控制计算。HNC-848 数控系统在 RTCP 控制技术方面，已将 10 种常见结构型式的 5 轴联动机床结构模型引入程序解释、运动规划和轨迹插补三个模块中，除了程序解释模块中实现通常意义上的 RTCP 长度补偿外，还采用在插补后才进行工件编程坐标系到机床坐标系的插补点变换（RTCP 的 W-M 变换）的方法，使得每一个插补点的位置都在编程轨迹上，能有效消除插补过程中的非线性误差。

2.2　五轴加工中心 RTCP 结构参数的标定

对于双转台五轴加工中心，RTCP 需要标定的参数包括 C 转台中心位置、AC 轴线间偏移矢量。如图 2-2 所示，即预先测量出 C 转台上表面中心在机床坐标系中的坐标（X0、Y0、Z0）、A 轴回转轴线和 C 轴回转轴线在 Y 轴方向的偏置距离 y_f 及 Z 方向的偏置距离 z_f，然后将这些数据输入机床系统参数中，供系统实施 RTCP 功能时做补偿换算用。

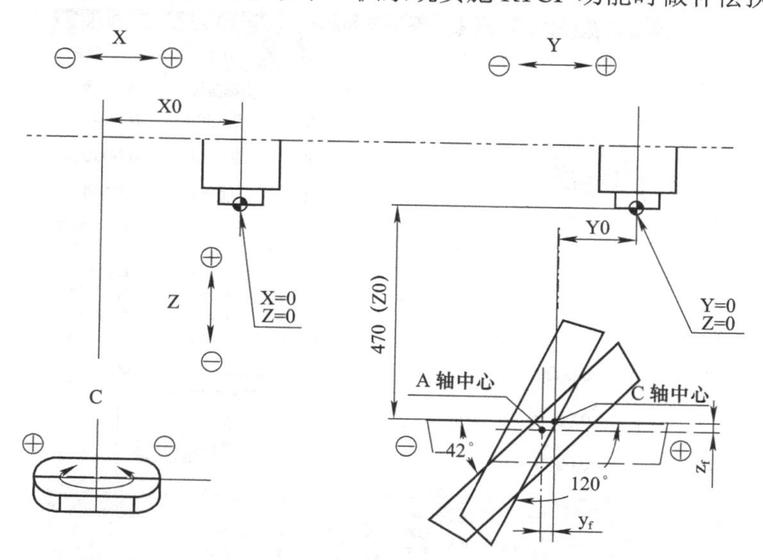

图 2-2　双转台五轴加工中心 RTCP 标定的机床结构参数

2.2.1 C 转台中心位置的测定

（1）C 轴中心 X、Y 坐标的测定　将电子寻边器和普通刀具一样装夹在主轴上，其柄部和触头之间有一个固定的电位差，当触头与金属工件接触时，即通过床身形成回路电流，寻边器上的指示灯被点亮。逐步降低步进增量，使触头与工件表面处于极限接触（进一步则点亮，退一步则熄灭），即认为定位到工件表面的位置处。具体操作如下：

如图 2-3 所示，调整 A、C 轴至 0° 方位，使 C 转台置于水平位置。然后移动 X、Y 轴使寻边器先后定位到 C 轴转台正对的两侧表面，记录下对应的 X_1、X_2、Y_1、Y_2 机床坐标值，则对称中心在机床坐标系中的坐标应是（$(X_1+X_2)/2$，$(Y_1+Y_2)/2$）。这一操作可使用系统提供的分中对刀功能，即在图 2-4 所示的设置界面中，当定位到左右侧表面时分别按“记录 A”和“记录 B”软键，然后移动 G54 的光标至 X 处，再按“分中”软键即可自动完成 X 向对称中心的 G54 坐标设置；同理，当定位到前后侧表面时分别按“记录 A”和“记录 B”软键，然后移动 G54 的光标至 Y 处，再按“分中”软键即可自动完成 Y 向对称中心的 G54 坐标设置。

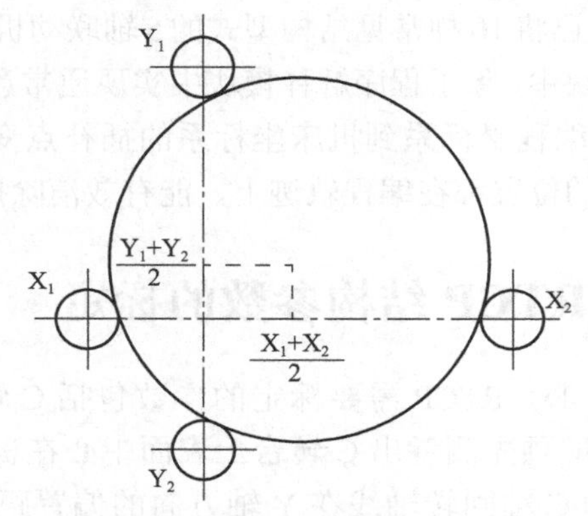

图 2-3　C 轴中心 XY 坐标的找正

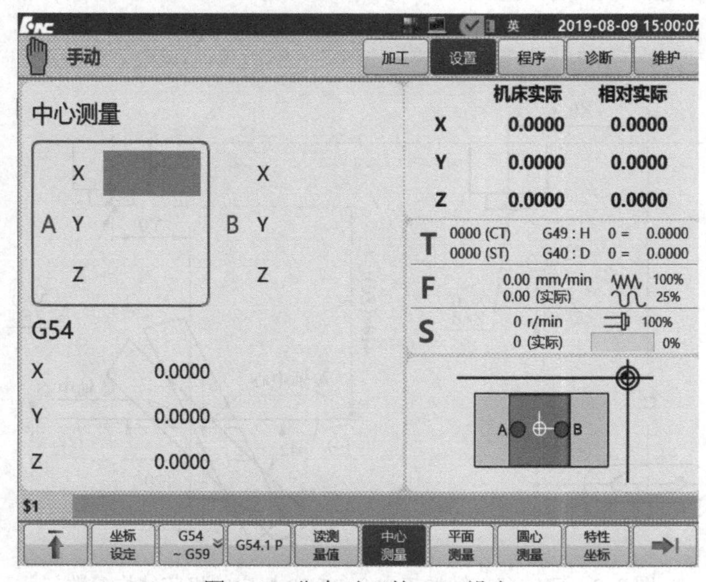

图 2-4　分中对刀的 G54 设定

（2）C 轴中心 X、Y 坐标的校正　将夹持有杠杆百分表的刀柄安装在主轴上，在 MDI 方式下执行 G54 G90 G0 X0 Y0；使 C 轴转台粗测中心正对主轴中心位置，然后调整百分表表头打在 C 轴内径端面上并调零，如图 2-5 所示。手动旋转主轴头，观察百分表读数，然后根据读数微调 X、Y 坐标，使主轴头转一圈时百分表读数在允许的精度范围内，再记录当前机床坐标值，或利用系统软件中“当前位置”菜单项的 G54 设定功能，则此时的机床坐标即为 C 轴中心的 X0、Y0 坐标。

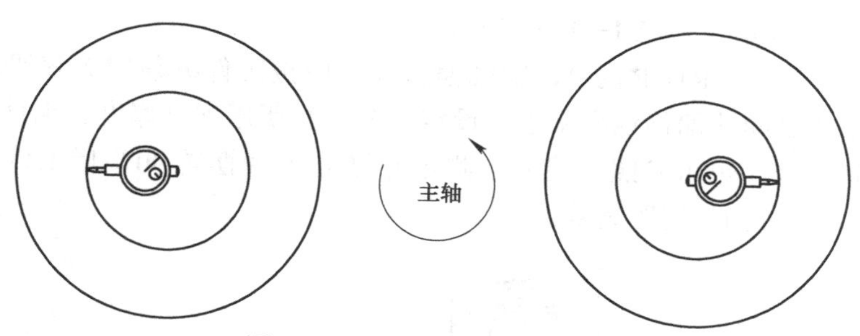

图 2-5　C 轴中心的百分表校正

（3）转台上表面的 Z 坐标测定　C 转台上表面的 Z 坐标测定是用于测量其与主轴下端面接触时，C 转台上表面在机床坐标系中的坐标值数据 Z0。可直接用 Z 轴电子对刀设定器进行测定。具体操作如下：

如图 2-6 所示，调整 A、C 轴至 0° 方位，使 C 转台置于水平位置。置标准高度为 50mm 的 Z 轴对刀设定器于 C 转台上表面，先进行 Z 向回零后再手轮移动 Z 轴至主轴下端面接触 Z 轴对刀设定器的测头，微调手轮移动单位为 ×1 档后，使测头与主轴下端面处于极限接触状态，记录此时的机床坐标 Z 值（负值），则 C 转台中心 Z 坐标应为 Z0=Z−50。

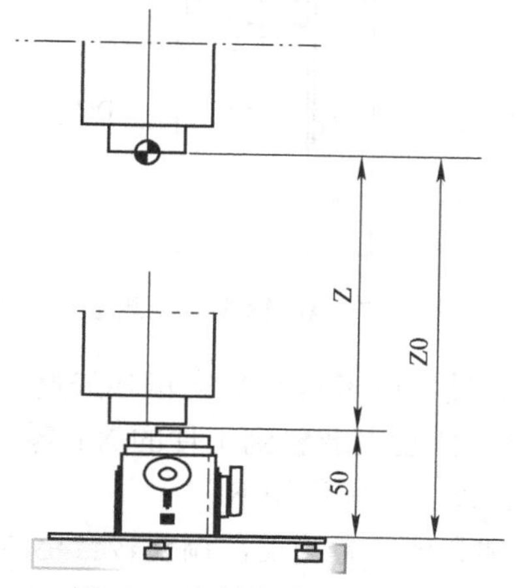

图 2-6　C 轴中心的 Z 测定

2.2.2　AC 轴线间偏移矢量的测定

（1）AC 轴线的 Z 向偏移矢量　机床基本 Z 向偏移矢量 z_f 是指 A 轴回转轴线和 C 轴转台上表面之间的偏移距离，它仅是 RTCP 补偿换算的基础数据，是与使用夹具及工件结构类型无关的原始数据。其测定操作如下：

先调整 A、C 轴至 0° 方位，使 C 转台置于水平位置。置标准高度为 50mm 的 Z 轴对刀设定器于 C 转台上表面，在主轴上装夹一把已知标准直径 D 的测试杆，然后移动机床至 C 轴转台中心正对主轴中心的位置，即（X0，Y0）位置，并将当前 Y 轴坐标相对清零。再转动 A 轴至 90° 方位，如图 2-7 所示，使 C 转台置于垂直位置，调整移动刀具（测试杆）使其侧表面与 Z 轴对刀设定器测头处于极限接触，记录此时的 Y 轴相对坐标 Y1（正值），则 AC 轴线的 Z 向偏移矢量 =－（Y1−D/2−50）。

在实际工件加工中，RTCP 的 AC 轴线偏移矢量应按工件编程用 Z 零平面（如工件上表面）至 A 轴轴线之间的偏移距离来进行设定，若已知所用夹具厚度、工件厚度，即可直接与 z_f 矢量求和得到，也可参照上述方法测定并算出 A 轴摆转 90° 后工件 Z 零平面的相对 Y1 坐标，作为其 Z 向偏置距离数据。

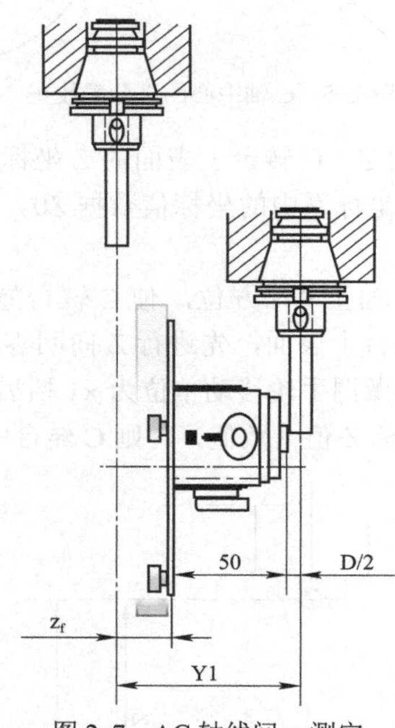

图 2-7　AC 轴线间 z_f 测定

（2）AC 轴线的 Y 向偏移矢量　机床基本 Y 向偏移矢量 y_f 是指 A 轴回转轴线和 C 轴轴线在 Y 方向上的偏移距离，当工件装夹调整到工件的 XY 零点与 C 轴中心重合时，即可直接使用该数据进行 RTCP 补偿计算。其操作如下：

如图 2-8 所示，在主轴上装夹电子寻边器，调整转台至 A 轴 −20°、C 轴 0° 方位，先移动机床至 C 轴转台中心正对主轴中心的位置，即（X0，Y0）位置，并将该位置设为当前工件坐标零点，然后移动调整 Y、Z 至寻边器与 C 转台内孔极限接触，记录此时 Y、Z 的工件坐标为（Y1，Z1）；提升主轴至安全高度后，调整转台至 A 轴 20°、C 轴 0° 方位，再移动调整 Y、Z 至寻边器与 C 转台内孔另一侧极限接触，记录此时 Y、Z 的工件坐标为（Y2，Z2）则可通过下式计算得出 y_f。

$$y_f=[(Y1+Y2)/2]+[(Z1-Z2)(Z1+Z2+z_f)/2(Y2-Y1)]$$

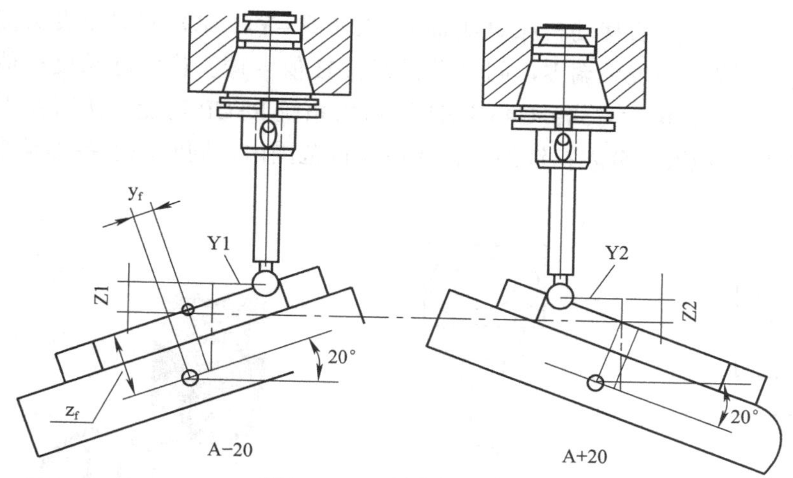

图 2-8　AC 轴线间 y_f 测定

2.3　五轴加工中心 RTCP 功能的测试

2.3.1　手动测试的操作方法

当完成机床 RTCP 结构参数的标定后，即可手动进行 RTCP 功能测试，以验证参数测定的准确性及 RTCP 功能的实施效果。手动 RTCP 测试需要先在 MDI 模式下输入执行 G43.4 H1（目标刀号）开启 RTCP 功能，然后点动旋转轴，使刀具中心点保持在开启 RTCP 功能时的刀具中心点。测试如下：

1）初步对刀并设定一个 G54 的工件坐标系。

2）移动刀具到一个便于观察判断的初始位置。

3）在 MDI 模式下输入并执行 G54；G43.4H1；指令以开启 RTCP 功能。

4）切换到手动模式后移动旋转轴并观察各轴是否联动，查看刀尖点相对工件坐标的变化。

5）手动移动旋转轴到某一定值 C0（如 180°）后，记录面板坐标值 X、Y、Z，然后执行机床回零操作。

6）用 MDI 执行 G54 G90；G43.4H1；G01 C180；指令，再次记录面板坐标值 X1、Y1、Z1，比较两次记录结果，如数值接近则表示 RTCP 功能有效。

RTCP 功能亦可通过标准球和百分表分别对 C 轴和 A 轴转动时的 RTCP 效果进行测试，双摆台五轴加工中心测试时通常将标准球安装在刀具主轴侧，百分表安装在转台上，而双摆头五轴加工中心测试时则通常将标准球安装在工作台上，百分表安装在刀具主轴上。C 轴效果测试时，可分别将百分表打在 –X、–Y 两个方向，A 轴效果测试时将表打在球底部，然后在旋转轴转动过程中观察表指针变化应在 0 ～ 0.02mm 范围内，A 轴测试时还应进行标准球杆架部分刀长补偿的对刀设定。

具体测试可参考如下操作：如图 2-9 所示，在主轴刀柄上夹持一个标准球，再在工作台上架好磁力千分表，然后移动机床直线轴沿 –X（或 –Y、–Z）方向使表头接触标准球，找准球头最大点位置后将表头调零，同时设置刀长 H 值 = 球头杆实际长度－球头半径；在 MDI 模式下输入并先后执行 G54；G43.4 H1 以启用系统 RTCP 功能，接着在手轮模式下实施 A、C 轴的旋转，观察千分表指针的变化应在允许范围内，同时观察各轴是否联动，查看机床坐标的变化。

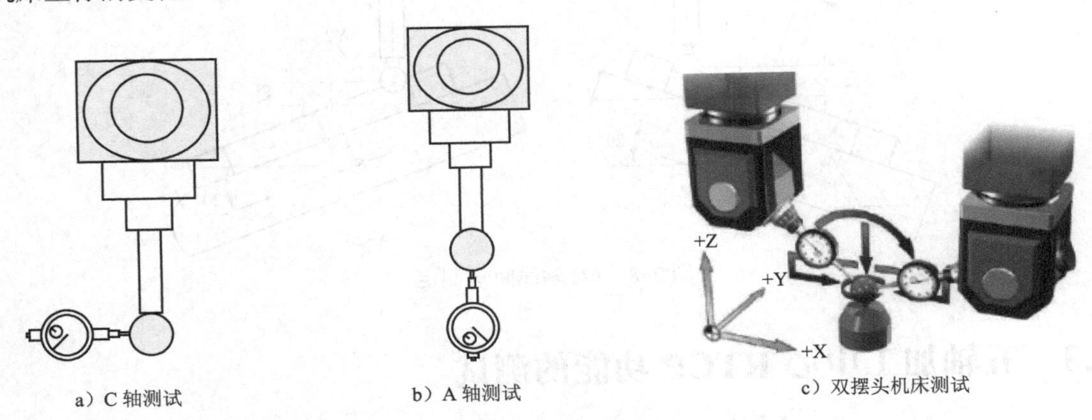

a）C 轴测试　　b）A 轴测试　　c）双摆头机床测试

图 2-9　采用标准球实施五轴 RTCP 功能测试

2.3.2　RTCP 功能测试的原理解析

双摆台机床 RTCP 功能测试的原理就是无论千分表（工件）放置在工作台面上什么位置，当表头调整到与标准球面法向垂直指向球心（球刀球心）时，不管怎样改变旋转轴角度，都能保证表头相对球心的距离不变，即刀位点相对工件位置不改变，因旋转角度变化导致刀具相对工件可能产生的直线位移将由系统按 RTCP 补偿算法自动转换为工作台旋转中心的 XY 平动及刀轴的 Z 向升降调整。若机床精度较高，当旋转轴摆转时，表头不会是固定在球面上某点，而是在球面上滑动，但不会脱离球面，因此千分表指针只会在精度允许范围内做微小摆动，但工作台（旋转中心）及刀具主轴的 X、Y、Z 会有自动补偿调整的坐标变化。每一点上都能按此计算控制，即可实现五轴加工中心的 RTCP 插补加工。

思　考　题

1. 选择题

（1）五轴 RTCP 与 RPCP 不同在于（　　）。

A．补偿工件旋转所造成的平动坐标变化

B．可以提高加工效率

C．缩短加工辅助时间

D．提高程序通用性

（2）AC 轴线间偏移矢量的测定有（　　）。

A．AC 轴线的 Z、Y 向偏移矢量　　B．C 轴中心 Y 坐标的测定

C．C轴中心X坐标的测定　　D．转台上表面的Z坐标测定

2. 填空题

（1）以双转台五轴加工中心而言，RTCP需要标定的参数有______________及AC轴线间偏移矢量。

（2）手动RTCP测试需要先在MDI模式下输入______________执行开启RTCP功能。

3. 简答题

（1）简述五轴加工中心RTCP的功能。

（2）简述五轴加工中心RTCP的标定过程。

第 3 章 五轴加工技术的优势及特点

3.1 五轴加工与三轴加工的区别

传统的三轴数控机床设备，在加工过程中刀轴的方向始终保持不变，机床只能沿着三个线性轴进行插补运动。当加工图 3-1 所示的零件时，三轴加工的短板尤为突显。相比三轴机床，五轴联动机床增加了两个旋转自由度，刀具运动姿态可以灵活变化，有利于刀具保持最佳的切削状态及有效避免加工干涉。因此在加工复杂自由曲面时，五轴联动数控加工具有显著的优势。

叶轮

S 件

图 3-1 五轴联动数控加工典型零件

相比三轴加工，五轴加工有以下几方面的优点。

1. 减少装夹次数，提高加工效率

五轴加工的一个主要优点是仅需经过一次装夹即可完成复杂形状零件的加工，如倾斜孔加工、曲面加工等。由于无须多次装夹，五轴联动加工技术不仅缩短了加工周期，而且避免了因多次装夹所造成的人工或机械误差，大大提高了加工精度。图 3-2 所示为一次装夹多面加工。

2. 保持最佳的切削姿态

由于五轴加工具备五个轴向的自由度，根据曲面的法矢量，转动旋转轴，使刀具总是保持最佳的切削姿态，可提高切削效率。图 3-3 所示为五轴加工与三轴加工的刀轴矢量对比。

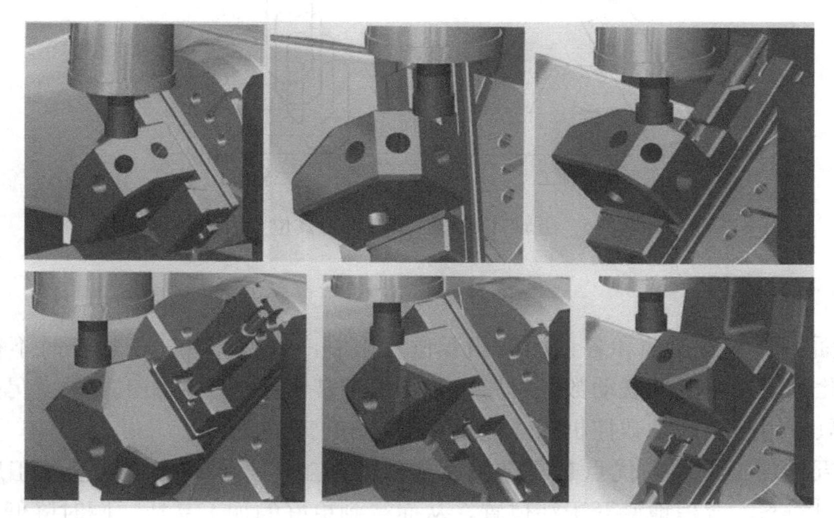

图 3-2　一次装夹多面加工

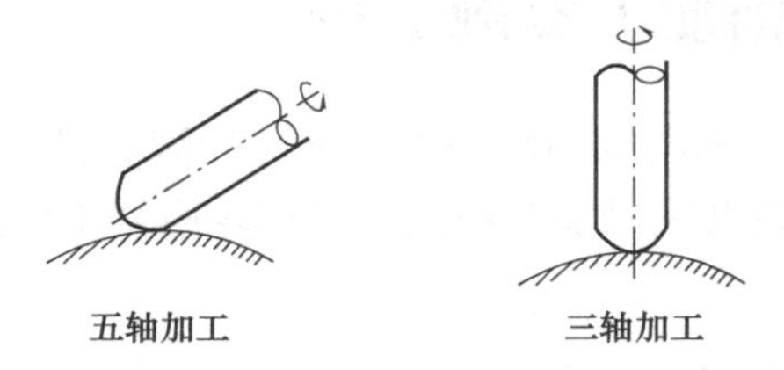

图 3-3　五轴加工与三轴加工的刀轴矢量对比

3. 有效避免加工干涉

对于复杂的曲面零件，例如叶轮和叶片，某些加工区域由于三轴机床本身的缺陷会引起刀具干涉，无法满足加工要求。而五轴机床通过改变刀具的切削方向，可解决加工干涉问题。图 3-4 所示为五轴加工与三轴加工刀具姿态对比。

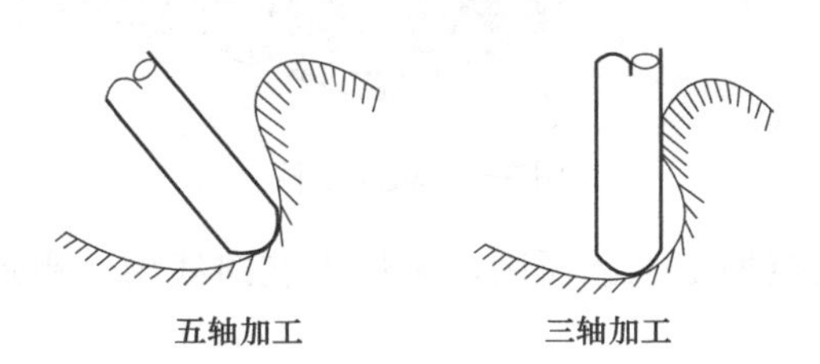

图 3-4　五轴加工与三轴加工刀具姿态对比

4. 侧铣加工提高加工效率和质量

在航空航天领域有曲面侧壁轮廓加工需求，将刀具倾斜一定的角度，通过刀具侧刃进行铣削，能够缩短加工时间，提高加工质量。图 3-5 所示为五轴加工与三轴加工刀具位置对比。

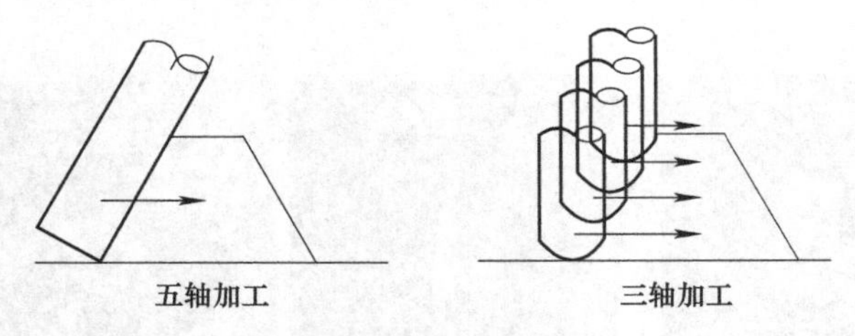

图 3-5　五轴加工与三轴加工刀具位置对比

5. 扩大了加工范围

一些曲面由于本身扭曲和各曲面间相互位置限制，如整体叶轮，加工时不得不转动刀具轴线，因此只能采用五轴联动数控机床，否则很难甚至无法达到加工要求。另外在模具加工中，有时只能用五轴联动数控机床才能避免刀具与工件的干涉。

总之，五轴加工主要的优点是复杂曲面零件的加工，一次装夹完成全部工序，调整刀具到最佳切削姿态，合理地避开干涉位置，从而得到更好的加工品质，同时降低成本。

3.2　五轴加工与三轴加工案例分析

本例加工对象为机座，外形结构如图 3-6 所示，外侧面斜度为 2°，属于五轴加工方式中外形轮廓铣工序的应用，以及三轴加工中曲面区域轮廓铣工序的加工应用，通过两种不同方式进行对比分析。

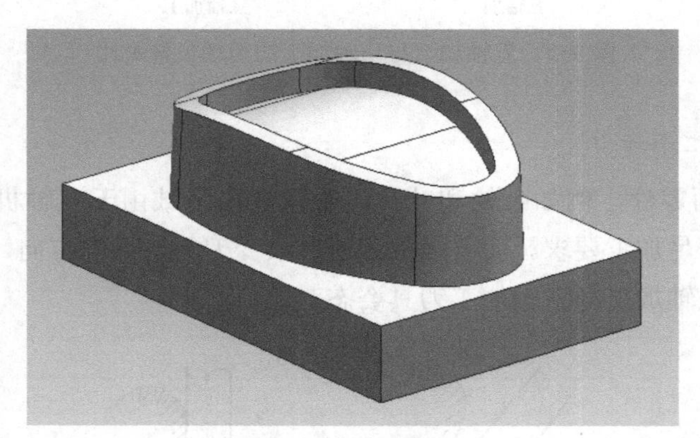

图 3-6　机座零件

根据零件的特点和数控加工工艺原则，采用工艺路线为“粗加工”→“精加工”，具体内容如下：

（1）粗加工　采用较大直径的刀具进行粗加工，以便去除大量余量，粗加工采用型腔铣环切的方法，刀具选择 ϕ12mm 的立铣刀。

（2）精加工　精加工采用分区加工。具体如下：

1）顶面环面和内凹面采用可变轮廓铣进行曲面精加工，驱动方式选择“曲面”方法，刀轴方向为“垂直于驱动体”，刀具采用 ϕ6mm 球头铣刀。

2）内侧和外侧侧面采用外形轮廓铣精加工，刀具采用 ϕ4R1 圆角刀。

3）顶部凹槽采用可变轴曲面轮廓铣进行曲面精加工，驱动方式选择“曲线 / 点”方法，刀具采用 ϕ4R1 圆角刀。

4）底面精加工采用底壁铣工序精加工，刀具采用 ϕ12mm 的立铣刀。

本案例重点分析外侧曲面加工方法，采用两种方法进行加工，分别为五轴加工方法和三轴加工方法。具体流程介绍如下。

3.2.1 五轴加工方法：机座侧面曲面加工

单击快速访问工具栏上的程序顺序视图按钮，工序导航器切换到程序视图。

（1）创建外形轮廓铣工序

1）单击插入工具栏上的创建工序按钮，弹出“创建工序”对话框。在“创建工序”对话框的“类型”下拉列表中选择“mill_multi-axis”，“工序子类型”选择第 1 行第 4 个图标，“位置”选项组中的“程序”选择“NC_PROGRAM”、“刀具”选择“D4R1（铣刀 -5 参数）”、“几何体”选择“WORKPIECE”、“方法”选择“MILL_FINISH”，在“名称”文本框中输入“CONTOUR_PROFILE”，如图 3-7 所示。

2）单击“确定”按钮，弹出“外形轮廓铣 -[CONTOUR_PROFILE]”对话框，如图 3-8 所示。

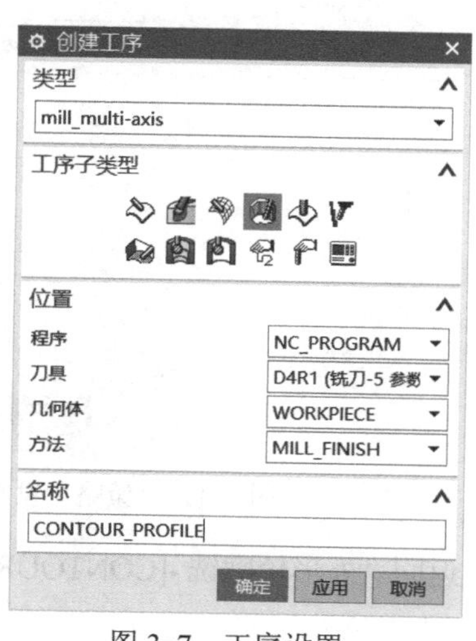

图 3-7 工序设置

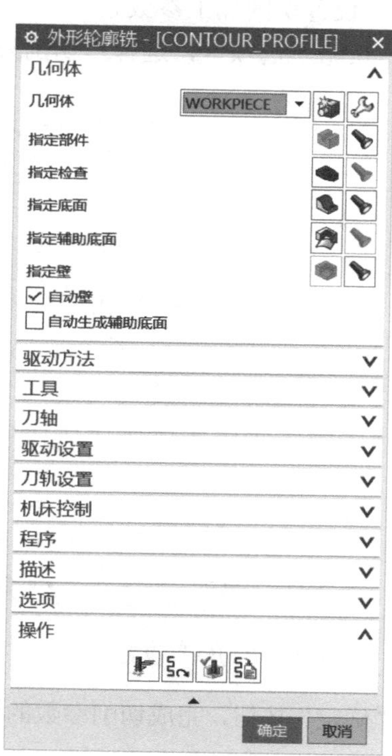

图 3-8 外形轮廓铣设置

（2）选择指定底面 在“几何体”选项组中单击“指定底面”的选择或编辑切削区域几何体按钮，弹出“底面几何体”对话框，选择图 3-9 所示区域作为底面，单击“确定”按钮，返回“外形轮廓铣 -[CONTOUR_PROFILE]”对话框。

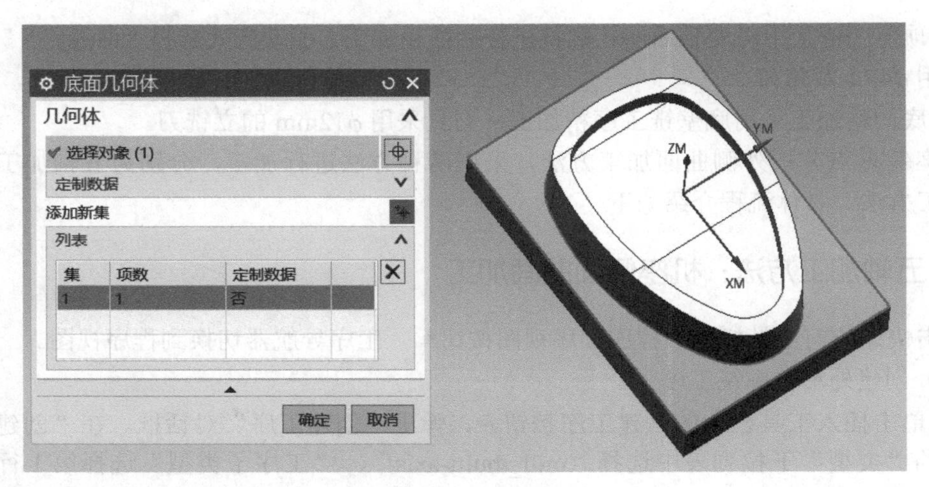

图 3-9 “底面几何体”设置

（3）设置刀轴方向　在“外形轮廓铣 -[CONTOUR_PROFILE]”对话框的“刀轴”选项组下，“轴”选择“自动”，如图 3-10 所示。

（4）设置切削参数　单击“刀轨设置”选项组中的“切削参数”按钮，弹出“切削参数”对话框，设置切削加工参数。

1）单击“策略”选项卡，选择“切削方向”为“顺铣”，如图 3-11 所示。

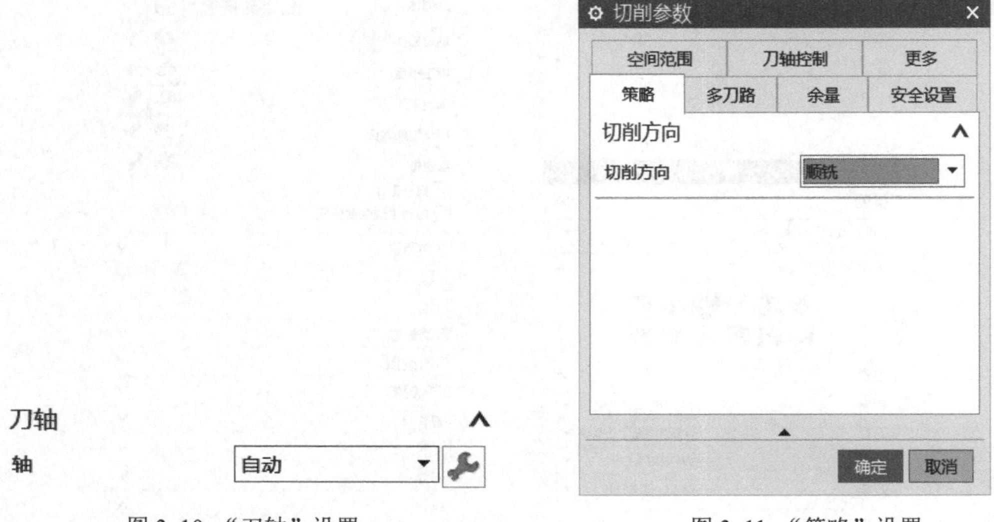

图 3-10 “刀轴”设置

图 3-11 “策略”设置

2）单击“确定”按钮，完成切削参数的设置，返回“外形轮廓铣 -[CONTOUR_PROFILE]”对话框。

（5）设置非切削参数　单击“刀轨设置”选项组中的“非切削移动”按钮，弹出“非切削移动”对话框。

1）单击“进刀”选项卡，在“开放区域”选项组中，设置“进刀类型”为“线性”，其他参数如图 3-12 所示。

2）单击“退刀”选项卡，在“退刀”选项组的“退刀类型”下拉列表中选择“与进刀相同”。

3）单击“非切削移动”对话框中的“确定”按钮，完成非切削参数的设置，如图 3-13 所示。

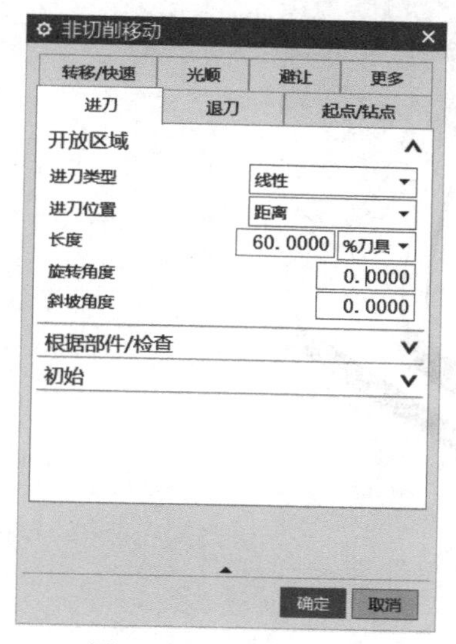

图 3-12　“进刀”设置

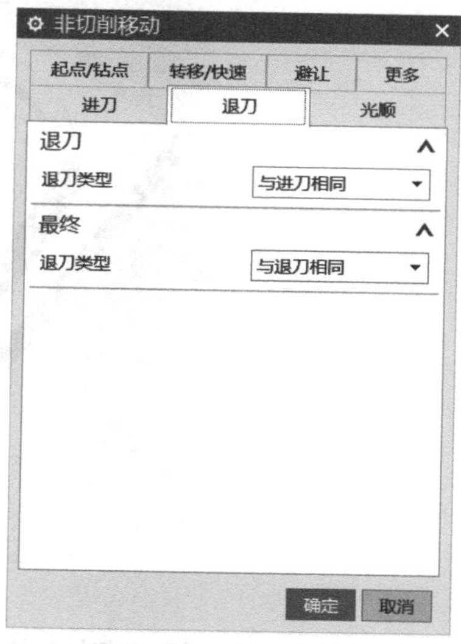

图 3-13　“退刀”设置

（6）设置进给参数　单击“刀轨设置”选项组中的“进给率和速度”按钮，弹出“进给率和速度”对话框。

设置“主轴速度（rpm）”为 3000.000，“切削”速度为 2500.000、单位为“mmpm”，其他参数设置如图 3-14 所示。

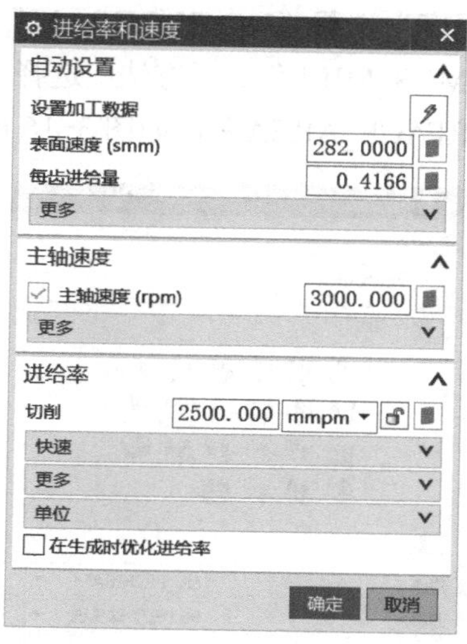

图 3-14　“进给率和速度”设置

（7）生成刀具路径并验证

1）在“操作”对话框中完成参数设置后，单击该对话框底部“操作”选项组中的“生成”按钮，可生成该操作的刀具路径，如图 3-15 所示。

2）单击“外形轮廓铣 -[CONTOUR_PROFILE]”对话框中的“确定”按钮，接受刀具路径，并关闭“外形轮廓铣 -[CONTOUR_PROFILE]”对话框。

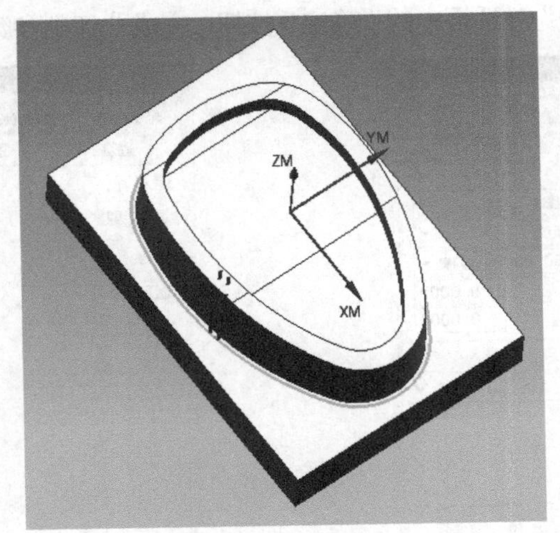

图 3-15 刀具路径

3.2.2 三轴加工方法：机座侧面曲面加工

单击快速访问工具栏上的程序顺序视图按钮，工序导航器切换到程序视图。

（1）曲面区域轮廓铣

1）单击插入工具栏上的创建工序按钮，弹出“创建工序”对话框。在“创建工序”对话框的“类型”下拉列表中选择“mill_contour”，“工序子类型”选择第 2 行第 5 个图标，“位置”选项组中的“程序”选择“NC_PROGRAM”、“刀具”选择“B6（铣刀 - 球头铣）”、“几何体”选择“MCS_MILL”、“方法”选择“MILL_FINISH”，在“名称”文本框中输入“CONTOUR_SURFACE_AREA”，如图 3-16 所示。

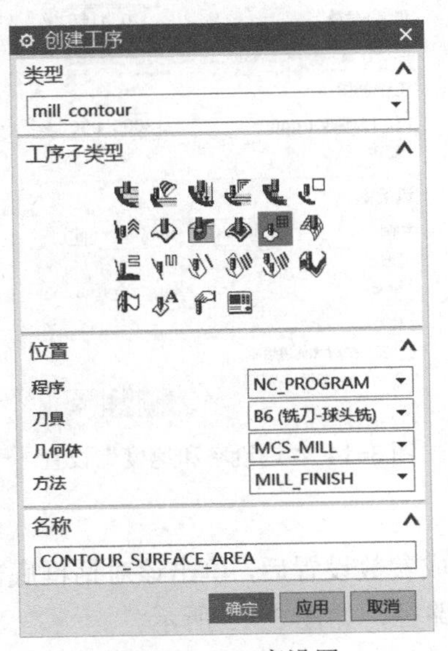

图 3-16 工序设置

2）单击“确定”按钮，弹出“曲面区域轮廓铣 -[CONTOUR_SURF…]”对话框，如图 3-17 所示。

图 3-17　“曲面区域轮廓铣”设置

3）选择图层 2 所示区域作为部件。

（2）选择驱动方法

1）在“曲面区域轮廓铣 -[CONTOUR_SURF…]”对话框中，在“驱动方法”选项组的“方法”下拉列表中选择“曲面”，系统弹出“曲面区域驱动方法”对话框，如图 3-18 所示。

图 3-18　“曲面区域驱动方法”设置

2）在“驱动几何体”选项组中，单击“指定驱动几何体”选项后的选择或编辑驱动几何体按钮，弹出“驱动几何体”对话框（图 3-19），选择图层 3 所示区域的曲面，单击“确定”按钮，返回“曲面区域驱动方法”对话框。

图 3-19 “驱动几何体”设置

3）在“驱动几何体”选项组中单击切削方向按钮，确认切削方向，如图 3-20 所示。

4）在“驱动几何体”选项组中单击材料反向按钮，确认材料侧方向，如图 3-21 所示。

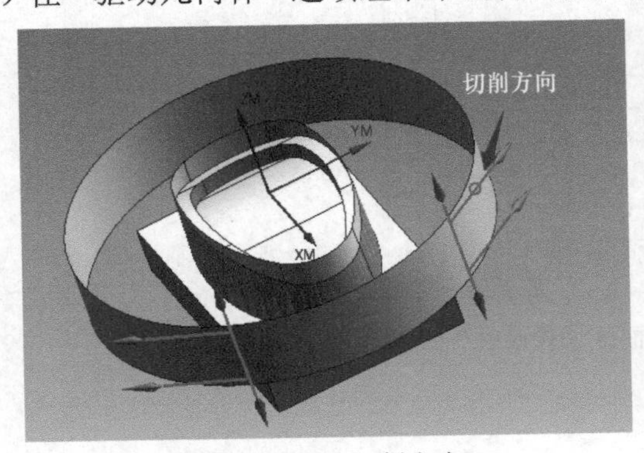

图 3-20 确认切削方向

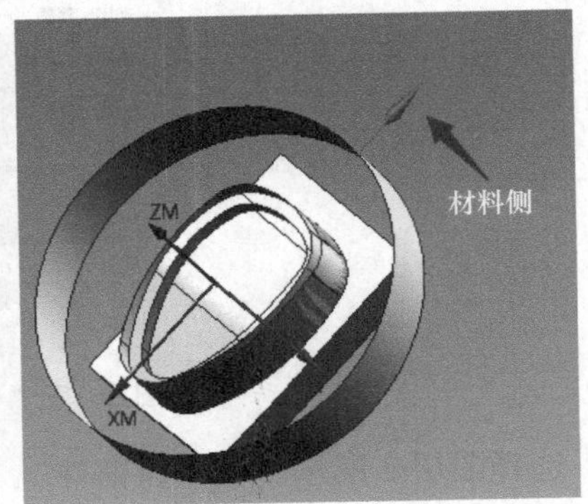

图 3-21 确认材料侧方向

5）在“驱动设置”选项组中选择“切削模式”为“螺旋”、“步距”为“残余高度”，并输入“最大残余高度”为 0.0100，如图 3-22 所示。

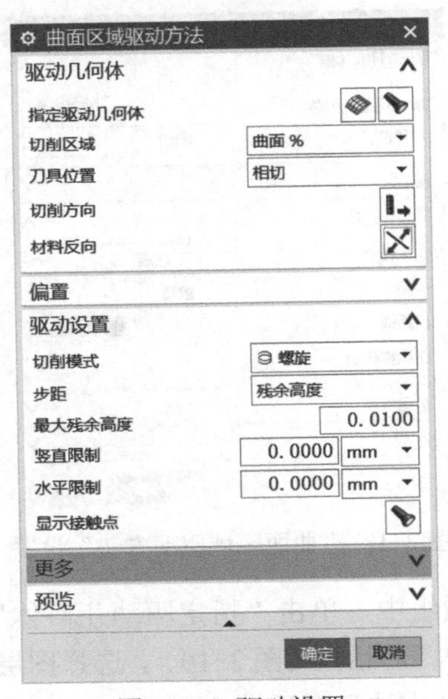

图 3-22 驱动设置

6）单击“曲面区域驱动方法”对话框中的“确定”按钮，完成驱动方法设置，返回“曲面区域驱动方法”对话框。

（3）选择刀轴方向　在“刀轴”选项组中选择“轴”为“+ZM 轴”，如图 3-23 所示。

（4）选择投影矢量方向　在“投影矢量”选项组中选择“矢量”下拉列表为“朝向驱动体”，如图 3-24 所示。

图 3-23 “刀轴”设置　　图 3-24 “投影矢量”设置

（5）设置切削参数　单击“刀轨设置”选项组中的“切削参数”按钮，弹出“切削参数”对话框，设置切削加工参数。

1）在“更多”选项卡中，“切削步长”设为“% 刀具”，并在“最大步长”文本框中输入 30，其他参数如图 3-25 所示。

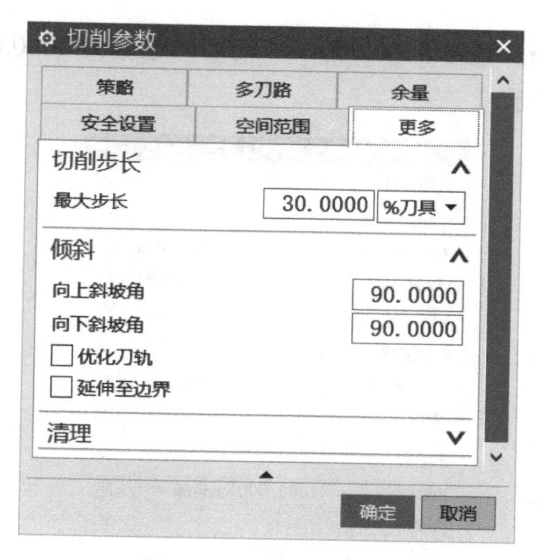

图 3-25 “更多”设置

2）单击“确定”按钮，完成切削参数的设置，返回“曲面区域驱动方法”对话框。

（6）设置非切削参数　单击“刀轨设置”选项组中的“非切削移动”按钮，弹出“非切削移动”对话框。

1）单击“进刀”选项卡，在“开放区域”选项组中，“进刀类型”选择为“线性”，其他参数如图 3-26 所示。

2）单击“退刀”选项卡，在“开放区域”选项组中的“退刀类型”下拉列表中选择“与进刀相同”，如图 3-27 所示。

3）单击“非切削移动”对话框中的“确定”按钮，完成非切削参数的设置。

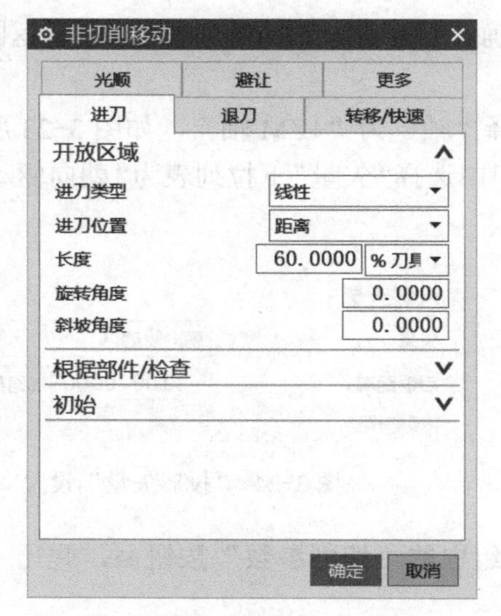

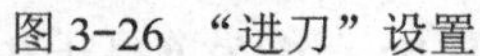
图 3-26 “进刀”设置

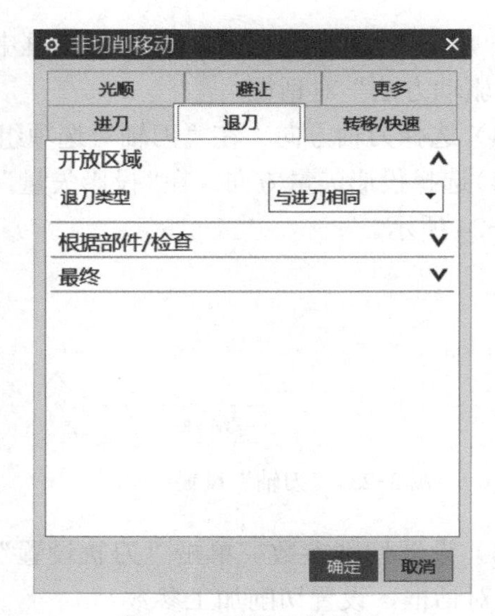

图 3-27 “退刀”设置

（7）设置进给参数　单击“刀轨设置”选项组中的“进给率和速度”按钮，弹出“进给率和速度”对话框。

设置“主轴速度（rpm）”为 3000.000，“切削”速度为 1000.000、单位为“mmpm”，其他参数设置如图 3-28 所示。

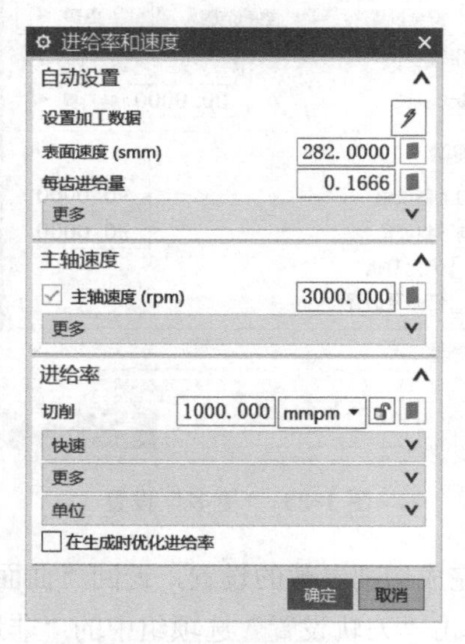

图 3-28 “进给率和速度”设置

（8）生成刀具路径并验证

1）在“操作”对话框中完成参数设置后，单击该对话框底部“操作”选项组中的“生成”按钮，可生成该操作的刀具路径，如图 3-29 所示。

2）单击“曲面区域驱动方法”对话框中的“确定”按钮，接受刀具路径，并关闭“曲面区域驱动方法”对话框。

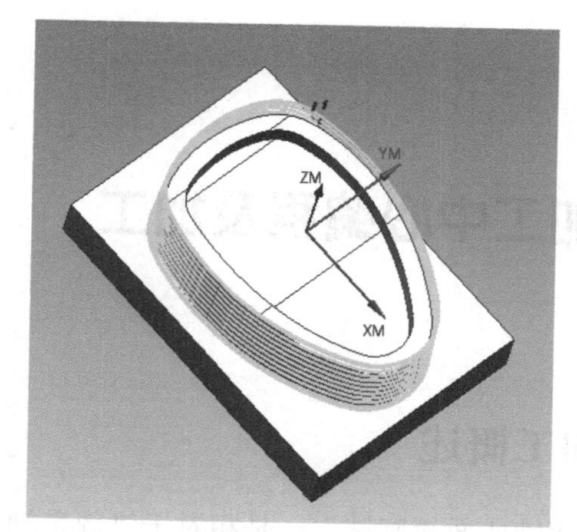

图 3-29　刀具路径

由以上对比分析可知，采用五轴加工可节省加工时间，简化操作步骤，大大提高加工效率和加工质量。五轴联动机床的使用，让工件的装夹变得容易，加工时无须特殊夹具，降低了夹具的成本，避免了多次装夹，提高了产品加工精度。采用五轴加工技术加工产品可以减少夹具的使用数量。另外，由于五轴联动机床可在加工中省去许多特殊刀具，所以降低了刀具成本。五轴联动机床在加工中能增加刀具的有效切削刃长度，减小切削力，延长刀具使用寿命，降低成本。

采用五轴联动机床加工模具可以很快地完成模具加工，交货快，更好地保证模具的加工质量，使模具加工变得更加容易，并且使模具修改变得容易。在传统的模具加工中，一般用立式加工中心来完成工件的铣削加工。随着模具制造技术的不断发展，立式加工中心本身的一些弱点表现得越来越明显。现代模具加工普遍使用球头铣来加工，球头铣刀在模具加工中带来的好处非常明显，但是如果用立式加工中心的话，其底面的线速度为 0，这样底面的表面质量就会很差，而使用五轴联动机床加工模具，可以克服上述不足。

思　考　题

1. 选择题

在外形轮廓铣中不是主要设置参数的是（　　）。

A. 底面设置　　B. 刀具设置　　C. 进给参数　　D. 进刀方式

2. 填空题

（1）在区域曲面轮廓铣中，进给参数的设置有____________________。

（2）进退刀方式的设置在____________。

3. 简答题

（1）简述五轴加工与三轴加工的不同。

（2）简述五轴加工的优点。

第 4 章 四轴加工中心编程及加工

4.1 变轴轮廓铣加工概述

变轴轮廓铣也叫“可变轴曲面轮廓铣”，是相对于“固定轴曲面轮廓铣”而言的，是指加工过程中刀轴的方向线可以连续变化，以实现连续多轴联动的加工。这种加工可以克服定位加工曲面时机床产生的接刀误差，使所加工的曲面连续而且光滑。可变轴曲面轮廓铣可以精确地控制刀轴和矢量投影，使刀具沿着非常复杂的曲面运动，这是一种典型的多轴加工方法，它与普通的三轴加工不同之处在于，三轴加工的刀轴一般都是固定的，而可变轴曲面轮廓铣则需要指定投影矢量、刀轴方位和驱动方法，这三个参数也是可变轴加工非常重要的参数。对于驱动方法来说，它其实相当于一个参考，也就是刀路生成需要参考驱动方法来完成。在选定切削区域的情况下，投影矢量控制刀路从哪个方向投影到加工曲面上，刀轴控制刀具加工时的摆放方位。

4.2 实例整体分析

如图 4-1 所示，螺钉外形为圆柱形结构，由螺纹线和六边形组成。毛坯为圆柱体，表面进行粗加工，采用四轴进行精加工。

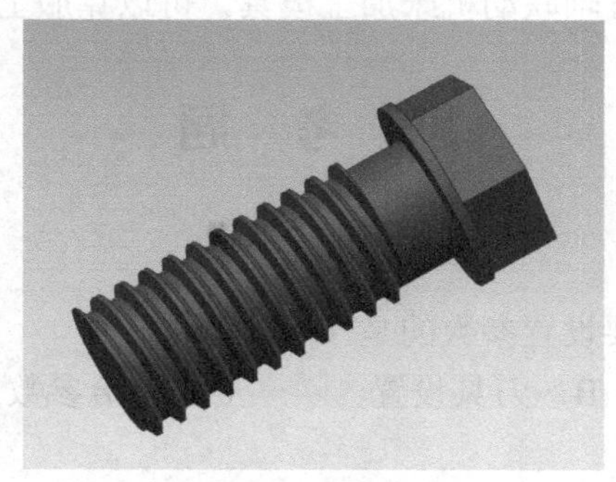

图 4-1　螺钉

4.3 实例加工分析

根据零件的特点，按照加工工艺的安排原则，工序安排如下：

1）外表面加工采用底壁铣进行多边形精加工，刀具采用 ϕ12R6 的铣刀。

2）外表面加工采用可变轴轮廓铣进行曲面精加工，“驱动方式”选择“曲面”，“刀轴”设为“远离直线”，刀具采用 ϕ16R8 的铣刀。

3）底面加工采用可变轴轮廓铣进行曲面精加工，“驱动方式”选择“曲面”，“刀轴”设为“远离直线”，刀具采用 ϕ4R2 的球刀。

4）侧面加工采用可变轴轮廓铣进行曲面精加工，“驱动方式”选择“曲面”，“刀轴”设为“远离直线”，刀具采用 ϕ4R2 的球刀。

4.4　加工流程与所用知识点

螺钉零件数控加工的具体设计流程和知识点见表 4-1。

表 4-1　螺钉零件数控加工的具体设计流程和知识点

步　骤	设计知识点	设计流程效果图
步骤 1：打开文件，进入加工环境	数控加工环境是指进入 UG NX 的制造模块后进行编程作业的软件环境，选择可变轴轮廓铣“mill_mulit_axis”	
步骤 2：创建几何组	创建几何组是在零件上定义要加工的几何对象和指定零件在机床上的加工方位	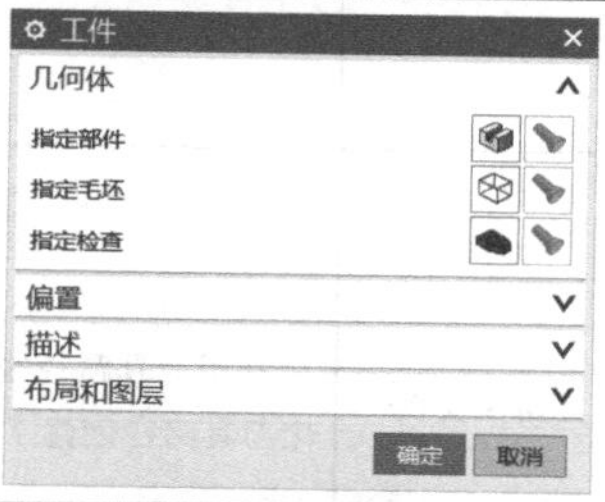
步骤 3：创建刀具组	创建加工所需的加工刀具	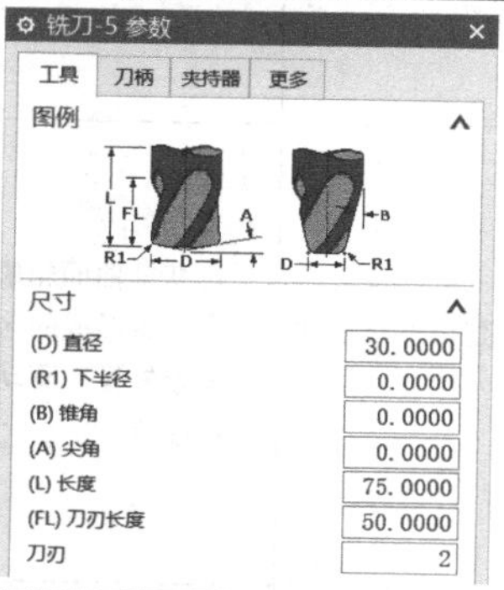

（续）

步　骤	设计知识点	设计流程效果图
步骤 4：创建加工方法组	加工方法通过对加工余量，几何体的内、外公差等设置，为粗加工、半精加工和精加工设定统一的参数	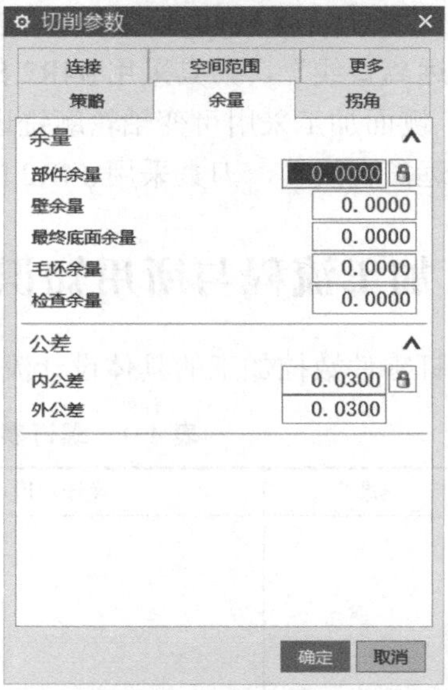 切削参数 连接 空间范围 更多 策略 余量 拐角 余量 部件余量 0.0000 壁余量 0.0000 最终底面余量 0.0000 毛坯余量 0.0000 检查余量 0.0000 公差 内公差 0.0300 外公差 0.0300 确定 取消
步骤 5：创建底壁铣	底壁铣操作可以将要移除的材料由切削区域底面和毛坯厚度来确定，自由定义底面到顶层的切削深度范围	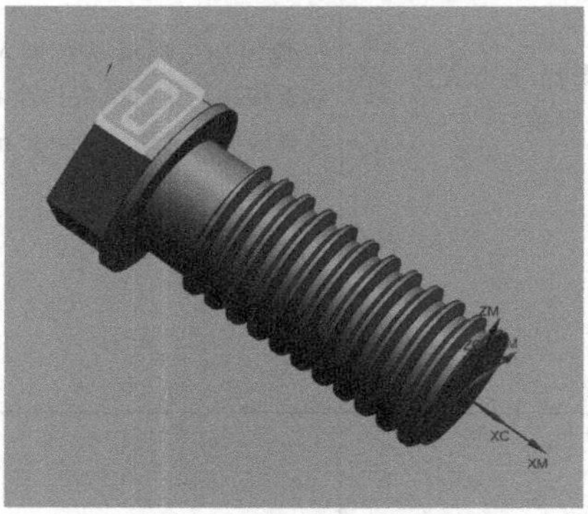
步骤 6：刀具路径变换	利用刀具路径线性复制功能，可简化刀具路径创建	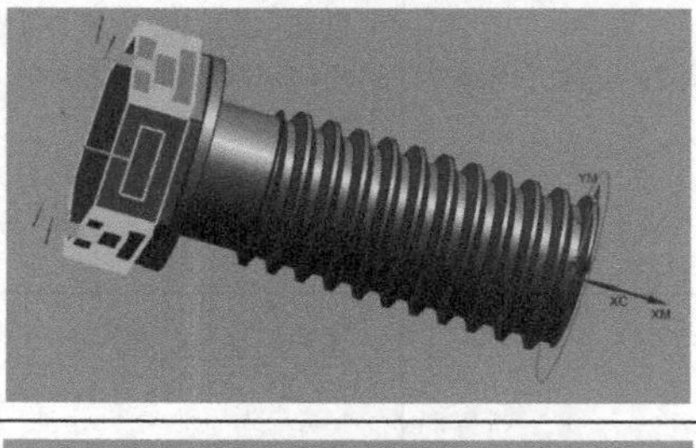
步骤 7：创建可变轴曲面轮廓铣 1	可变轴曲面轮廓铣是精加工由曲面轮廓曲面形成的区域加工方法，可选择投影矢量、驱动方法和刀轴来控制刀具移动	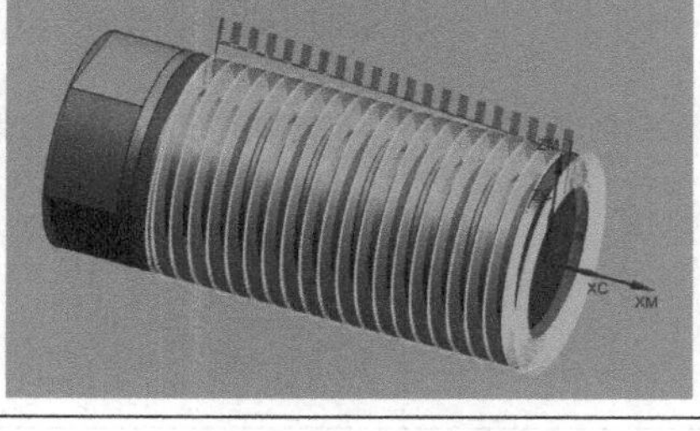

（续）

步　骤	设计知识点	设计流程效果图
步骤8：创建可变轴曲面轮廓铣2	通过改变曲面区域驱动方法中切削区域的曲面百分比来控制刀路轨迹	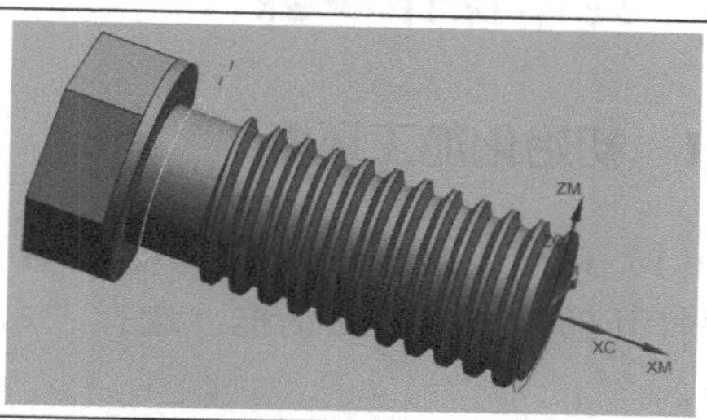 ZM XC XM
步骤9：创建可变轴曲面轮廓铣3	利用辅助面大小，控制切削区域大小	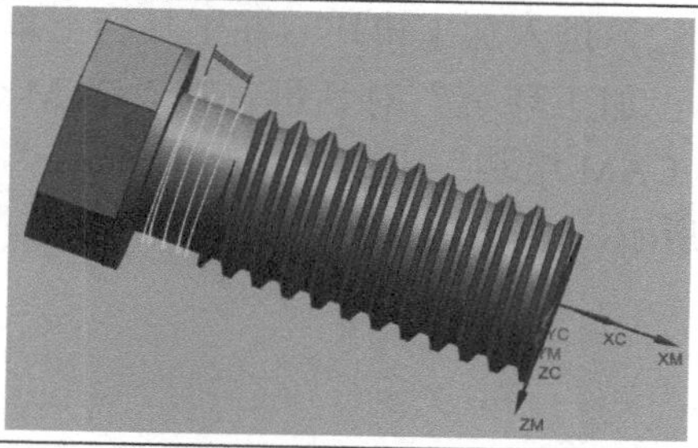 YC YM ZC XC XM ZM
步骤10：创建可变轴曲面轮廓铣4	曲线偏置，实现螺钉底面槽加工	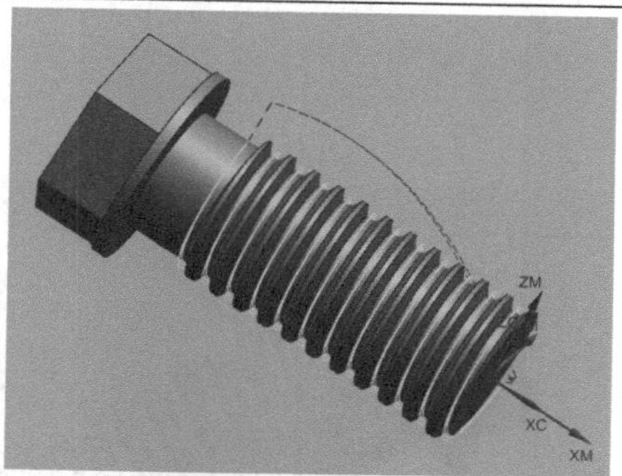 ZM XC XM
步骤11：创建可变轴曲面轮廓铣5	扩大面，实现刀路连续性分层加工	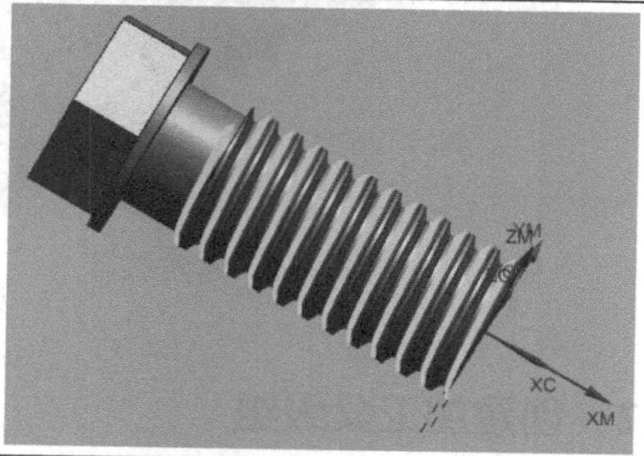 XM ZM XC XM
步骤12：创建可变轴曲面轮廓铣6	继续扩大面，实现刀路连续性分层加工	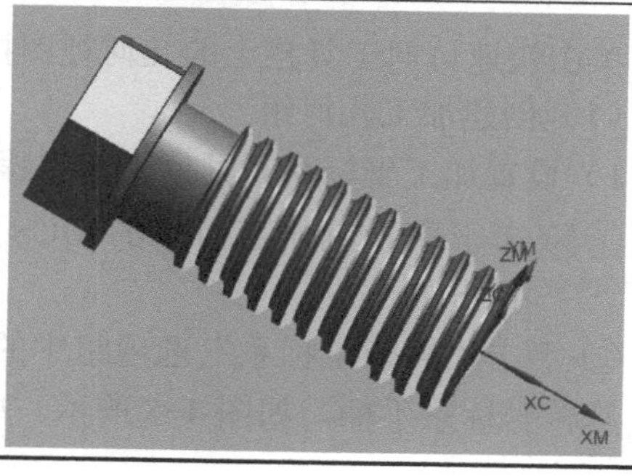 XM ZM XC XM

4.5 具体操作步骤

4.5.1 初始化加工环境

（1）打开模型文件　启动 UG NX 后，单击“标准”工具栏上的“打开”按钮，打开“打开部件文件”对话框，选择“六角螺母”，单击“OK”按钮，文件打开后如图 4-2 所示。

（2）进入加工模块　在工具栏上单击“文件”按钮，进入启动项选择加工模块，系统弹出“加工环境”对话框。在“CAM 会话配置”中选择“cam_general”选项，在“要创建的 CAM 组装”中选择“mill_planar”选项，单击“确定”按钮，初始化加工环境，如图 4-3 所示。

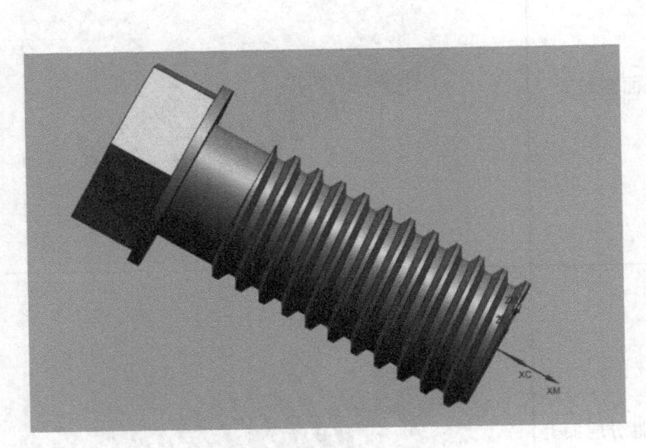

图 4-2　六角螺母

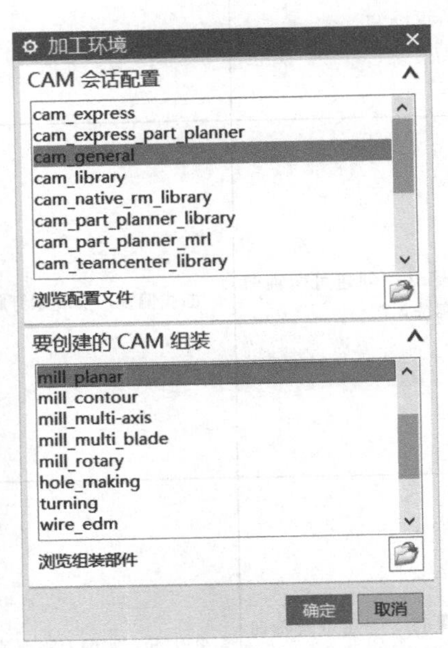

图 4-3　“加工环境”设置

4.5.2 创建加工父级组

单击快速访问工具栏上的几何视图按钮，将工序导航器切换到几何视图显示。

（1）创建加工几何组

1）设置加工坐标系，具体操作步骤如下：

① 双击工序导航器窗口中的 MCS 图标 MCS，弹出“MCS 铣削”对话框，如图 4-4 所示。

② 单击“机床坐标系”选项组中的坐标系按钮，弹出“坐标系”对话框，在图形窗口中旋转坐标系手柄，如图 4-5 所示。单击“确定”按钮，返回“MCS 铣削”对话框。

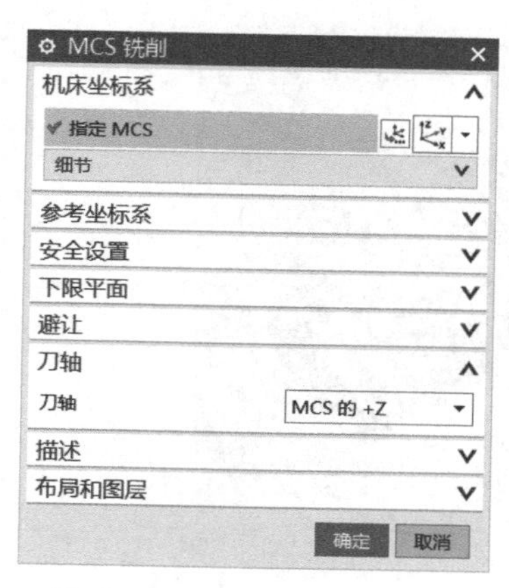

图 4-4 “MCS 铣削”对话框

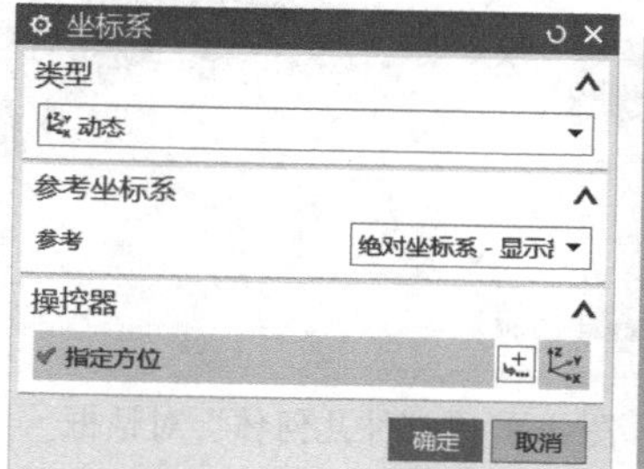

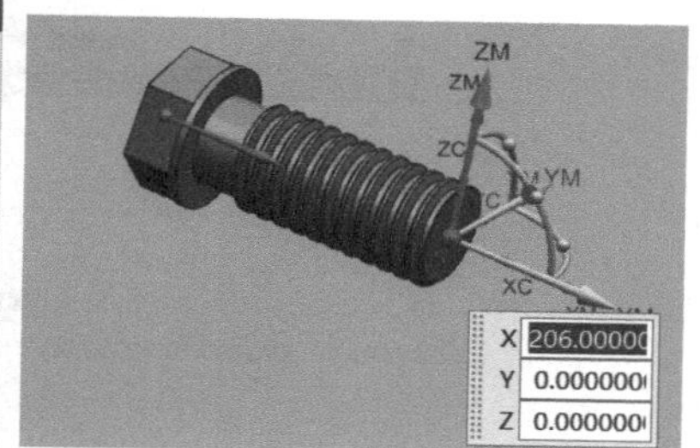

图 4-5 “坐标系”设置

2）设置安全平面：在“MCS 铣削”对话框中，在“安全设置”选项组的“安全设置选项”下拉列表中选择“圆柱”，进行如图 4-6 所示设置。

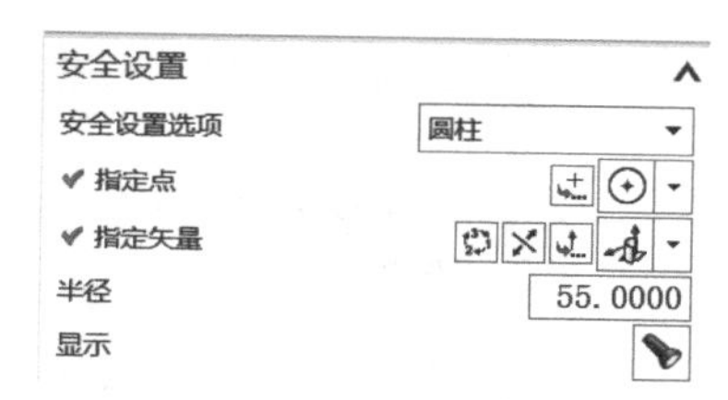

图 4-6 安全设置

3）创建加工几何体，具体操作步骤如下：

① 在工序导航器中双击“WORKPIECE”图标，弹出“工件”对话框，如图 4-7 所示。

图 4-7 “工件”对话框

② 单击“几何体”选项组的“指定部件”选项后的选择或编辑部件毛坯几何体按钮，弹出“部件几何体”对话框，选择图 4-8 所示的实体；单击“确定”按钮，返回“工件”对话框。

③ 单击“几何体”选项组中的“指定毛坯”选项后的选择或编辑毛坯几何体按钮，弹出“毛坯几何体”对话框，选择图层 2 的实体作为毛坯，如图 4-9 所示。连续单击“确定”按钮完成毛坯设置。

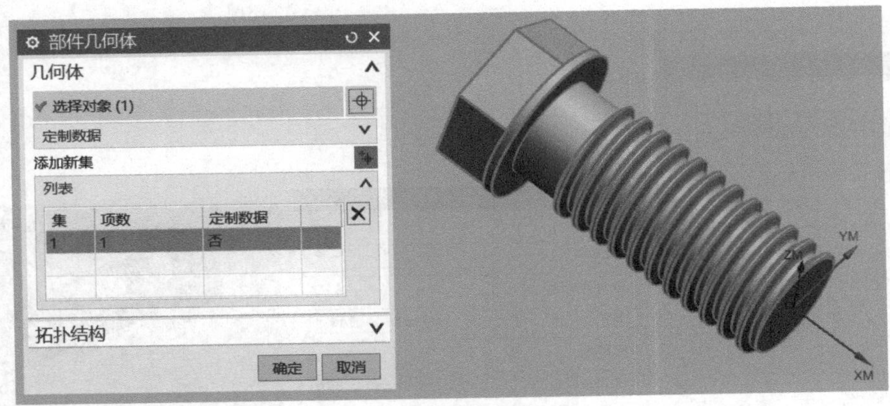

图 4-8 “部件几何体”对话框

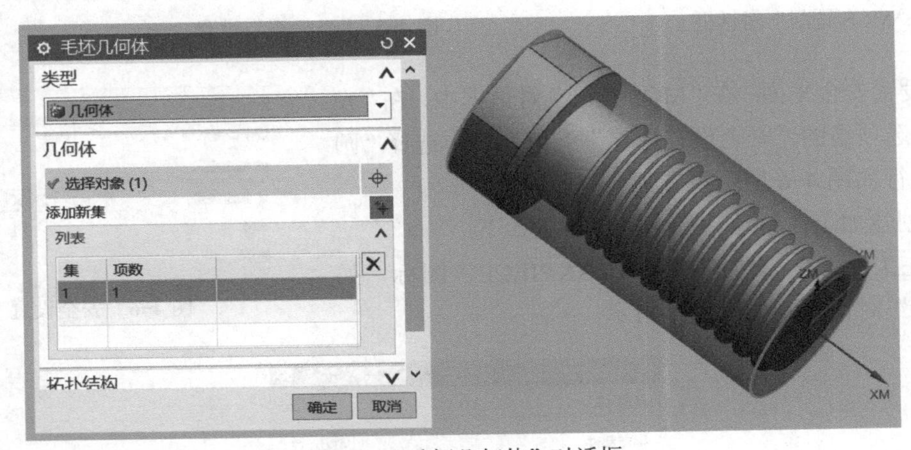

图 4-9 “毛坯几何体”对话框

（2）创建刀具组　单击快速访问工具栏上的机床视图按钮，工序导航器切换到机床刀具视图。

1）创建铣刀 D12。具体操作步骤如下：

① 单击加工创建工具栏上的创建刀具按钮，弹出“创建刀具”对话框。在“类型”下拉列表中选择“mill_planar”，“刀具子类型”选择 MILL 图标，在“名称”文本框中输入 D12，单击“创建刀具”对话框中的“确定”按钮，弹出“铣刀 -5 参数”对话框。

② 在“铣刀 -5 参数”对话框的“工具”选项卡的“尺寸”选项组中设定尺寸直径 12、刀具号为 1 的铣刀，其他参数接受默认设置，如图 4-10 所示。单击“确定”按钮，完成刀具创建。

2）创建铣刀 D16。具体操作步骤如下：

① 单击加工创建工具栏上的创建刀具按钮，弹出“创建刀具”对话框。在“类型”下拉列表中选择“mill_multi-axis”，“刀具子类型”选择 MILL 图标，在“名称”文本框中输入 D16，单击“创建刀具”对话框中的“确定”按钮，弹出“铣刀 -5 参数”对话框。

② 在“铣刀 -5 参数”对话框的“工具”选项卡的“尺寸”选项组中设定尺寸直径 16、刀具号为 2 的铣刀，其他参数接受默认设置，如图 4-11 所示。单击“确定”按钮，完成刀具创建。

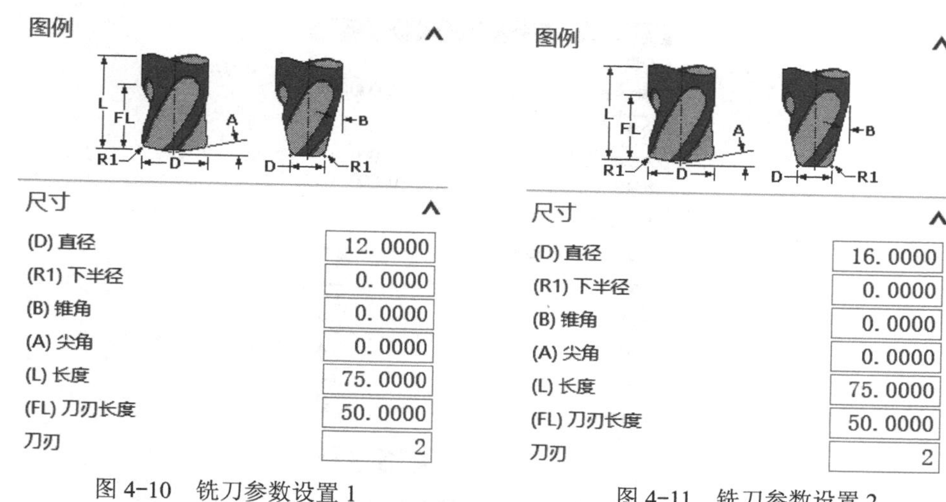

图 4-10　铣刀参数设置 1

图 4-11　铣刀参数设置 2

3）创建球刀 B4。具体操作步骤如下：

① 单击加工创建工具栏上的创建刀具按钮，弹出“创建刀具”对话框。在“类型”下拉列表中选择“mill_multi-axis”，“刀具子类型”选择 BALL_MILL 图标，在“名称”文本框中输入 B4，单击“创建刀具”对话框中的“确定”按钮，弹出“铣刀 - 球头铣参数”对话框。

② 在“铣刀 - 球头铣参数”对话框的“工具”选项卡的“尺寸”选项组中设定球直径尺寸为 4、刀具号为 3 的球刀，其他参数接受默认设置，如图 4-12 所示。单击“确定”按钮，完成刀具创建。

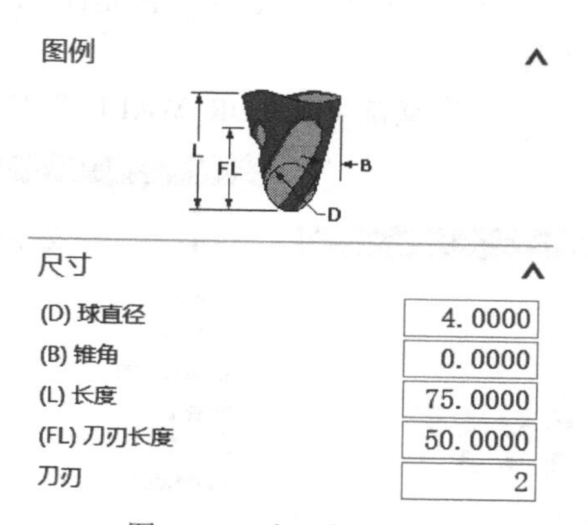

图 4-12　球刀参数设置

4.5.3　设置加工方法组

单击快速访问工具栏上的加工方法视图按钮，工序导航器切换到加工方法视图。

双击工序导航器中的 MILL_FINISH 图标，弹出“铣削精加工”对话框。在“部件余量”文本框中输入 0，“内公差”和“外公差”文本框中均输入 0.03，如图 4-13 所示。单击“确定”按钮，完成精加工方法设定。

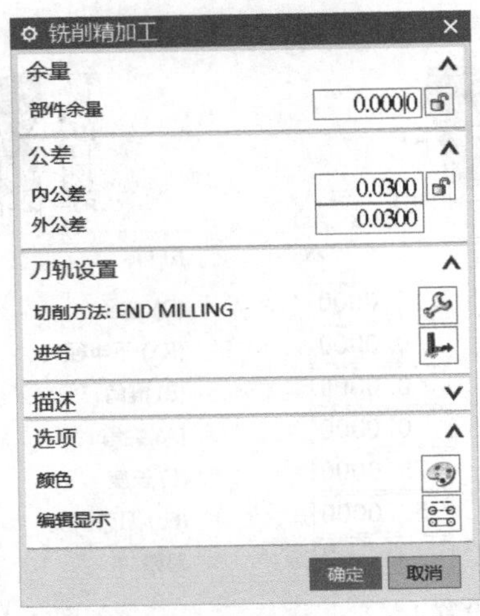

图 4-13 “铣削精加工”对话框

4.5.4 螺母底壁铣精加工

单击快速访问工具栏上的程序顺序视图按钮，工序导航器切换到程序视图。

（1）创建底壁铣工序

1）单击插入工具栏上的创建工序按钮，弹出“创建工序”对话框。在“类型”下拉列表中选择“mill_planar”，“工序子类型”选择第 1 行第 1 个图标，“位置”选项组中的“程序”选择“NC_PROGRAM”、“刀具”选择“D12（铣刀 -5 参数）”、“几何体”选择“WORKPIECE”、“方法”选择“MILL_FINISH”，在“名称”文本框中输入 FLOOR_WALL，如图 4-14 左图所示。

2）单击“确定”按钮，弹出“底壁铣 -[FLOOR_WALL]”对话框，如图 4-14 右图所示。

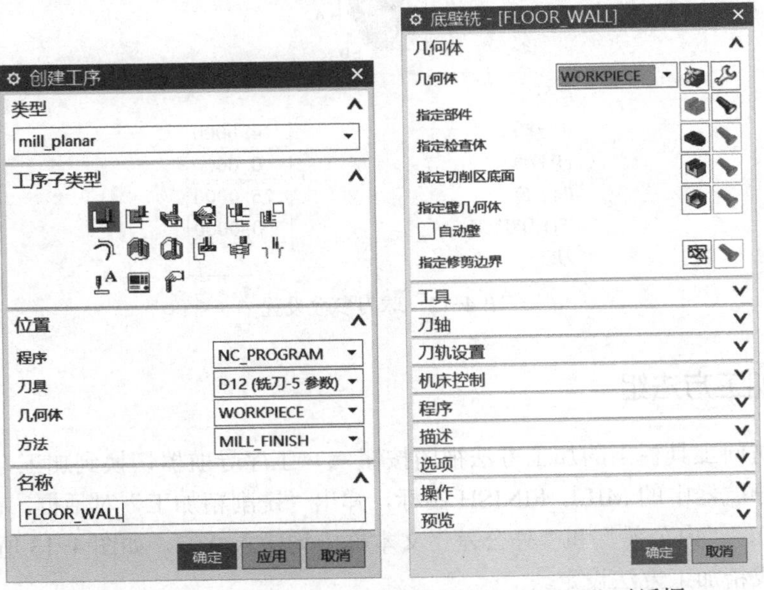

图 4-14 工序设置与“底壁铣 -[FLOOR_WALL]”对话框

（2）选择铣削区底面　在“几何体”选项组的“指定切削区底面”选项后单击选择或编辑切削区域几何体按钮，弹出“切削区域”对话框，选择图 4-15 所示区域作为切削区域，单击“确定”按钮，返回“底壁铣 -[FLOOR_WALL]”对话框。

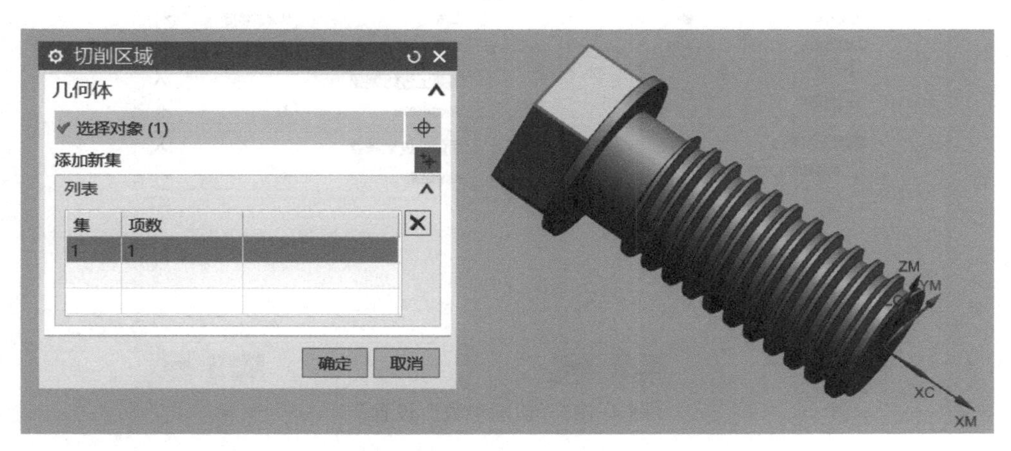

图 4-15　“切削区域”对话框

（3）设置刀轴方向　在“底壁铣 -[FLOOR_WALL]”对话框的“刀轴”选项组的刀轴中，“轴”选择“垂直于第一个面”，如图 4-16 所示。

（4）设置刀轨参数　在“刀轨设置”选项组中设置相关参数，在“切削区域空间范围”下拉列表中选择“底面”，“最大距离”选择刀具的 70%，“底面毛坯厚度”设为 6.8000，“每刀切削深度”设为 0.2000，如图 4-17 所示。

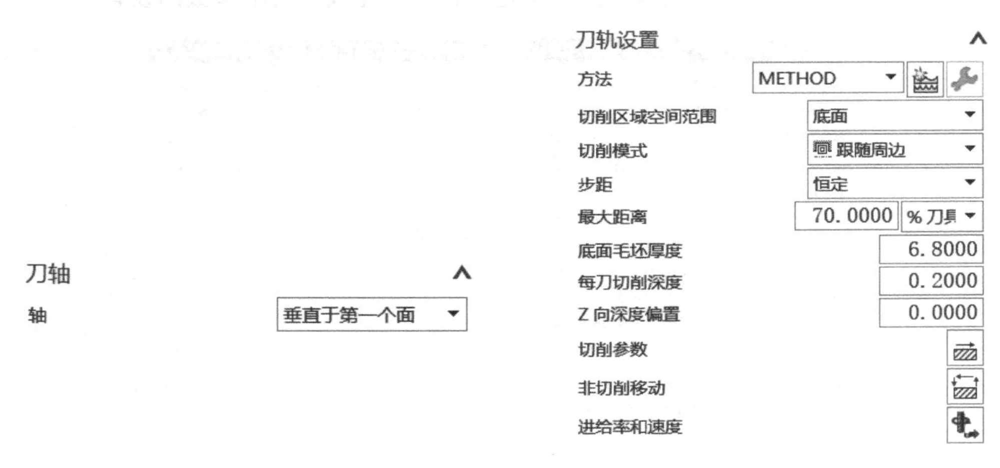

图 4-16　刀轴设置　　　　图 4-17　刀轨设置

（5）设置切削参数　单击“刀轨设置”选项组中的“切削参数”按钮，弹出“切削参数”对话框，设置切削加工参数。

1）单击“策略”选项卡，选择“切削方向”为“顺铣”，“刀路方向”为“向内”，其他参数设置如图 4-18 左图所示。

2）单击“拐角”选项卡，选择“光顺”为“None”，其他参数设置如图 4-18 右图所示。

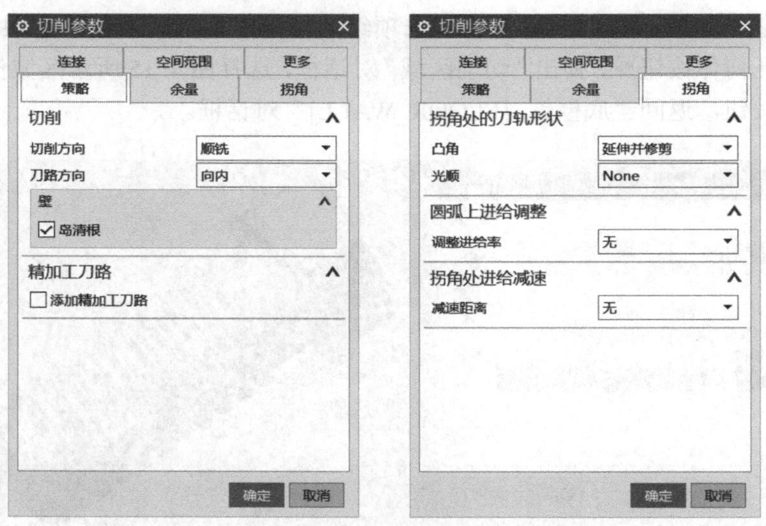

图 4-18 “切削参数”设置

3）单击“确定”按钮，完成切削参数的设置，返回“底壁铣 -[FLOOR_WALL]”对话框。

（6）设置非切削参数　单击“刀轨设置”选项组中的“非切削移动”按钮，弹出“非切削移动”对话框。

1）单击“进刀”选项卡，设“封闭区域”选项组的“进刀类型”为“沿形状斜进刀”，其他参数设置如图 4-19 左图所示。

2）单击“退刀”选项卡，设“退刀”选项组的“退刀类型”为“与进刀相同”。

3）单击“非切削移动”对话框中的“确定”按钮，完成非切削参数的设置。

图 4-19 “非切削移动”参数设置

（7）设置进给参数 单击“刀轨设置”选项组中的“进给率和速度”按钮，弹出“进给率和速度”对话框。设置“主轴速度（rpm）”为 3000.000，“切削”为 2500.000，其他参数设置如图 4-20 所示。

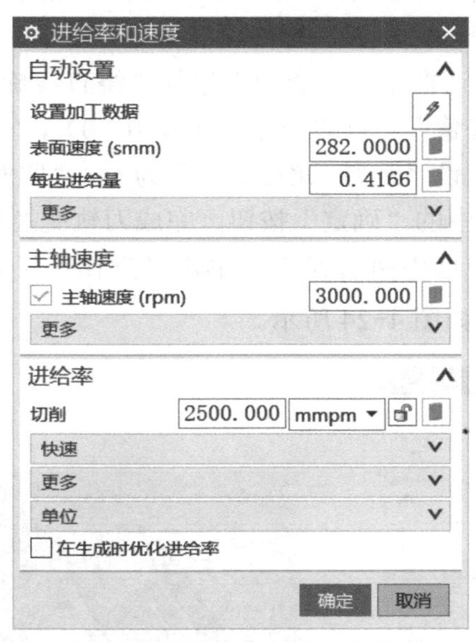

图 4-20 “进给率与速度”设置

（8）生成刀具路径并验证

1）在“操作”对话框中完成参数设置后，单击该对话框底部“操作”选项组中的“生成”按钮，可生成该操作的刀具路径，如图 4-21 所示。

2）单击“操作”对话框底部“操作”选项组中的“确认”按钮，弹出“导轨可视化”对话框，然后选择“3D 动态”选项卡，单击“播放”按钮，可进行 3D 动态刀具切削过程模拟，如图 4-22 所示。

图 4-21 生成刀具轨迹

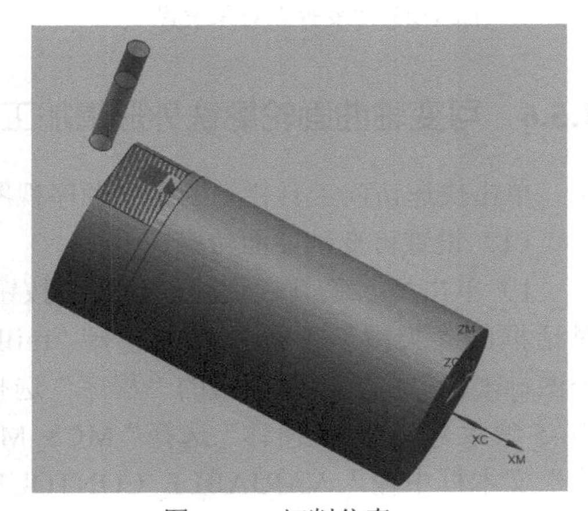

图 4-22 切削仿真

3）单击“底壁铣 -[FLOOR_WALL]”对话框中的“确定”按钮，接受刀具路径，并关闭“底壁铣 -[FLOOR_WALL]”对话框。

4.5.5 刀轨旋转复制变换

1）在“工具导航器”窗口中选中“FLOOR_WALL”加工操作，单击鼠标右键，在弹出的快捷菜单中选择“对象”→“变换”命令。

2）在弹出的“变换”对话框中，“类型”选择“绕直线旋转”；“变换参数”选项组的“直线方法”选择“点和矢量”，点的坐标为（0，0，0），“指定矢量”为 -XC；在“结果”选项组中选择“实例”，设“距离 / 角度分割”为 6、“实例数”为 5，如图 4-23 所示。

3）单击“变换”对话框中的“确定”按钮，完成刀轨变换操作。

4）在“操作导航器”中选中所有操作，单击“操作”工具栏上的“确认刀轨”按钮 确认刀轨，可验证所设置的刀轨，如图 4-24 所示。

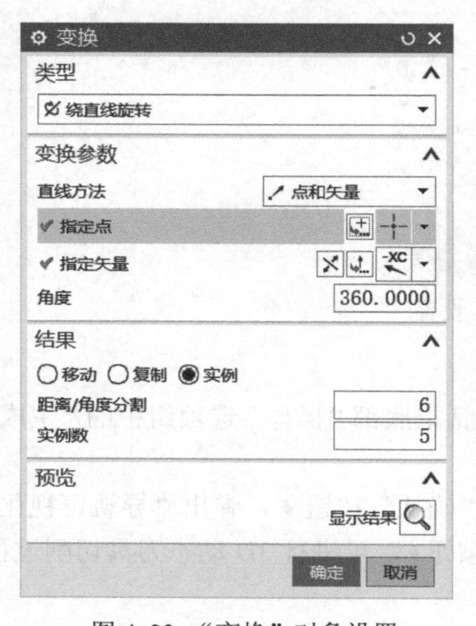

图 4-23 “变换”对象设置

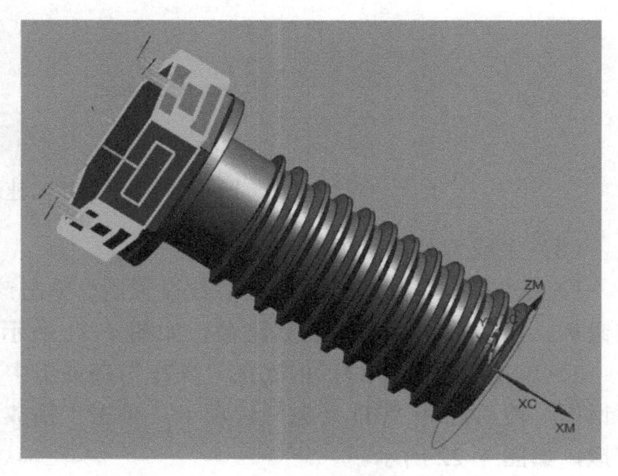

图 4-24 变换结果

4.5.6 可变轴曲面轮廓铣外形精加工

单击快速访问工具栏上的程序顺序视图按钮，工序导航器切换到程序视图。

（1）设置可变轴曲面轮廓铣

1）单击插入工具栏上的创建工序按钮，弹出“创建工序”对话框。在“创建工序”对话框的“类型”下拉列表中选择“mill_multi-axis”；“工序子类型”选择第 1 行第 1 个图标；“位置”选项组的“程序”选择“NC_PROGRAM”，“刀具”选择“D16（铣刀 -5 参数）”，“几何体”选择”MCS_MILL”，“方法”选择“MILL_FINISH”；在“名称”文本框中输入 VARIABLE_CONTOUR_1，如图 4-25 所示。

2）单击“确定”按钮，弹出“可变轮廓铣 -[VARIABLE_CONTOUR…”对话框，如图 4-26 所示。

3）选择图层 3 所示区域作为部件。

图 4-25　工序设置

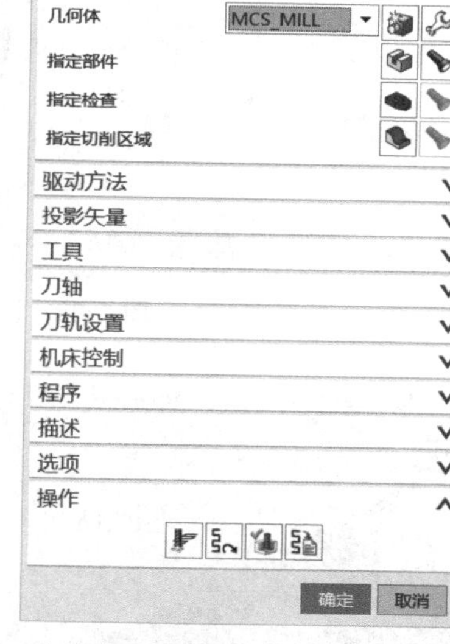

图 4-26　“可变轮廓铣 -[VARIABLE_CONTOUR…”对话框

（2）选择驱动方法

1）在“可变轮廓铣 -[VARIABLE_CONTOUR…”对话框中，在“驱动方法”选项组的“方法”下拉列表中选取“曲面”，系统弹出“曲面区域驱动方法”对话框，如图 4-27 所示。

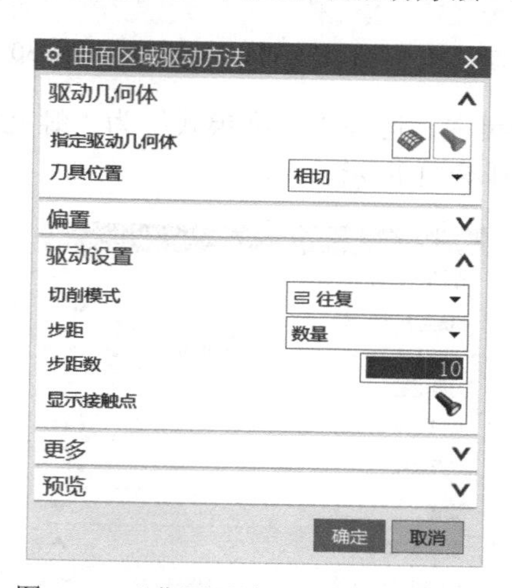

图 4-27　“曲面区域驱动方法”对话框

2）在“驱动几何体”选项组中，单击“指定驱动几何体”选项后的选择或编辑驱动几何体按钮，弹出“驱动几何体”对话框，选择图层 3 所示区域的曲面，如图 4-28 所示。单击“确定”按钮，返回“曲面区域驱动方法”对话框。

3）在“驱动几何体”选项组中单击切削方向按钮，确认切削方向，如图 4-29 所示。

4）在“驱动几何体”选项组中单击材料反向按钮，确认材料侧方向，如图 4-30 所示。

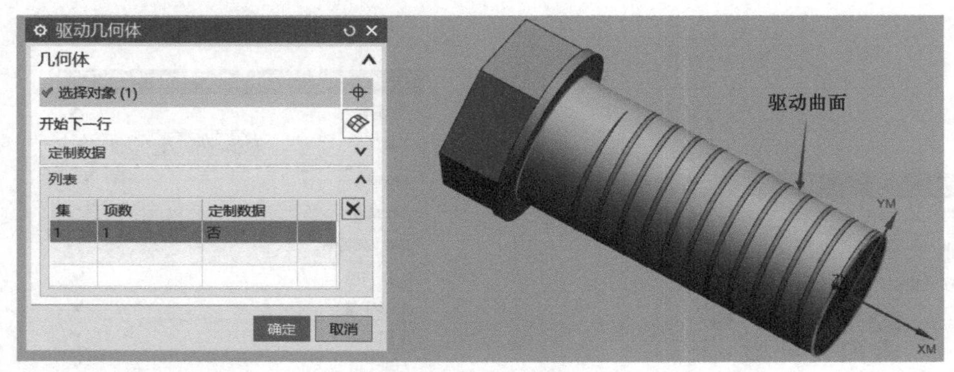

图 4-28　设置驱动几何体参数

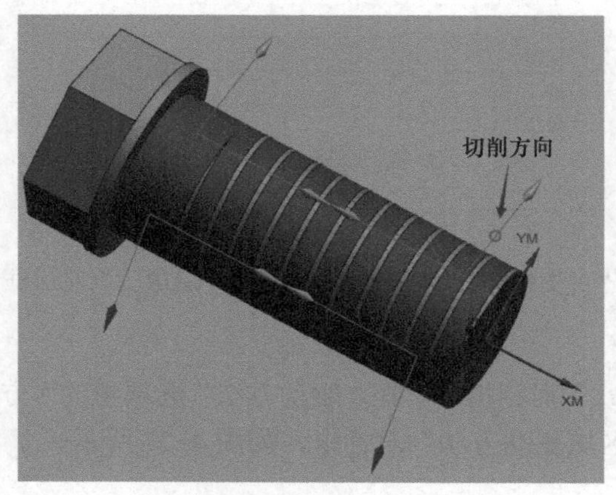

图 4-29　确认切削方向

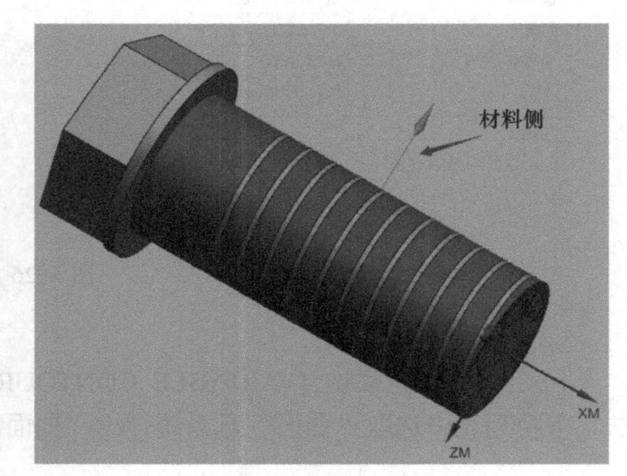

图 4-30　确认材料侧方向

5）在“驱动设置”选项组中，选择“切削模式”为“螺旋”、“步距”为“数量”，并输入“步距数”为 20，如图 4-31 所示。

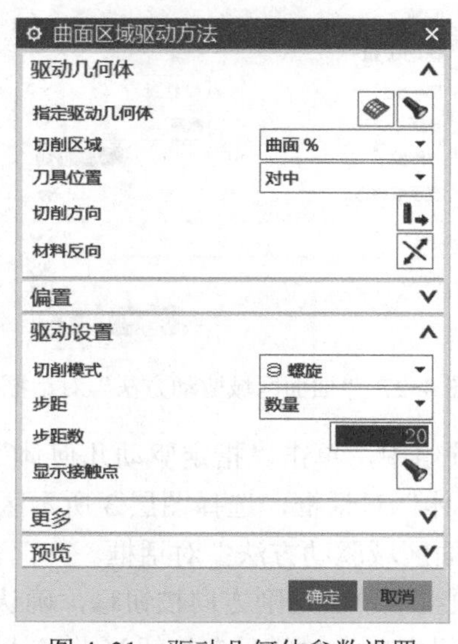

图 4-31　驱动几何体参数设置

6）单击“曲面区域驱动方法”对话框中的“确定”按钮，完成驱动方法设置，返回“可变轮廓铣 -[VARIABLE_CONIOUR…”对话框。

（3）选择刀轴方向

1）在“刀轴”选项组中选择“轴”为“远离直线”，如图 4-32 所示。

2）在弹出的“远离直线”对话框中选择“指定矢量”选项后的矢量对话框按钮，如图 4-33 所示，弹出“矢量”对话框，选择 +XC 轴为直线方向。

图 4-32　刀轴设置

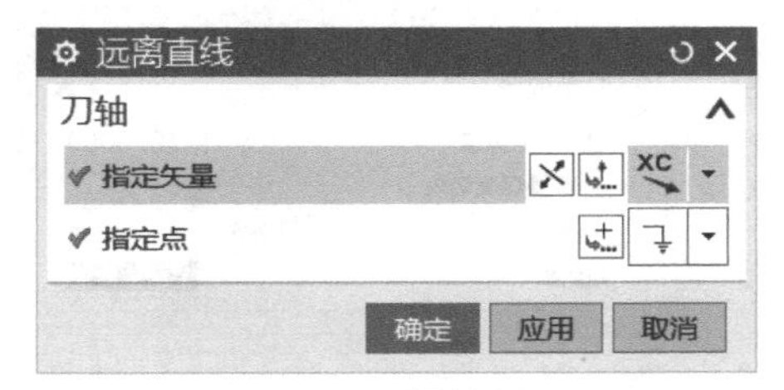

图 4-33　刀轴控制设置

3）选择“指定点”选项后的点对话框按钮，在弹出的“点”对话框中指定（0，0，0）为矢量起点位置，如图 4-34 所示。

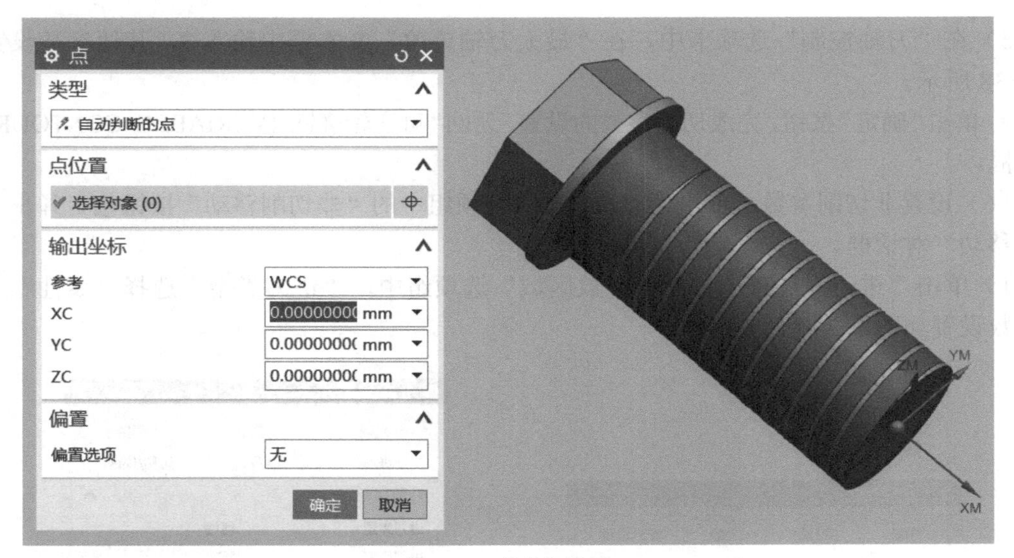

图 4-34　“点”设置

（4）选择投影矢量方向　在“投影矢量”选项组中选择“矢量”为“刀轴”，如图 4-35 所示。

图 4-35　投影矢量设置

（5）设置切削参数　单击“刀轨设置”选项组中的“切削参数”按钮，弹出“切削参数”对话框，设置切削加工参数。

1）在“多刀路”选项卡中，勾选“多重深度切削”复选框，输入“刀路数”为 5，其他参数设置如图 4-36 所示。

2）在“更多”选项卡中，设“切削步长”为刀具百分比，并在“最大步长”文本框中输入 30，其他参数设置如图 4-37 所示。

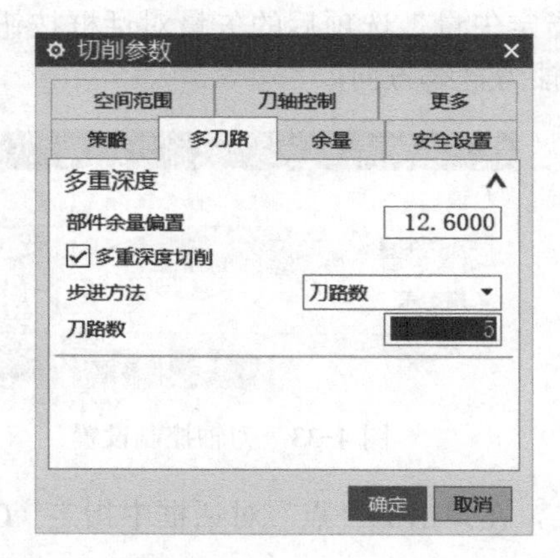

图 4-36 “多刀路”设置

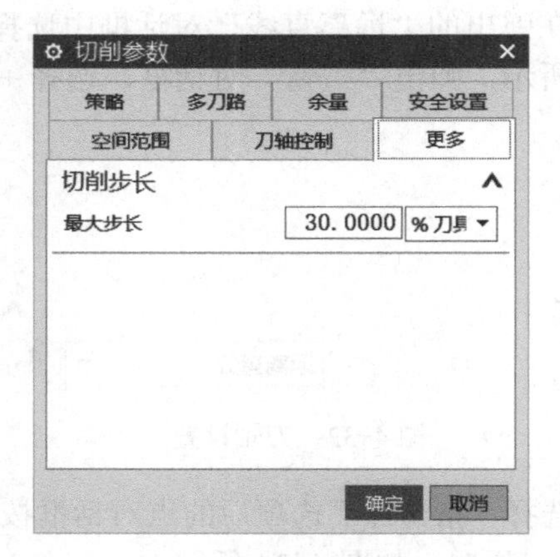

图 4-37 “更多”设置

3）在“刀轴控制”选项卡中，在“最大刀轴更改”文本框中输入 3，其他参数设置如图 4-38 所示。

4）单击“确定”按钮，完成切削参数的设置，返回“可变轮廓铣 -[VARIABLE_CONTOUR…”对话框。

（6）设置非切削参数　单击“刀轨设置”选项组中的“非切削移动”按钮，弹出“非切削移动”对话框。

1）单击“进刀”选项卡，在“开放区域”选项组中，“进刀类型”选择“线性”，其他参数设置如图 4-39 所示。

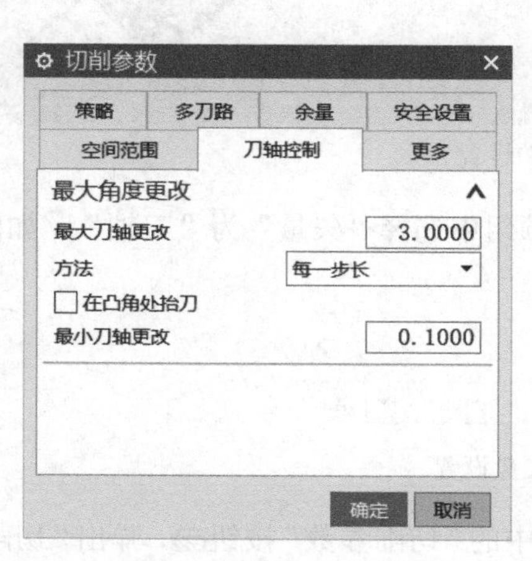

图 4-38 “刀轴控制”设置

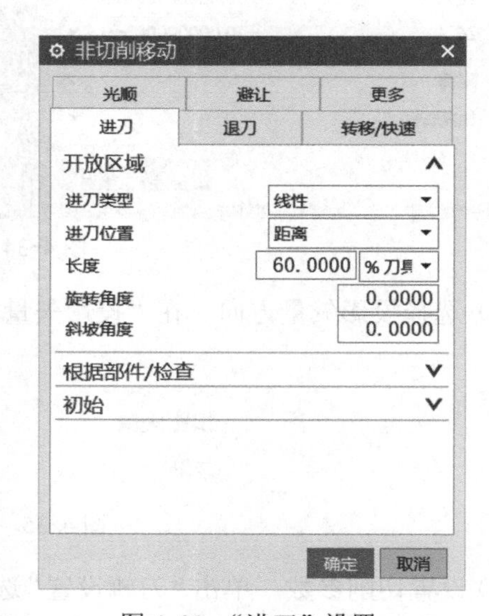

图 4-39 “进刀”设置

2）单击“退刀”选项卡，在“开放区域”选项组的“退刀类型”下拉列表中选择“与进刀相同”，如图 4-40 所示。

3）单击“非切削移动”对话框中的“确定”按钮，完成非切削参数的设置。

（7）设置进给参数　单击“刀轨设置”选项组中的“进给率和速度”按钮，弹出“进给率和速度”对话框。设置“主轴速度（rpm）”为 3000.000、“切削”速度为 1000.000、单位为“mmpm”，其他参数设置如图 4-41 所示。

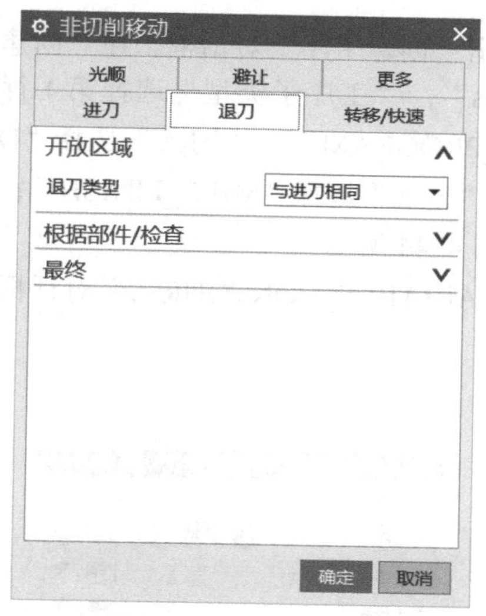

图 4-40　“退刀”设置

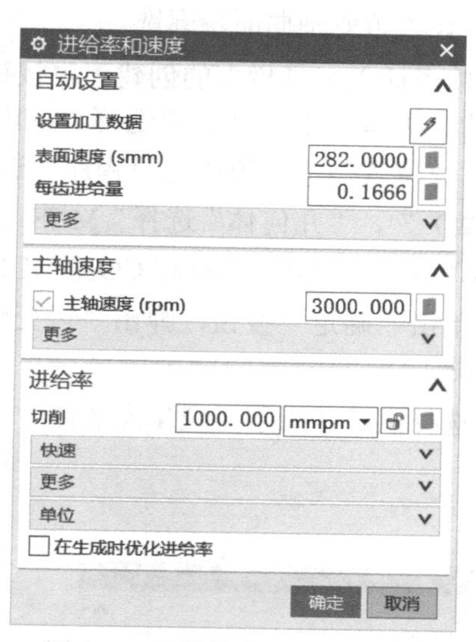

图 4-41　“进给率和速度”设置

（8）生成刀具路径并验证

1）在“操作”对话框中完成参数设置后，单击该对话框底部“操作”选项组中的“生成”按钮，可生成该操作的刀具路径，如图 4-42 所示。

2）单击“操作”对话框底部“操作”选项组中的“确认”按钮，弹出“导轨可视化”对话框，然后选择“3D 动态”选项卡，单击“播放”按钮，可进行 3D 动态刀具切削过程模拟，如图 4-43 所示。

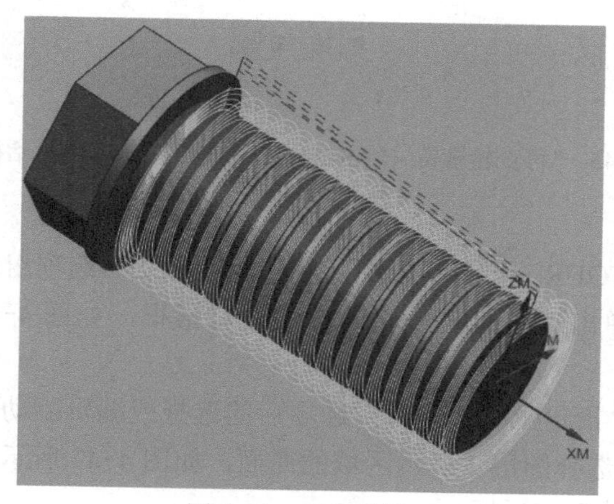

图 4-42　刀具路径

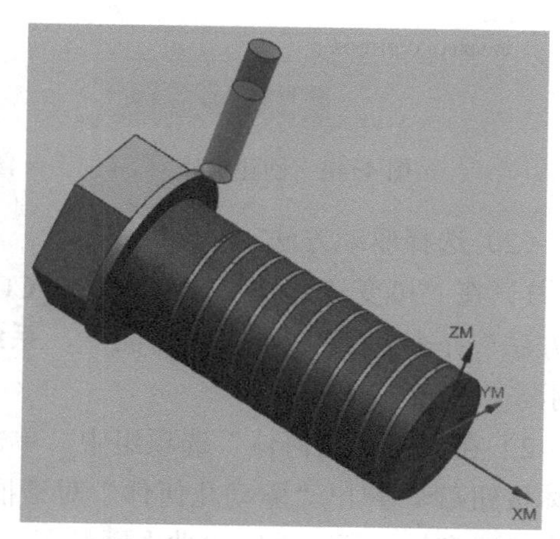

图 4-43　刀具切削过程模拟

3）单击“可变轮廓铣 -[VARIABLE_CONTOUR...”对话框中的“确定”按钮，接受刀具路径，并关闭“可变轮廓铣 -[VARIABLE_CONTOUR...”对话框。

4.5.7 可变轴曲面轮廓铣外形轮廓精加工

单击快速访问工具栏上的程序顺序视图按钮，工序导航器切换到程序视图。

（1）设置可变轴曲面轮廓铣

1）单击插入工具栏上的创建工序按钮，弹出“创建工序”对话框。在“创建工序”对话框的“类型”下拉列表中选择“mill_multi-axis”；“工序子类型”选择第 1 行第 1 个图标；“位置”选项组中的“程序”选择“NC_PROGRAM”，“刀具”选择“D16（铣刀 -5 参数）”，“几何体”选择”MCS_MILL”，“方法”选择“MILL_FINISH”；在“名称”文本框中输入 VARIABLE_CONTOUR_2，如图 4-44 所示。

2）单击“确定”按钮，弹出“可变轮廓铣 -[VARIABLE_CONTOUR...”对话框，如图 4-45 所示。

3）选择图层 3 所示区域作为部件。

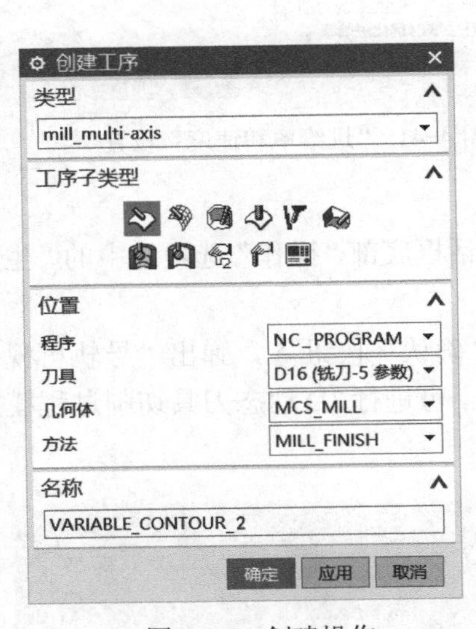

图 4-44 创建操作

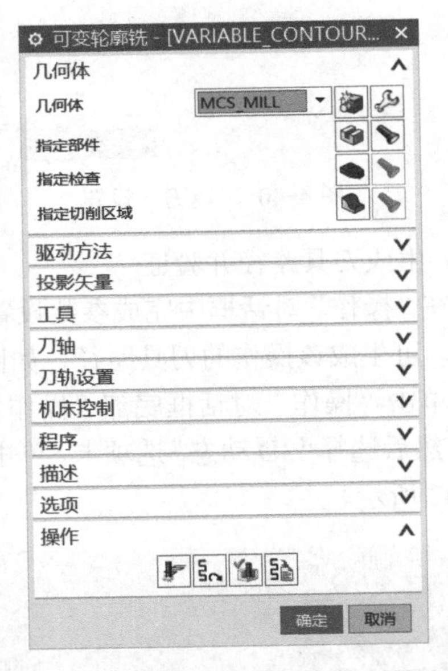

图 4-45 “可变轮廓铣 -[VARIABLE_CONTOUR...”对话框

（2）选择驱动方法

1）在“可变轮廓铣 -[VARIABLE_CONTOUR...”对话框中，在“驱动方法”选项组的“方法”下拉列表中选取“曲面”，系统弹出“曲面区域驱动方法”对话框，如图 4-46 所示。

2）在“驱动几何体”选项组中，单击“指定驱动几何体”选项后的选择或编辑驱动几何体按钮，弹出“驱动几何体”对话框，选择图层 3 所示区域的曲面，如图 4-47 所示。单击“确定”按钮，返回“曲面区域驱动方法”对话框。

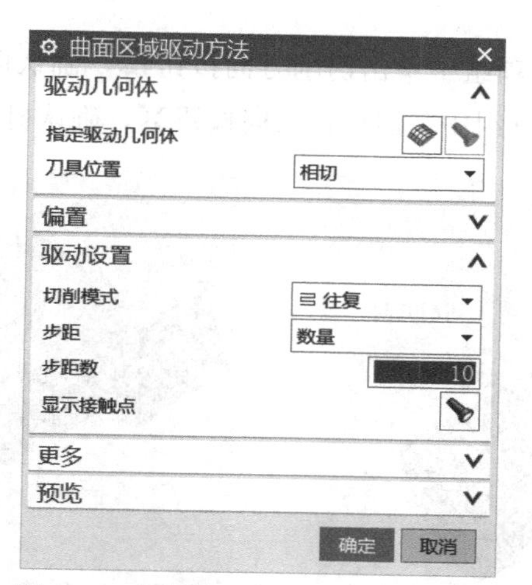

图 4-46 “曲面区域驱动方法”对话框

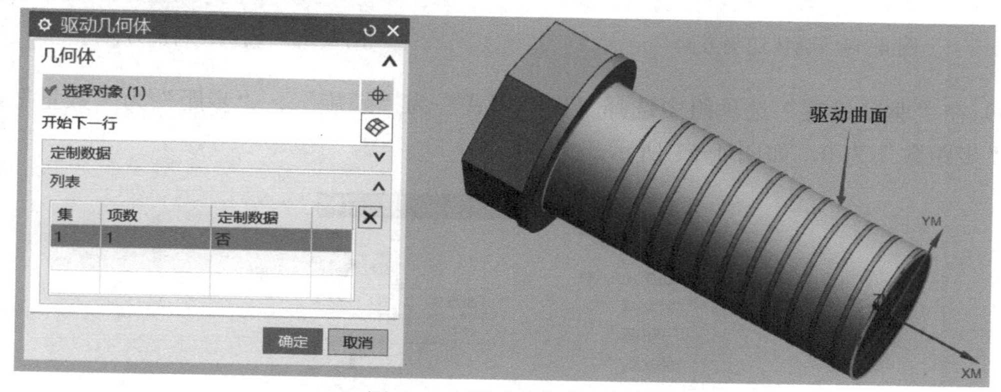

图 4-47 驱动几何体设置

3）在“切削区域”选项组中单击“曲面 %”下拉菜单，双击“曲面 %”，弹出“曲面百分比方法”对话框，在“起始步长 %”和“结束步长 %”文本框中输入 95.238，如图 4-48 所示。单击“确定”按钮，返回“曲面区域驱动方法”对话框。

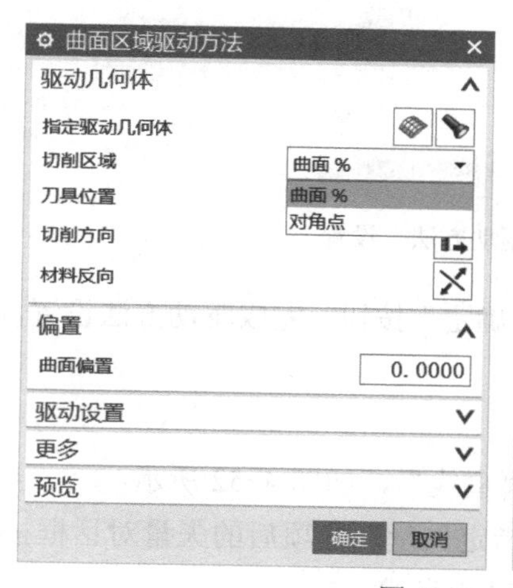

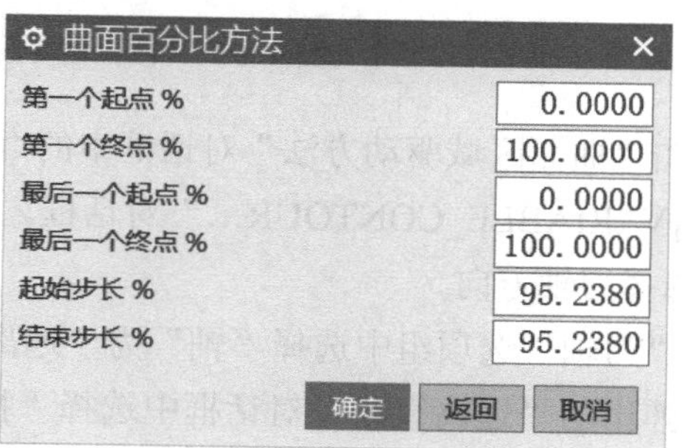

图 4-48 曲面百分比设置

4）在“驱动几何体”选项组中单击切削方向按钮，确认切削方向，如图 4-49 所示。

5）在“驱动几何体”选项组中单击材料反向按钮，确认材料侧方向，如图 4-50 所示。

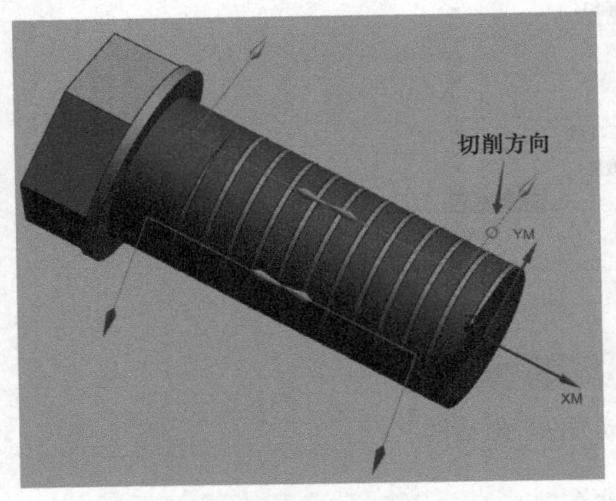

图 4-49　确认切削方向

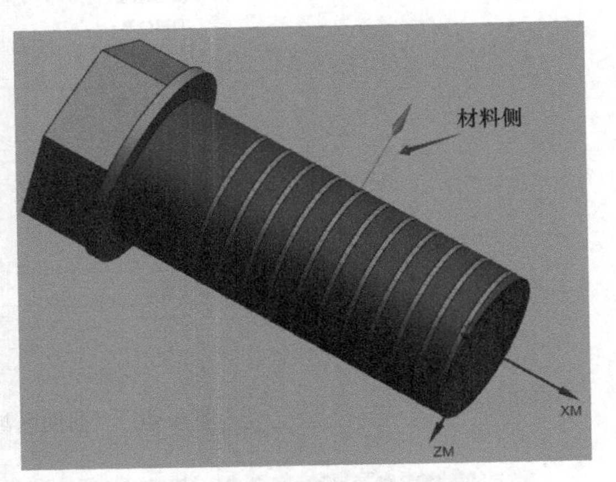

图 4-50　确认材料侧方向

6）在“驱动设置”选项组中选择“切削模式”为“螺旋”、“步距”为“数量”，并输入“步距数”为 0，如图 4-51 所示。

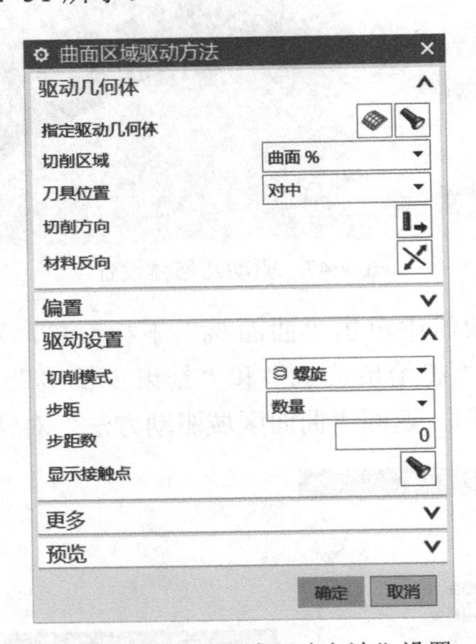

图 4-51　“曲面区域驱动方法”设置

7）单击“曲面区域驱动方法”对话框中的“确定”按钮，完成驱动方法设置，返回“可变轮廓铣 -[VARIABLE_CONTOUR…”对话框。

（3）选择刀轴方向

1）在“刀轴”选项组中选择“轴”为“远离直线”，如图 4-52 所示。

2）在弹出的“远离直线”对话框中选择“指定矢量”选项后的矢量对话框按钮，如图 4-53 所示，弹出“矢量”对话框，选择 +XC 轴为直线方向。

图 4-52　刀轴设置

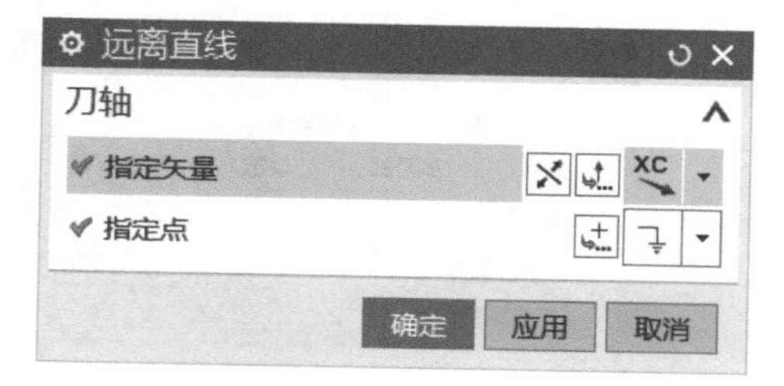

图 4-53　“远离直线”设置

3）选择“指定点”选项后的点对话框按钮，在弹出的“点”对话框中指定（0，0，0）为矢量起点位置，如图 4-54 所示。

图 4-54　设置点

（4）选择投影矢量方向　在“投影矢量”选项组中选择“矢量”为“刀轴”，如图 4-55 所示。

图 4-55　投影设置

（5）设置切削参数　单击“刀轨设置”选项组中的“切削参数”按钮，弹出“切削参数”对话框，设置切削加工参数。

1）在“多刀路”选项卡中，取消勾选“多重深度切削”复选框，其他参数设置如图 4-56 所示。

2）在“更多”选项卡中，设“切削步长”为刀具百分比，并在“最大步长”文本框中输入 30，如图 4-57 所示。

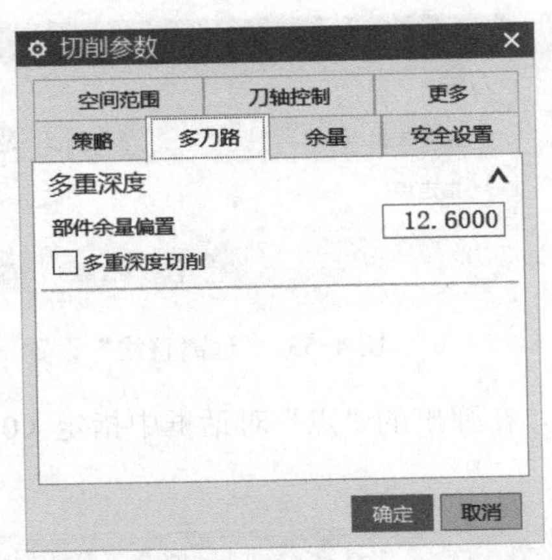

图 4-56 “多刀路”设置

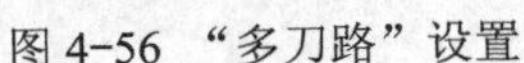

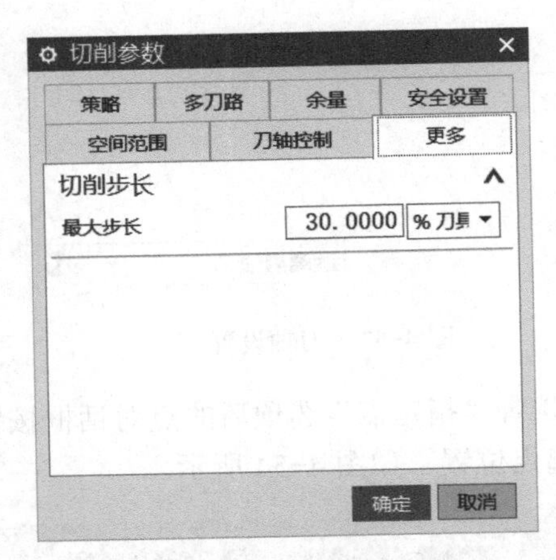

图 4-57 “更多”设置

3）在“刀轴控制”选项卡中，在“最大刀轴更改”文本框中输入 3，其他参数设置如图 4-58 所示。

4）单击“确定”按钮，完成切削参数的设置，返回“可变轮廓铣 -[VARIABLE_CONTOUR...”对话框。

（6）设置非切削参数　单击“刀轨设置”选项组中的“非切削移动”按钮，弹出“非切削移动”对话框。

1）单击“进刀”选项卡，在“开放区域”选项组中，设“进刀类型”为“圆弧 - 垂直于刀轴”，其他参数设置如图 4-59 所示。

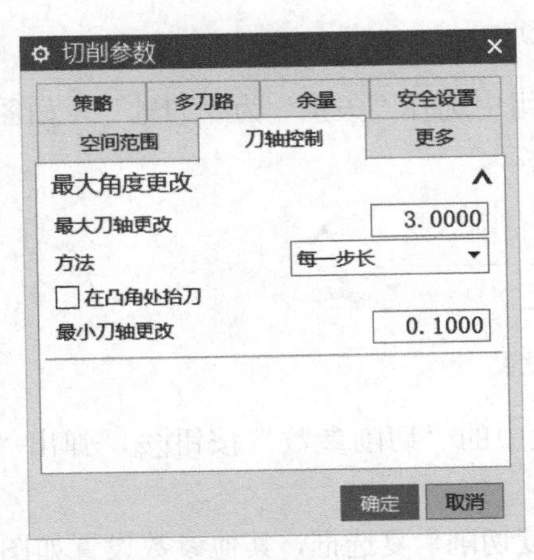

图 4-58 “刀轴控制”设置

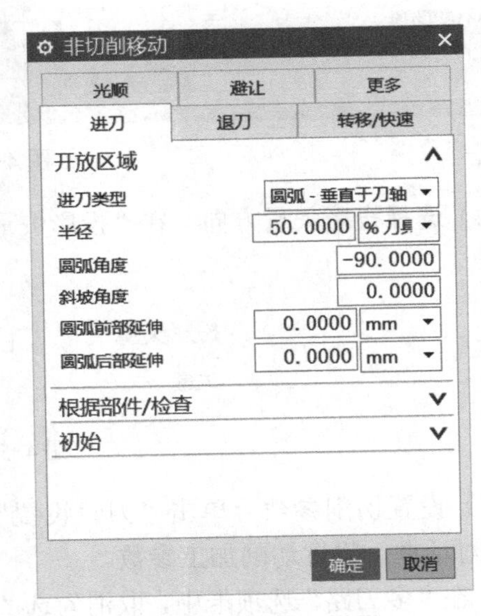

图 4-59 “进刀”设置

2）单击“退刀”选项卡，在“开放区域”选项组的“退刀类型”下拉列表中选择“与进刀相同”，如图 4-60 所示。

3）单击“非切削移动”对话框中的“确定”按钮，完成非切削参数的设置。

（7）设置进给参数　单击“刀轨设置”选项组中的“进给率和速度”按钮，弹出“进给率和速度”对话框。设置“主轴速度”（rpm）为 3000.000，“切削”速度为 2500.000、单位为“mmpm”，其他参数设置如图 4-61 所示。

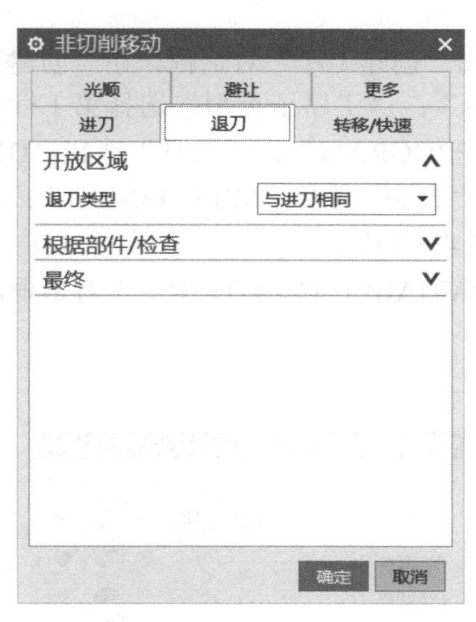

图 4-60　“退刀”设置

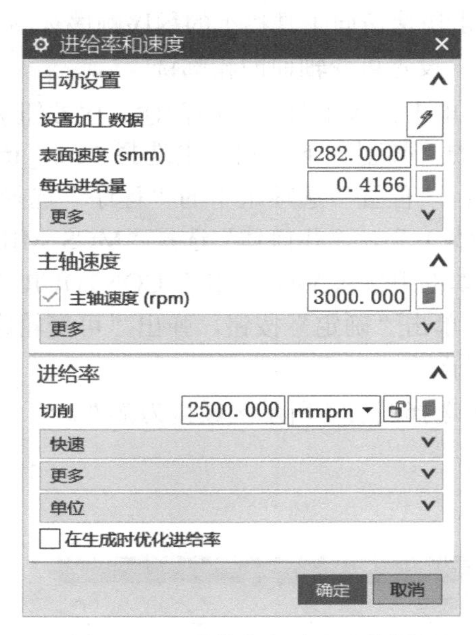

图 4-61　“进给率和速度”设置

（8）生成刀具路径并验证

1）在“操作”对话框中完成参数设置后，单击该对话框底部“操作”选项组中的“生成”按钮，可生成该操作的刀具路径，如图 4-62 所示。

2）单击“操作”对话框底部“操作”选项组中的“确认”按钮，弹出“导轨可视化”对话框，然后选择“3D 动态”选项卡，单击“播放”按钮，可进行 3D 动态刀具切削过程模拟，如图 4-63 所示。

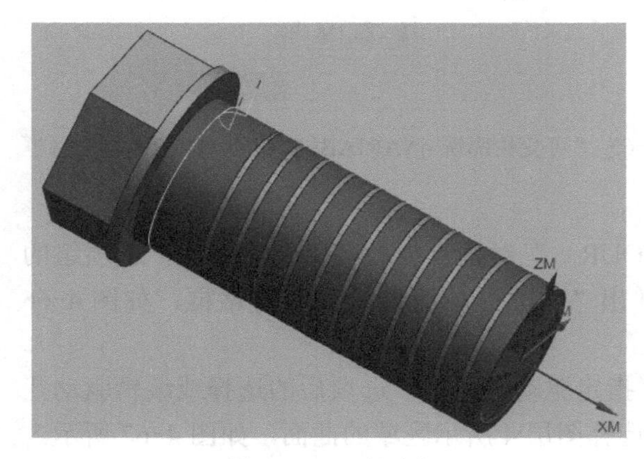

图 4-62　刀具路径

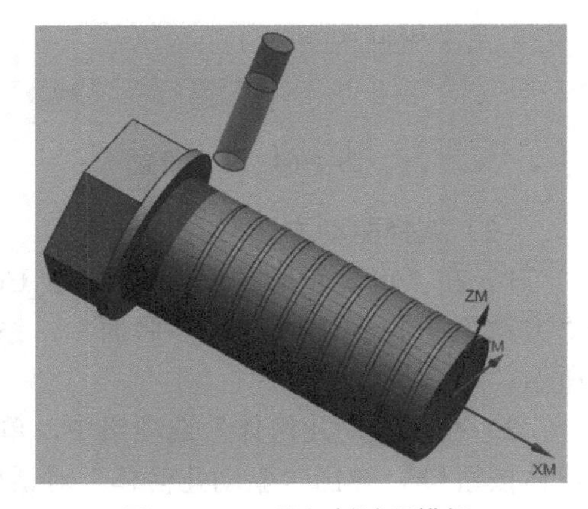

图 4-63　刀具切削过程模拟

3）单击“可变轮廓铣 -[VARIABLE_CONTOUR…”对话框中的“确定”按钮，接受刀具路径，并关闭“可变轮廓铣 -[VARIABLE_CONTOUR…”对话框。

4.5.8 可变轴曲面轮廓铣圆槽腔精加工

单击快速访问工具栏上的程序顺序视图按钮，工序导航器切换到程序视图。

（1）设置可变轴曲面轮廓铣

1）单击插入工具栏上的创建工序按钮，弹出“创建工序”对话框。在“创建工序”对话框的“类型”下拉列表中选择“mill_multi-axis”；“工序子类型”选择第1行第1个图标；“位置”选项组中的“程序”选择“NC_PROGRAM”，“刀具”选择“D12（铣刀-5参数）”，“几何体”选择“MCS_MILL”，“方法”选择“MILL_FINISH”；在“名称”文本框中输入VARIABLE_CONTOUR_3，如图4-64所示。

2）单击“确定”按钮，弹出“可变轮廓铣 -[VARIABLE_CONTOUR…”对话框，如图4-65所示。

3）选择图层4所示区域作为部件。

图4-64　工序设置

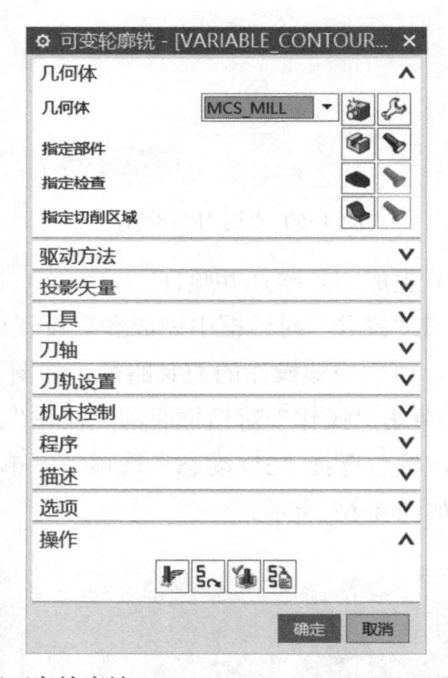

图4-65　“可变轮廓铣 -[VARIABLE_CONTOUR…”对话框

（2）选择驱动方法

1）在“可变轮廓铣 -VARIABLE_CONTOUR…”对话框中，在“驱动方法”选项组的“方法”下拉列表中选择“曲面”，系统弹出“曲面区域驱动方法”对话框，如图4-66所示。

2）在“驱动几何体”选项组中，单击“指定驱动几何体”选项后的选择或编辑驱动几何体按钮，弹出“驱动几何体”对话框，选择图层4所示区域的曲面，如图4-67所示。单击“确定”按钮，返回“曲面区域驱动方法”对话框。

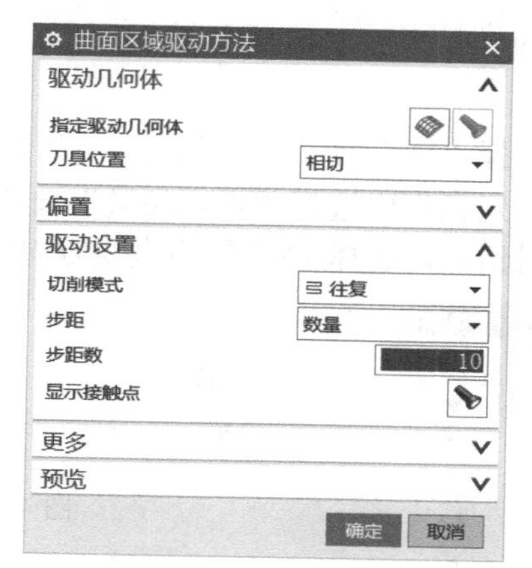

图 4-66 “曲面区域驱动方法”对话框

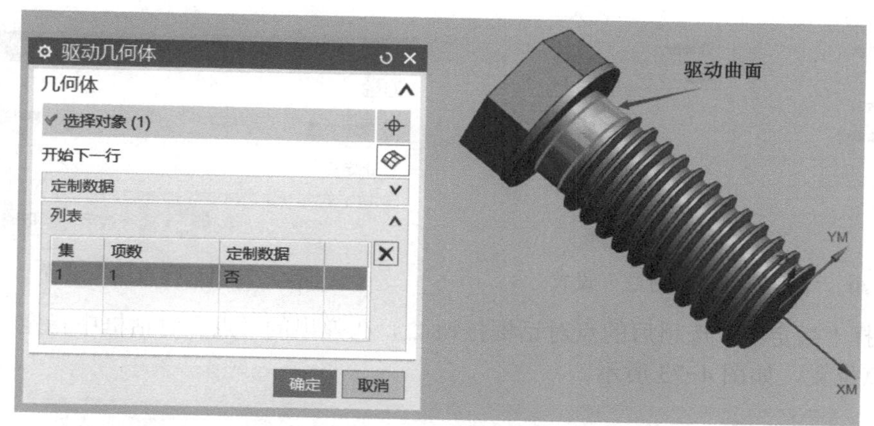

图 4-67 “驱动几何体”设置

3）在“驱动几何体”选项组中单击切削方向按钮，确认切削方向，如图 4-68 所示。

4）在“驱动几何体”选项组中单击材料反向按钮，确认材料侧方向，如图 4-69 所示。

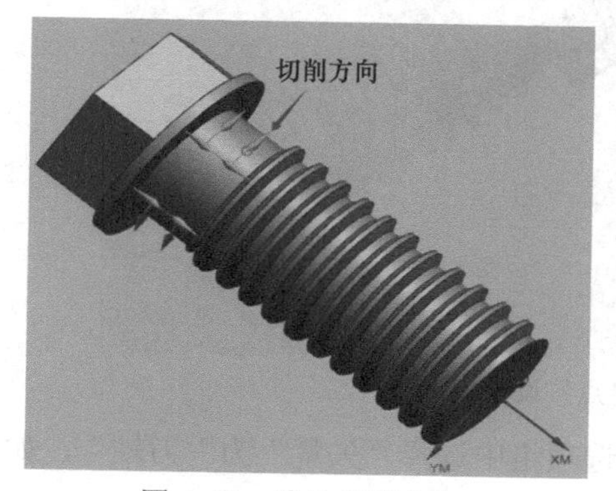

图 4-68 确认切削方向

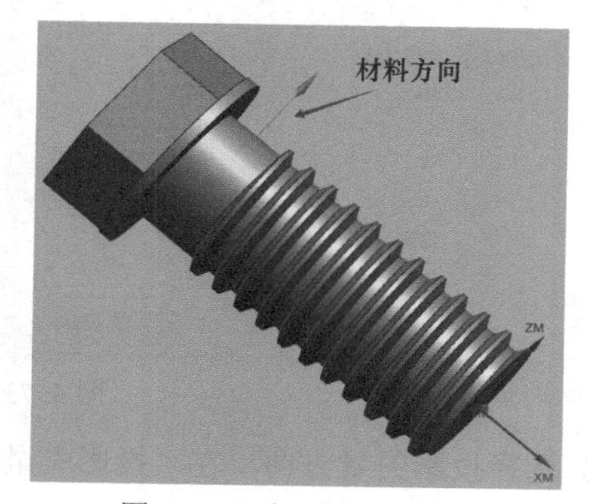

图 4-69 确认材料侧方向

5）在“驱动设置”选项组中选择“切削模式”为“螺旋”、“步距”为“数量”，并输入“步距数”为 3，如图 4-70 所示。

6）单击“曲面区域驱动方法”对话框中的“确定”按钮，完成驱动方法设置，返回“可

变轮廓铣 -VARIABLE_CONTOUR…”对话框。

（3）选择刀轴方向

1）在“刀轴”选项组中选择“轴”为“远离直线”，如图 4-71 所示。

2）在弹出的“远离直线”对话框中选择“指定矢量”选项后的矢量对话框按钮，如图 4-72 所示，弹出“矢量”对话框，选择 +XC 轴为直线方向。

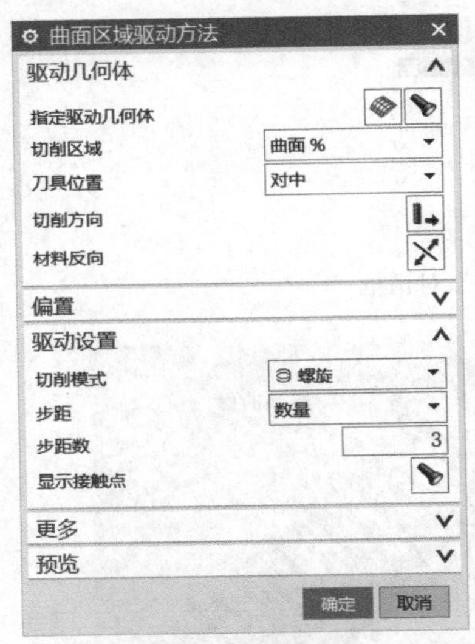

图 4-70 “曲面区域驱动方法”设置

图 4-71 刀轴设置

图 4-72 “远离直线”设置

3）选择“指定点”选项后的点对话框按钮，在弹出的“点”对话框中指定（0，0，0）为矢量起点位置，如图 4-73 所示。

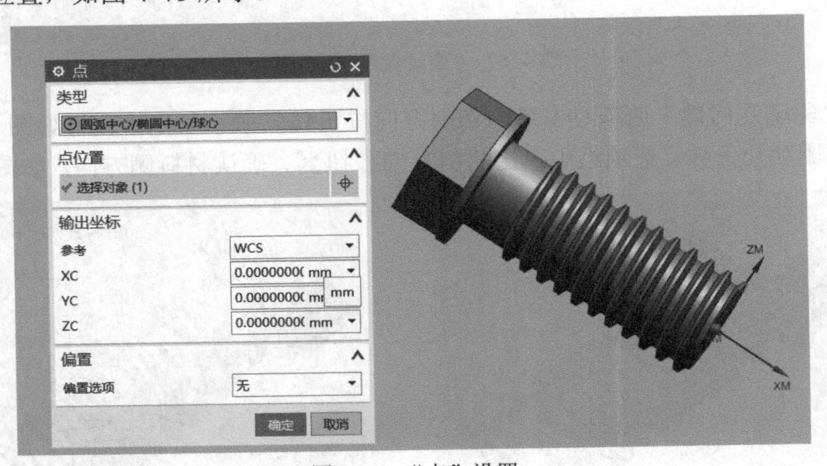

图 4-73 “点”设置

（4）选择投影矢量方向　在“投影矢量”选项组中选择“矢量”为”刀轴”，如图 4-74 所示。

图 4-74 投影设置

（5）设置切削参数　单击“刀轨设置”选项组中的“切削参数”按钮，弹出“切削参数”对话框，设置切削加工参数。

1）在“多刀路”选项卡中，取消勾选“多重深度切削”复选框，其他参数设置如图4-75所示。

2）在“更多”选项卡中，“切削步长”设为刀具百分比，并在“最大步长”文本框中输入30，如图4-76所示。

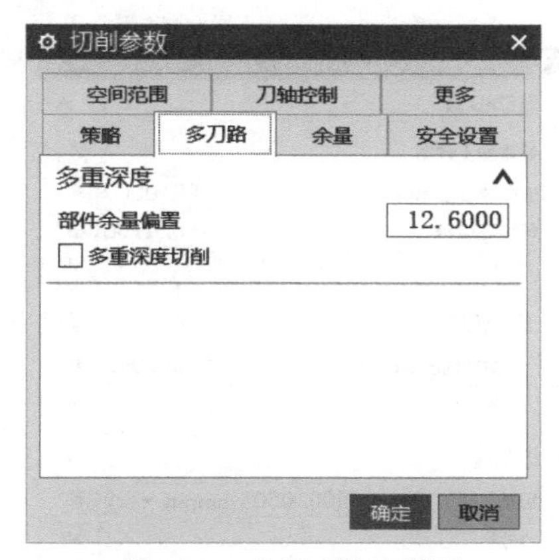

图4-75　“多刀路”设置

图4-76　“更多”设置

3）在“刀轴控制”选项卡中，在“最大刀轴更改”文本框中输入3，其他参数设置如图4-77所示。

4）单击“确定”按钮，完成切削参数的设置，返回“可变轮廓铣-VARIABLE_CONTOUR…”对话框。

（6）设置非切削参数　单击“刀轨设置”选项组中的“非切削移动”按钮，弹出“非切削移动”对话框。

1）单击“进刀”选项卡，在“开放区域”选项组中，“进刀类型”设为“圆弧-平行于刀轴”，其他参数设置如图4-78所示。

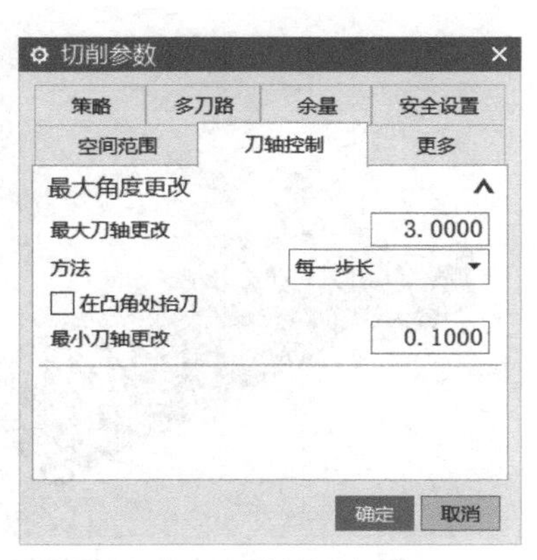

图4-77　“刀轴控制”设置

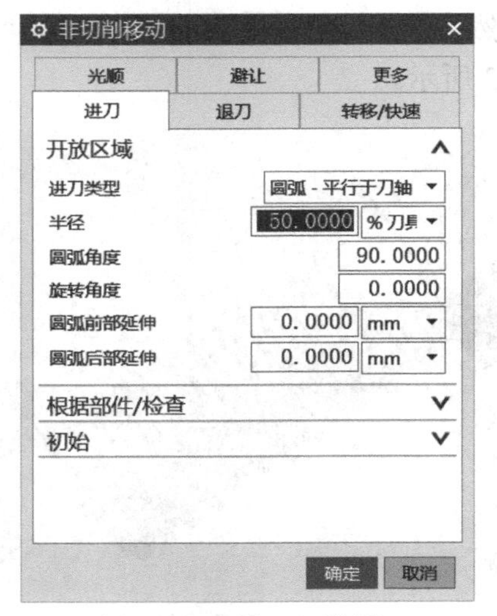

图4-78　“进刀”设置

2）单击“退刀”选项卡，在“开放区域”选项组中，“退刀类型”选择“与进刀相同”，如图 4-79 所示。

3）单击“非切削移动”对话框中的“确定”按钮，完成非切削参数的设置。

（7）设置进给参数　单击“刀轨设置”选项组中的“进给率和速度”按钮，弹出“进给率和速度”对话框。设置“主轴速度（rpm）”为 3000.000、“切削”速度为 2500.000、单位为“mmpm”，其他参数设置如图 4-80 所示。

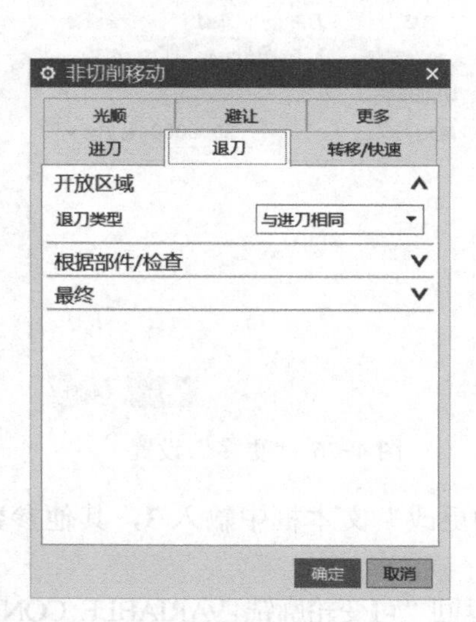

图 4-79　“退刀”设置

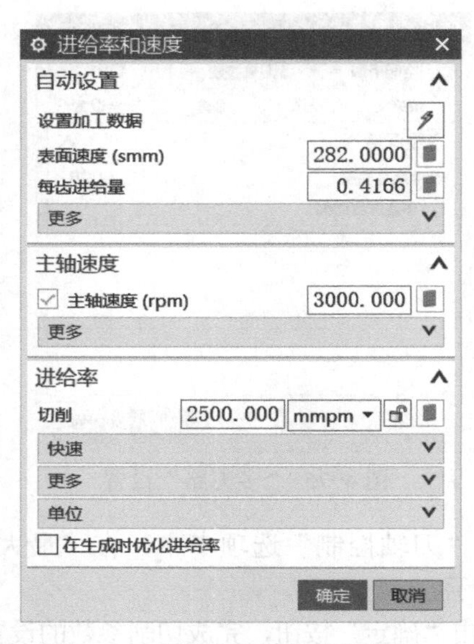

图 4-80　“进给率和速度”设置

（8）生成刀具路径并验证

1）在“操作”对话框中完成参数设置后，单击该对话框底部“操作”选项组中的“生成”按钮，可生成该操作的刀具路径，如图 4-81 所示。

2）单击“操作”对话框底部“操作”选项组中的“确认”按钮，弹出“导轨可视化”对话框，然后选择“3D 动态”选项卡，单击“播放”按钮，可进行 3D 动态刀具切削过程模拟，如图 4-82 所示。

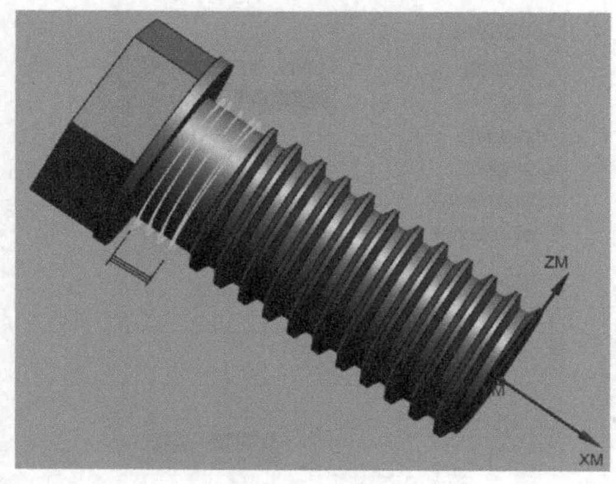

图 4-81　刀具路径

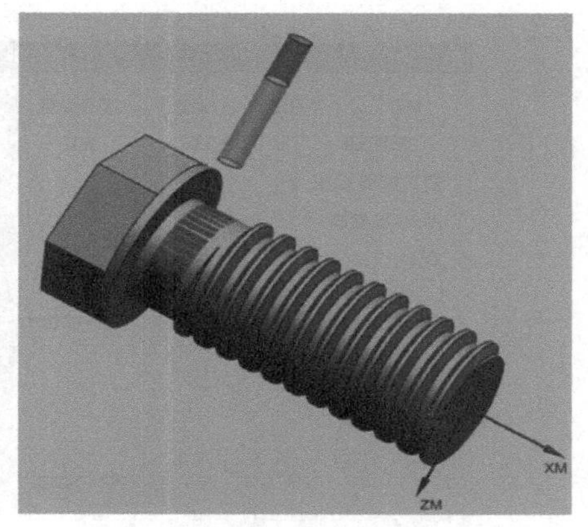

图 4-82　刀具切削过程模拟

3）单击“可变轮廓铣 -[VARIABLE_CONTOUR…”对话框中的“确定”按钮，接受刀具路径，并关闭“可变轮廓铣 -[VARIABLE_CONTOUR…”对话框。

4.5.9　可变轴曲面轮廓铣 T 形槽精加工

单击快速访问工具栏上的程序顺序视图按钮，工序导航器切换到程序视图。

（1）设置可变轴曲面轮廓铣

1）单击插入工具栏上的创建工序按钮，弹出“创建工序”对话框。在“创建工序”对话框的“类型”下拉列表中选择“mill_multi-axis”；“工序子类型”选择第 1 行第 1 个图标；“位置”选项组的“程序”选择“NC_PROGRAM”，“刀具”选择“B4（铣刀 -5 参数）”，“几何体”选择”MCS_MILL”，“方法”选择“MILL_FINISH”；在“名称”文本框中输入 VARIABLE_CONTOUR_4，如图 4-83 所示。

2）单击“确定”按钮，弹出“可变轮廓铣 -[VARIABLE_CONTOUR…”对话框，如图 4-84 所示。

3）选择螺纹底面所示区域作为部件。

图 4-83　工序设置

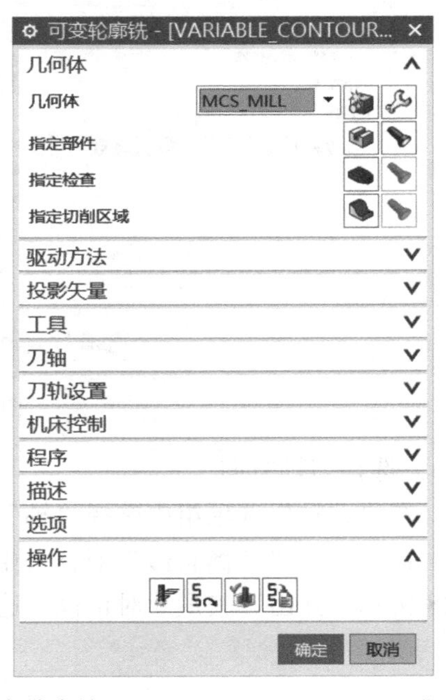

图 4-84　“可变轮廓铣 -[VARIABLE_CONTOUR…”对话框

（2）选择驱动方法

1）在“可变轮廓铣 -[VARIABLE_CONTOUR…”对话框中，在“驱动方法”选项组的“方法”下拉列表中选择“曲线 / 点”，系统弹出“曲线 / 点驱动方法”对话框，如图 4-85 所示。

2）在“驱动几何体”选项组中，单击“选择曲线”，选择图层 7 所示曲线，如图 4-86 所示。单击“确定”按钮，返回“可变轮廓铣 -[VARIABLE_CONTOUR…”对话框。

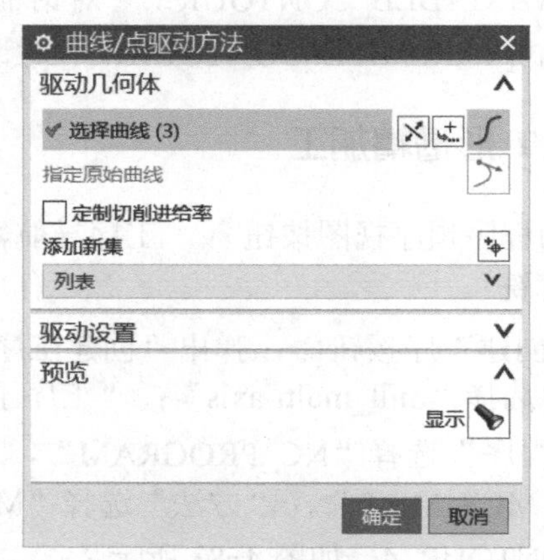

图 4-85 “曲线 / 点驱动方法”对话框

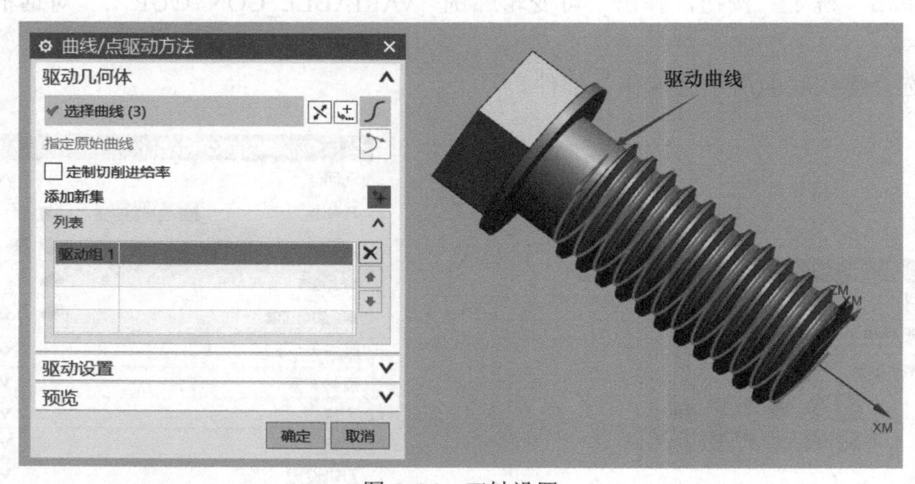

图 4-86 刀轴设置

（3）选择刀轴方向

1）在“刀轴”选项组中选择“轴”为“远离直线”，如图 4-87 所示。

2）在弹出的“远离直线”对话框中选择“指定矢量”选项后的矢量对话框按钮，如图 4-88 所示，弹出“矢量”对话框，选择 +XC 轴为直线方向。

图 4-87 刀轴设置

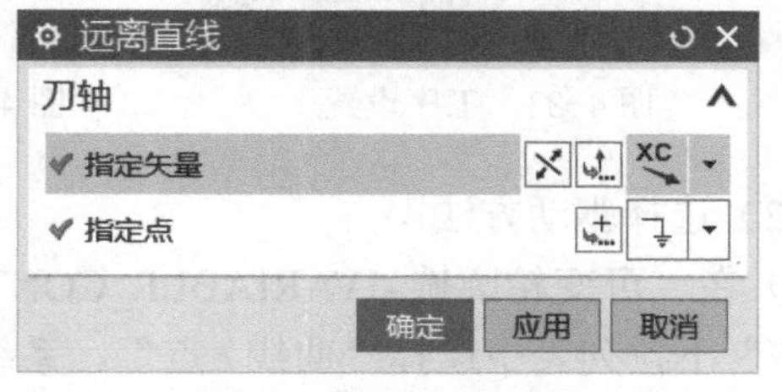

图 4-88 “远离直线”设置

3）选择“指定点”选项后的“点”对话框按钮，在弹出的“点”对话框中指定（0，0，0）为矢量起点位置，如图 4-89 所示。

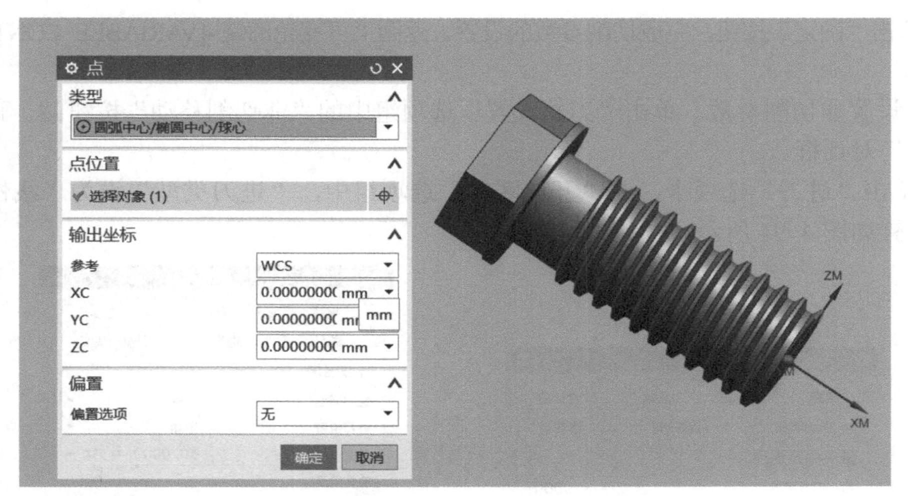

图4-89 “点”设置

（4）选择投影矢量方向 在“投影矢量”选项组中选择“矢量”为“刀轴”，如图4-90所示。

图4-90 投影设置

（5）设置切削参数 单击“刀轨设置”选项组中的“切削参数”按钮，弹出“切削参数”对话框，设置切削加工参数。

1）在“多刀路”选项卡中，勾选“多重深度切削”复选框，其他参数设置如图4-91所示。

2）在“更多”选项卡中，“切削步长”设为刀具百分比，并在“最大步长”文本框中输入30，如图4-92所示。

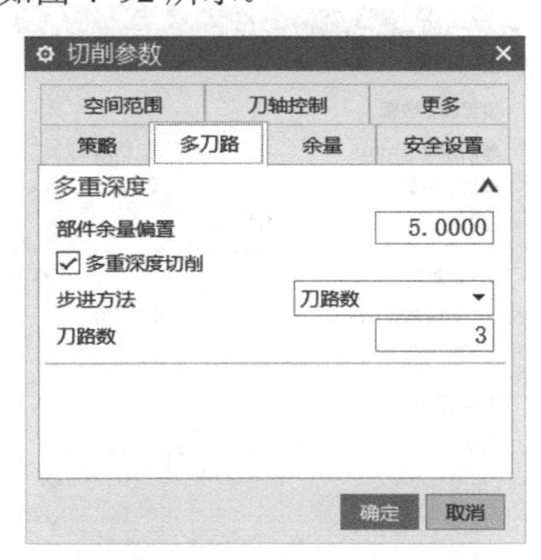

图4-91 “多刀路”设置

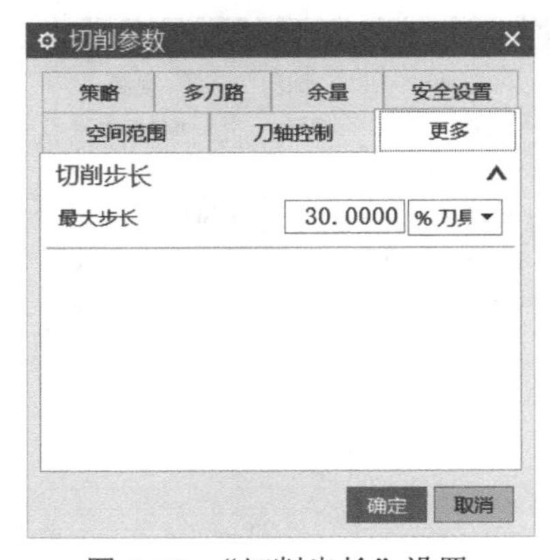

图4-92 “切削步长”设置

3）在“刀轴控制”选项卡中，在“最大刀轴更改”文本框中输入3，其他参数设置如图4-93所示。

4）单击“确定”按钮，完成切削参数的设置，返回“可变轮廓铣 -[VARIABLE_CONTOUR…”对话框。

（6）设置非切削参数　单击“刀轨设置”选项组中的“非切削移动”按钮，弹出“非切削移动”对话框。

1）单击“进刀”选项卡，在“开放区域”选项组中，“进刀类型”设为“线性”，其他参数设置如图 4-94 所示。

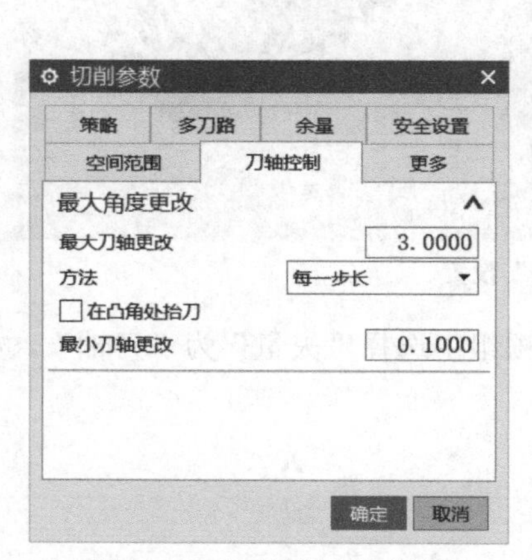

图 4-93 “刀轴控制”设置

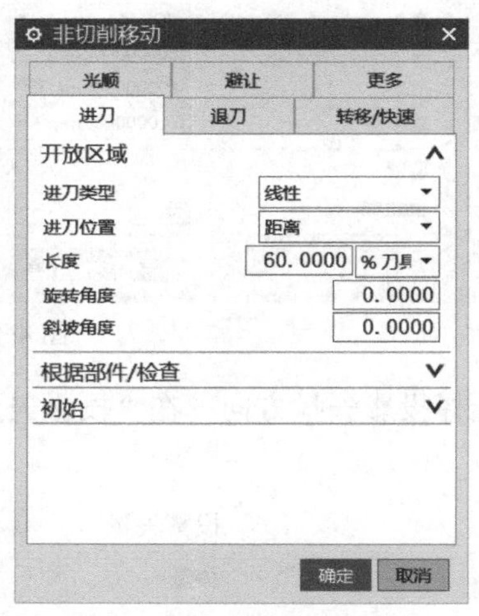

图 4-94 “进刀”设置

2）单击“退刀”选项卡，在“开放区域”选项组的“退刀类型”下拉列表中选择“与进刀相同”，如图 4-95 所示。

3）单击“非切削参数”对话框中的“确定”按钮，完成非切削参数的设置。

（7）设置进给参数　单击“刀轨设置”选项组中的“进给率和速度”按钮，弹出“进给率和速度”对话框。设置“主轴速度（rpm）”为 3000.000、“切削”速度为 2500.000、单位为“mmpm”，其他参数设置如图 4-96 所示。

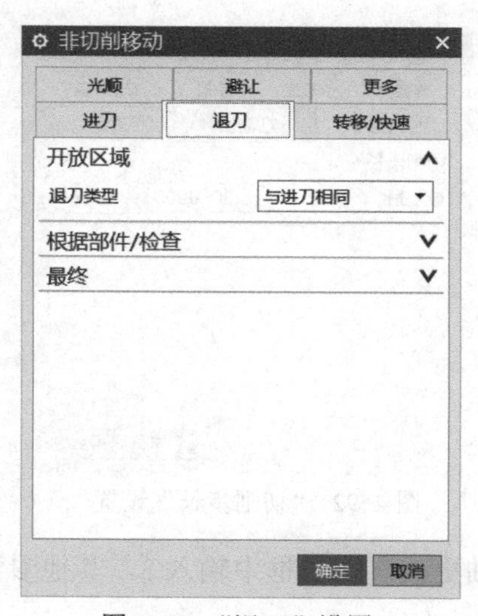

图 4-95 “退刀”设置

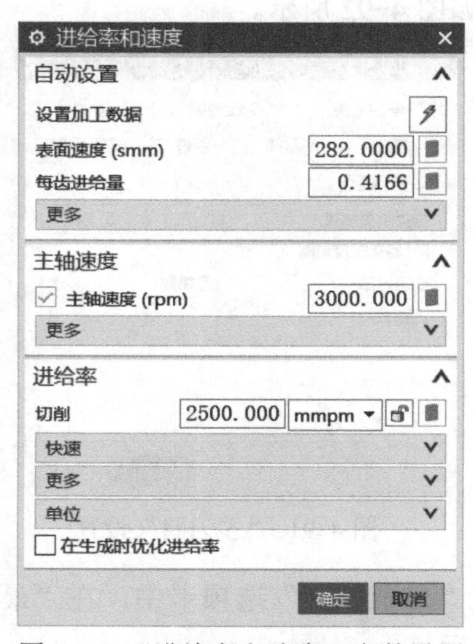

图 4-96 “进给率和速度”参数设置

（8）生成刀具路径并验证

1）在“操作”对话框中完成参数设置后，单击该对话框底部“操作”选项组中的“生成”按钮，可生成该操作的刀具路径，如图4-97所示。

2）单击“操作”对话框底部“操作”选项组中的“确认”按钮，弹出“导轨可视化”对话框，然后选择“3D动态”选项卡，单击“播放”按钮，可进行3D动态刀具切削过程模拟，如图4-98所示。

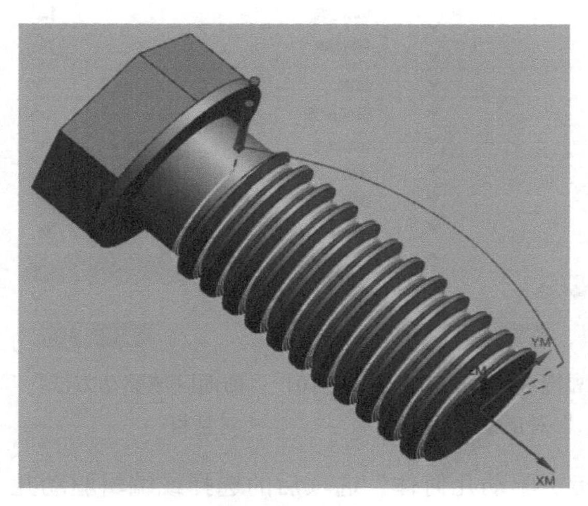

图4-97 刀具路径

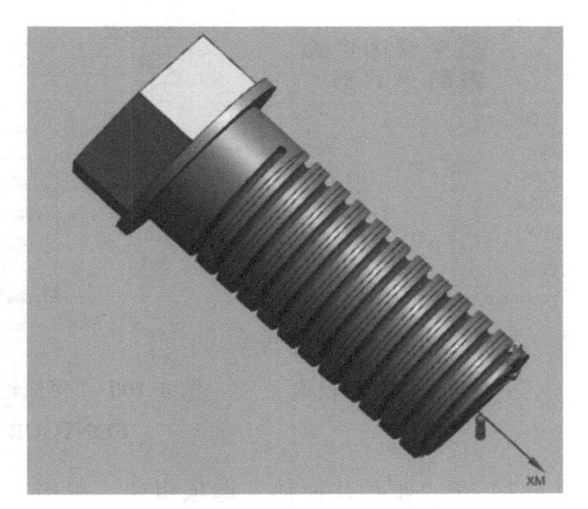

图4-98 刀具切削过程模拟

3）单击“可变轮廓铣-[VARIABLE_CONTOUR…”对话框中的“确定”按钮，接受刀具路径，并关闭“可变轮廓铣-[VARIABLE_CONTOUR…”对话框。

4.5.10 可变轴曲面轮廓铣左侧面精加工

单击快速访问工具栏上的程序顺序视图按钮，工序导航器切换到程序视图。

（1）设置可变轴曲面轮廓铣

1）单击插入工具栏上的创建工序按钮，弹出“创建工序”对话框。在“创建工序”对话框的“类型”下拉列表中选择“mill_multi-axis”；“工序子类型”选择第1行第1个图标；“位置”选项组中的“程序”选择“NC_PROGRAM”，“刀具”选择“B4（铣刀-球头铣）”，“几何体”选择”MCS_MILL”，“方法”选择“MILL_FINISH”；在“名称”文本框中输入VARIABLE_CONTOUR_5，如图4-99所示。

2）单击“确定”按钮，弹出“可变轮廓铣-[VARIABLE_CONTOUR…”对话框，如图4-100所示。

3）选择实体零件作为部件。

（2）选择驱动方法

1）在“可变轮廓铣-[VARIABLE_CONTOUR…”对话框中，在“驱动方法”选项组的“方法”下拉列表中选择“曲面”，系统弹出“曲面区域驱动方法”对话框，如图4-101所示。

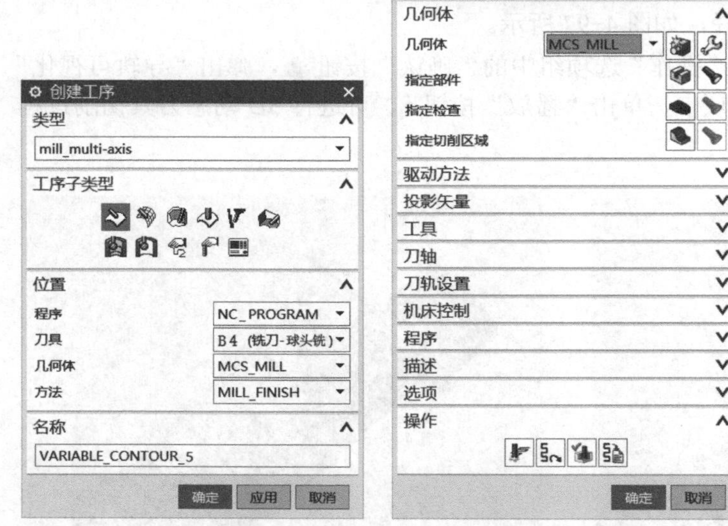

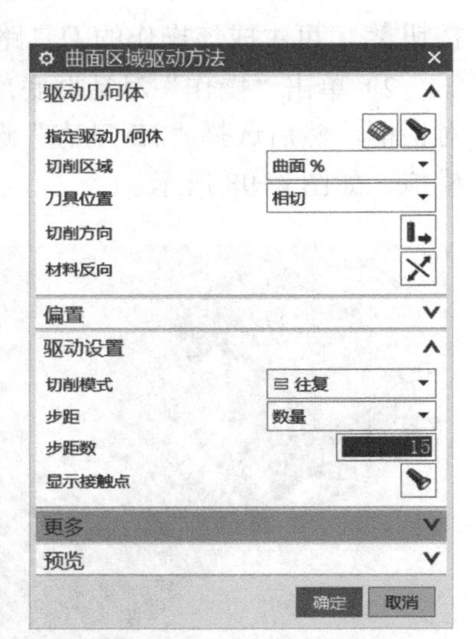

图 4-99 工序设置　图 4-100 “可变轮廓铣 -[VARIABLE CONTOUR…”对话框　图 4-101 “曲面区域驱动方法”对话框

2）在“驱动几何体”选项组中，单击“指定驱动几何体”选项后的选择或编辑驱动几何体按钮，弹出“驱动几何体”对话框，选择图层 5 所示区域的曲面，如图 4-102 所示。单击“确定”按钮，返回“曲面区域驱动方法”对话框。

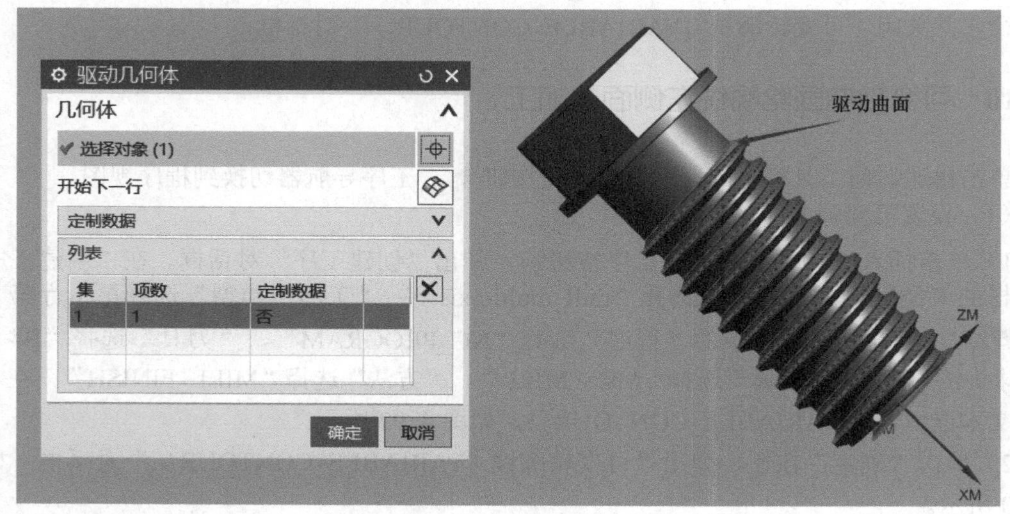

图 4-102 “驱动几何体”设置

3）在“驱动几何体”选项组中单击切削方向按钮，确认切削方向，如图 4-103 所示。

4）在“驱动几何体”选项组中单击材料反向按钮，确认材料侧方向，如图 4-104 所示。

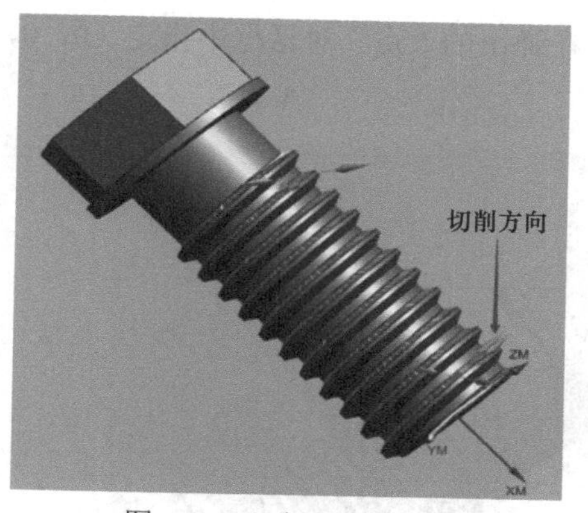

图 4-103　确认切削方向

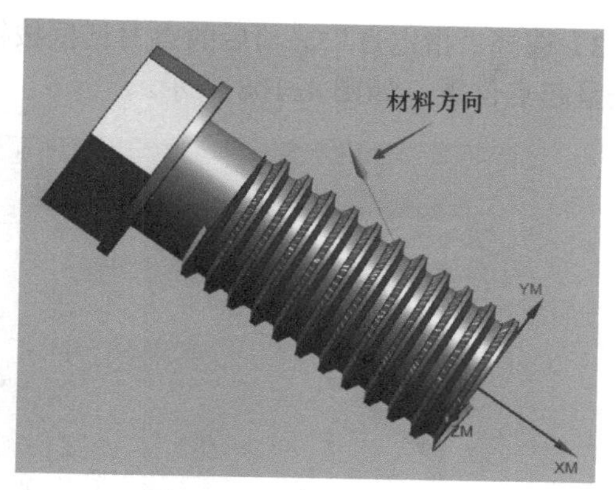

图 4-104　确认材料侧方向

5）在“驱动设置”选项组中选择“切削模式”为“往复”、“步距”为“数量”，并输入“步距数”为 15，如图 4-105 所示。

图 4-105　“驱动设置”参数设置

6）单击“曲面区域驱动方法”对话框中的“确定”按钮，完成驱动方法设置，返回“可变轮廓铣 -[VARIABLE_CONTOUR…”对话框。

（3）选择刀轴方向

1）在“刀轴”选项组中选择“轴”为“远离直线”，如图 4-106 所示。

2）在弹出的“远离直线”对话框中选择“指定矢量”选项后的矢量对话框按钮，如图 4-107 所示，弹出“矢量”对话框，选择 +XC 轴为直线方向。

图 4-106　刀轴设置

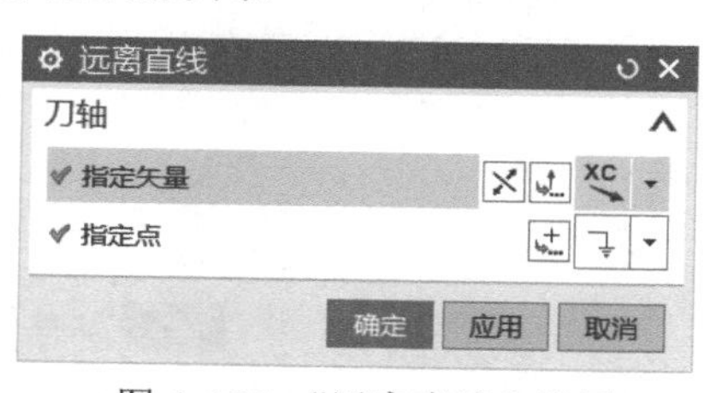

图 4-107　“远离直线”设置

3）选择“指定点”选项后的点对话框按钮，在弹出的“点”对话框中指定（0，0，0）为矢量起点位置，如图 4-108 所示。

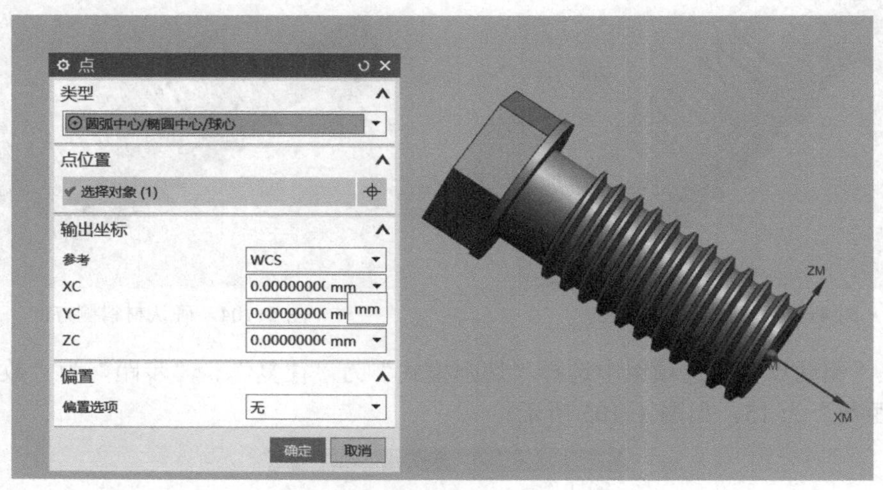

图 4-108 “点”设置

（4）选择投影矢量方向　在“投影矢量”选项组中选择“矢量”为“刀轴”，如图 4-109 所示。

图 4-109 投影矢量设置

（5）设置切削参数　单击“刀轨设置”选项组中的“切削参数”按钮，弹出“切削参数”对话框，设置切削加工参数。

1）在“多刀路”选项卡中，取消勾选“多重深度切削”复选框，其他参数设置如图 4-110 所示。

2）在“更多”选项卡中，“切削步长”设为刀具百分比，并在“最大步长”文本框中输入 10，如图 4-111 所示。

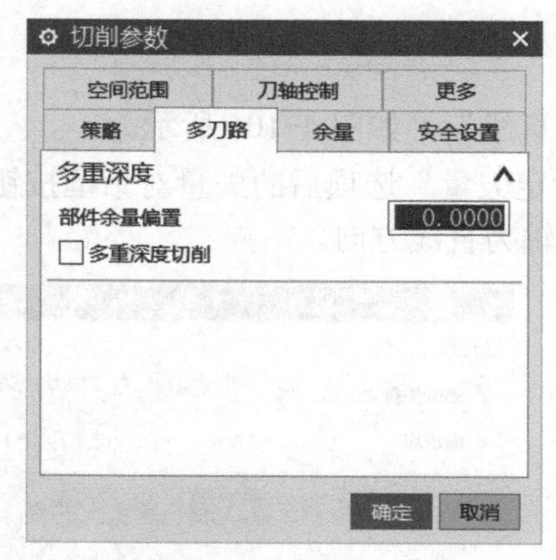

图 4-110 “多刀路”设置

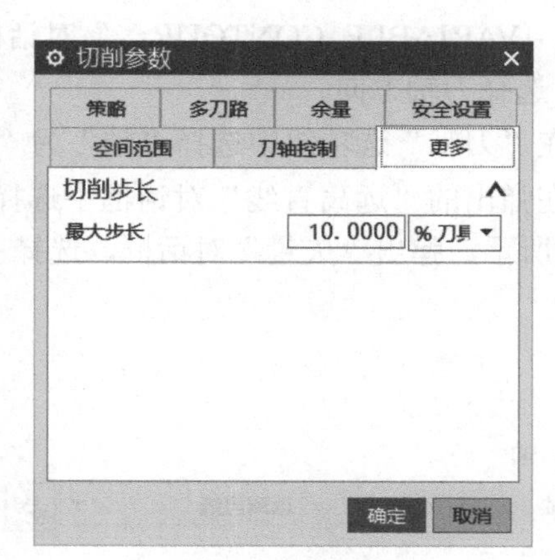

图 4-111 “更多”设置

3）在“刀轴控制”选项卡中，在“最大刀轴更改”文本框中输入 3，其他参数设置如图 4-112 所示。

4）单击“确定”按钮，完成切削参数的设置，返回“可变轮廓铣 -[VARIABLE_CONTOUR…”对话框。

（6）设置非切削参数　单击“刀轨设置”选项组中的“非切削移动”按钮，弹出“非切削移动”对话框。

1）单击“进刀”选项卡，在“开放区域”选项组中，设“进刀类型”为“线性”，其他参数设置如图 4-113 所示。

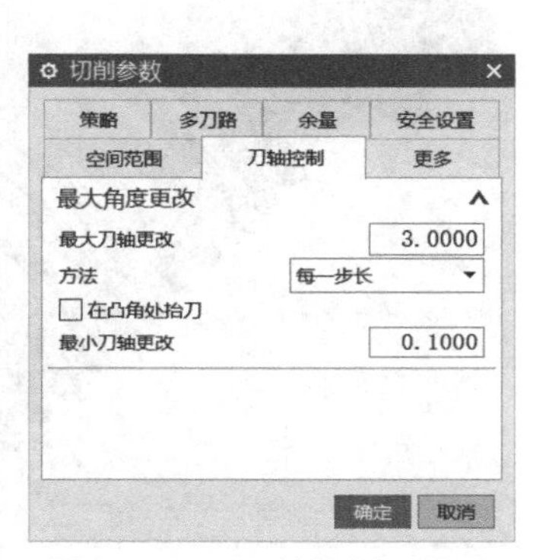

图 4-112 “刀轴控制”设置

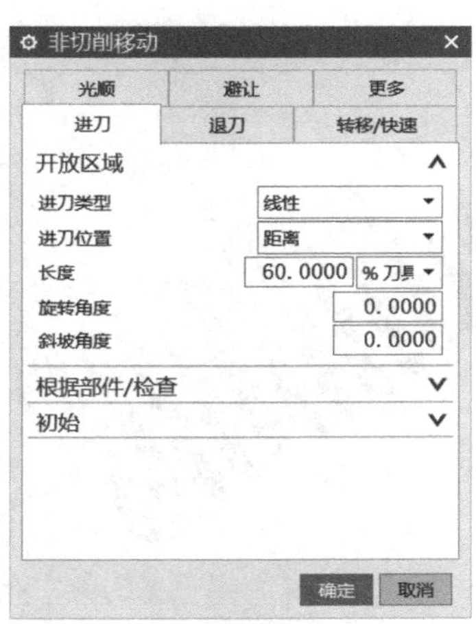

图 4-113 “进刀”设置

2）单击“退刀”选项卡，在“开放区域”选项组的“退刀类型”下拉列表中选择“与进刀相同”，如图 4-114 所示。

3）单击“非切削移动”对话框中的“确定”按钮，完成非切削参数的设置。

（7）设置进给参数　单击“刀轨设置”选项组中的“进给率和速度”按钮，弹出“进给率和速度”对话框。设置“主轴速度（rpm）”为 3000.000，“切削”速度为 2500.000、单位为“mmpm”，其他参数设置如图 4-115 所示。

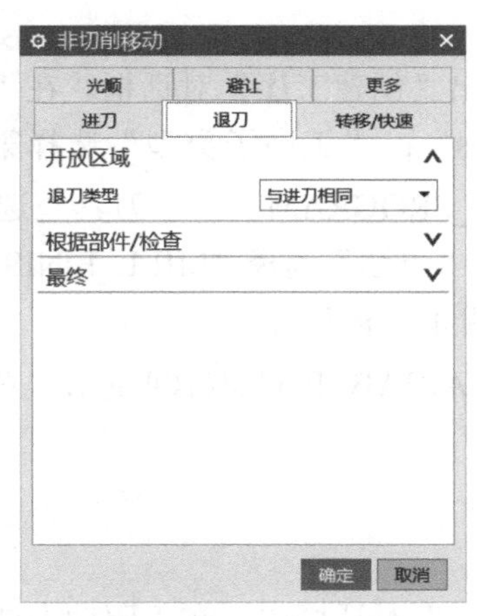

图 4-114 “退刀”设置

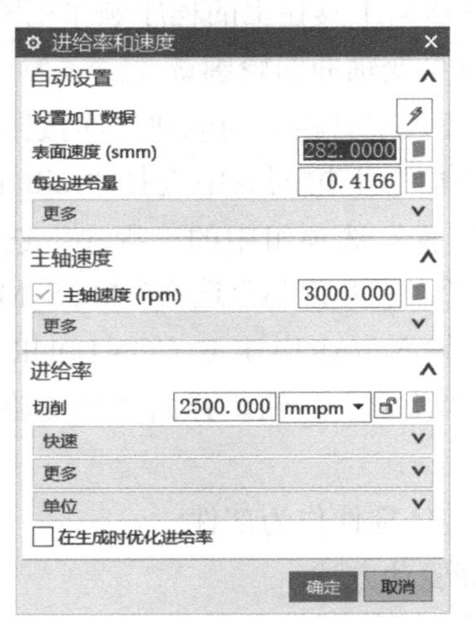

图 4-115 “进给率和速度”参数设置

（8）生成刀具路径并验证

1）在“操作”对话框中完成参数设置后，单击该对话框底部“操作”选项组中的“生成”按钮，可生成该操作的刀具路径，如图 4-116 所示。

2）单击“操作”对话框底部“操作”选项组中的“确认”按钮，弹出“导轨可视化”对话框，然后选择“3D 动态”选项卡，单击“播放”按钮，可进行 3D 动态刀具切削过程模拟，如图 4-117 所示。

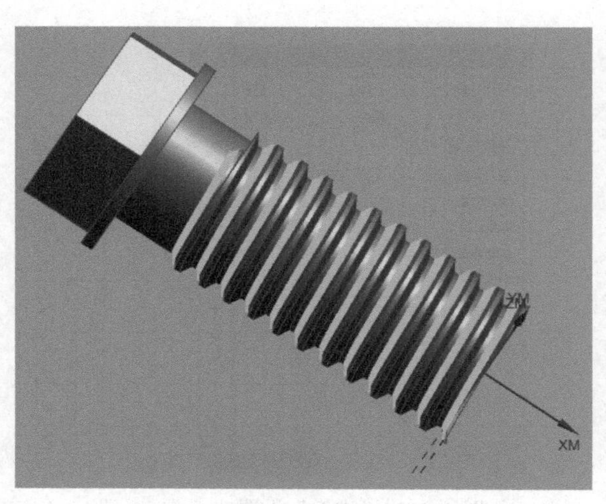

图 4-116　刀具路径

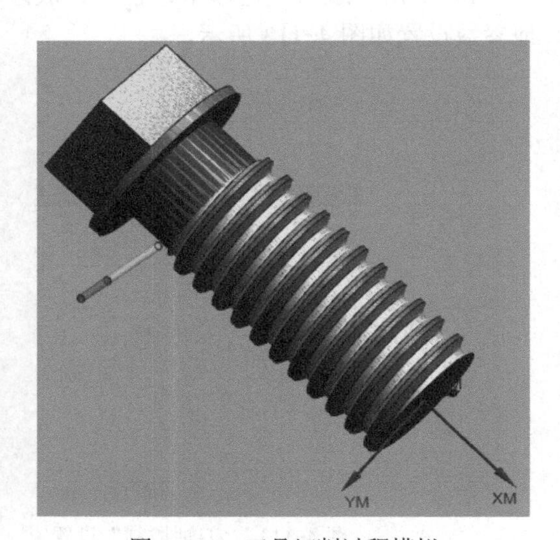

图 4-117　刀具切削过程模拟

3）单击“可变轮廓铣 -[VARIABLE_CONTOUR…”对话框中的“确定”按钮，接受刀具路径，并关闭“可变轮廓铣 -[VARIABLE_CONTOUR…”对话框。

4.5.11　可变轴曲面轮廓铣右侧面精加工

单击快速访问工具栏上的程序顺序视图按钮，工序导航器切换到程序视图。

（1）设置可变轴曲面轮廓铣

1）单击插入工具栏上的创建工序按钮，弹出“创建工序”对话框。在“创建工序”对话框的“类型”下拉列表中选择“mill_multi-axis”；“工序子类型”选择第 1 行第 1 个图标；“位置”选项组中的“程序”选择“NC_PROGRAM”，“刀具”选择“B4（铣刀 - 球头铣）”，“几何体”选择”MCS_MILL”，“方法”选择“MILL_FINISH”；在“名称”文本框中输入 VARIABLE_CONTOUR_6，如图 4-118 所示。

2）单击“确定”按钮，弹出“可变轮廓铣 -[VARIABLE_CONTOUR…”对话框，如图 4-119 所示。

3）选择实体零件作为部件。

（2）选择驱动方法

1）在“可变轮廓铣 -[VARIABLE_CONTOUR…”对话框中，在“驱动方法”选项组的

“方法”下拉列表中选择“曲面”，系统弹出“曲面区域驱动方法”对话框，如图 4-120 所示。

图 4-118　工序设置

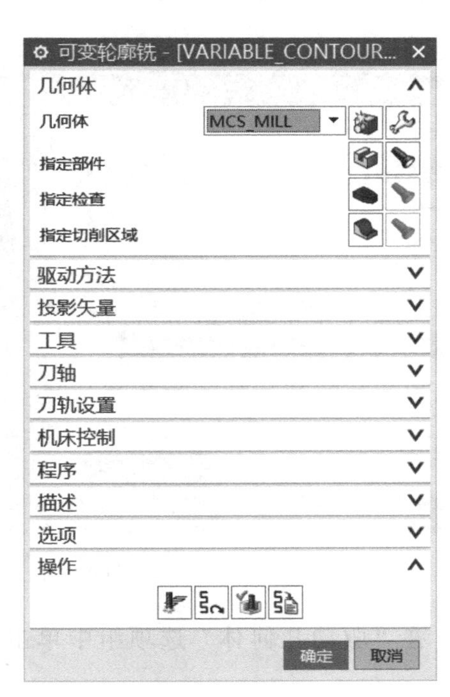

图 4-119　“可变轮廓铣 -[VARIABLE_CONTOUR…”对话框

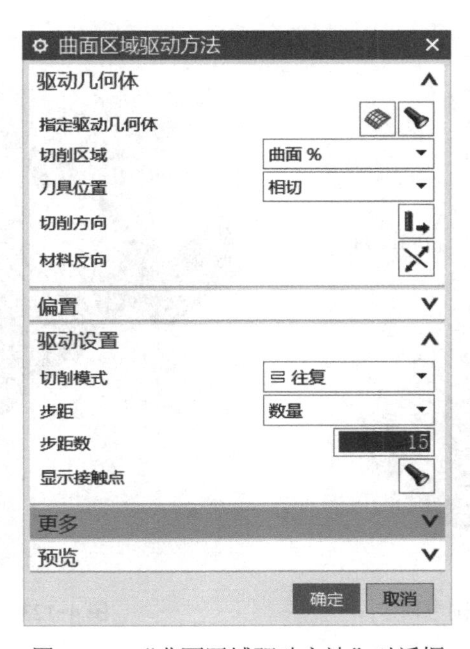

图 4-120　“曲面区域驱动方法”对话框

2）在“驱动几何体”选项组中，单击“指定驱动几何体”选项后的选择或编辑驱动几何体按钮，弹出“驱动几何体对”话框，选择图层 6 所示区域的曲面，如图 4-121 所示。单击“确定”按钮，返回“曲面区域驱动方法”对话框。

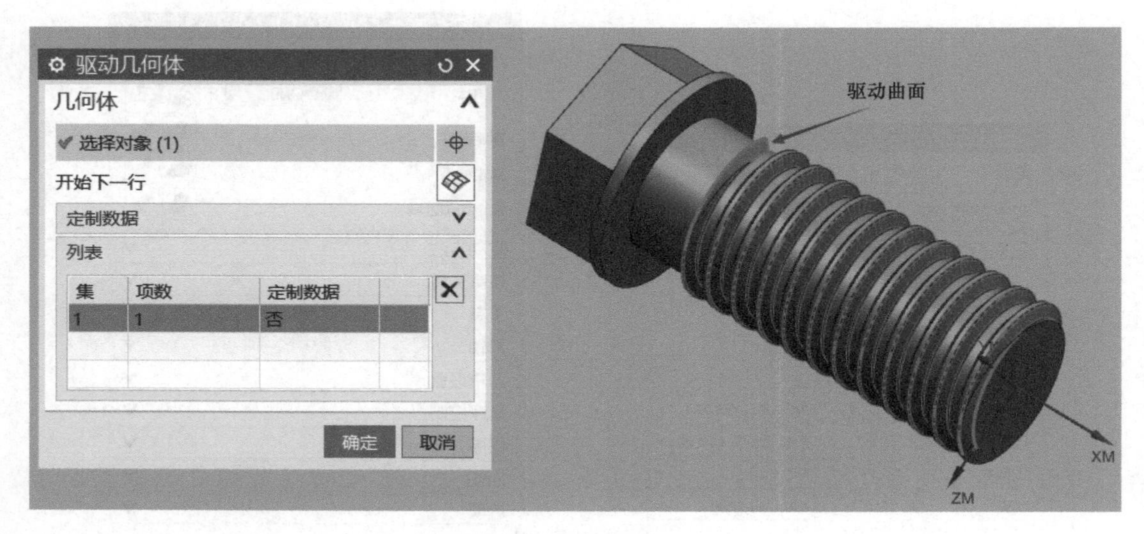

图 4-121 “驱动几何体”设置

3）在“驱动几何体”选项组中单击切削方向按钮，确认切削方向，如图 4-122 所示。

4）在“驱动几何体”选项组中单击材料反向按钮，确认材料侧方向，如图 4-123 所示。

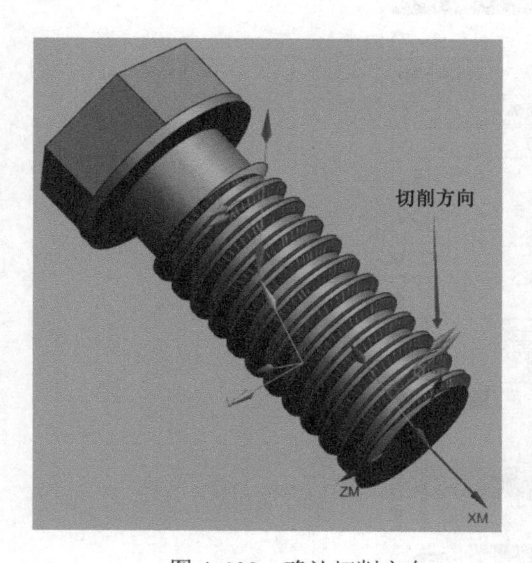

图 4-122 确认切削方向

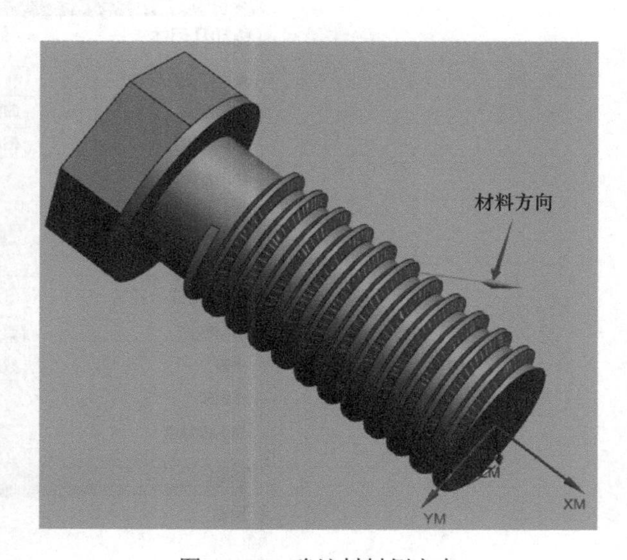

图 4-123 确认材料侧方向

5）在“驱动设置”选项组中选择“切削模式”为“往复”、“步距”为“数量”，并输入“步距数”为 15，如图 4-124 所示。

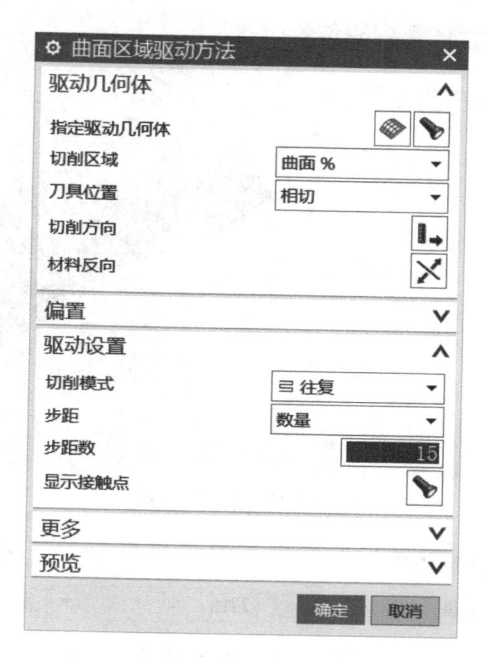

图 4-124　“驱动设置”参数设置

6）单击“曲面区域驱动方法”对话框中的“确定”按钮，完成驱动方法设置，返回“可变轮廓铣 -[VARIABLE_CONTOUR…”对话框。

（3）选择刀轴方向

1）在“刀轴”选项组中选择“轴”为“远离直线”，如图 4-125 所示。

2）在弹出的“远离直线”对话框中选择“指定矢量”选项后的矢量对话框按钮，如图 4-126 所示，弹出“矢量”对话框，选择 +XC 轴为直线方向。

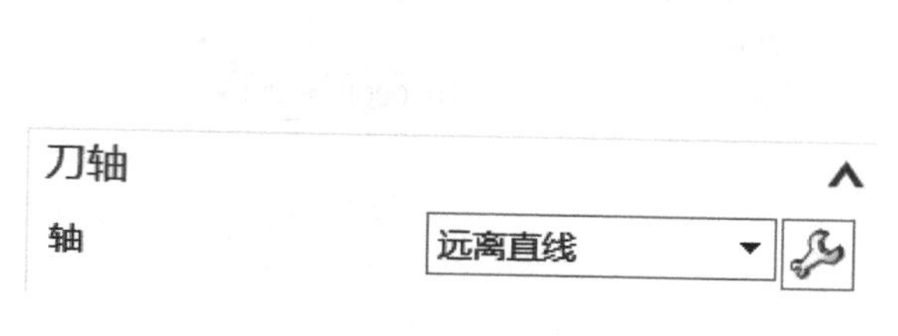

图 4-125　刀轴设置

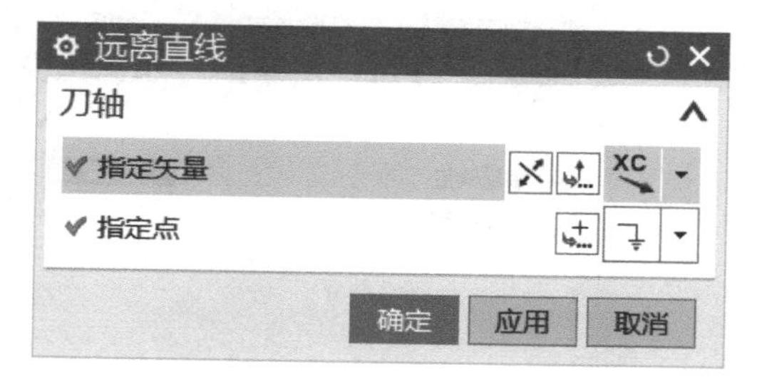

图 4-126　“远离直线”设置

3）选择“指定点”选项后的点对话框按钮，在弹出的“点”对话框中指定（0，0，0）为矢量起点位置，如图 4-127 所示。

（4）选择投影矢量方向　在“投影矢量”选项组中选择“矢量”为“刀轴”，如图 4-128 所示。

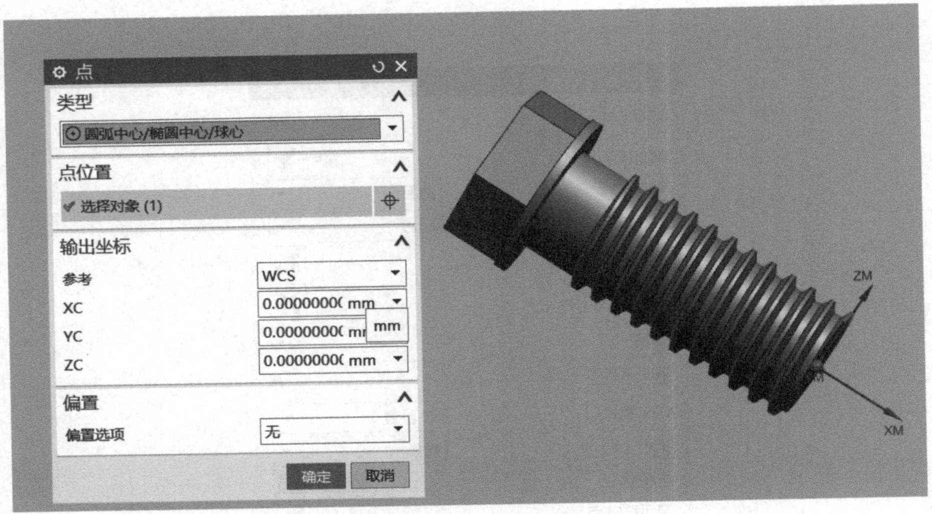

图 4-127 “点”设置

图 4-128 投影设置

（5）设置切削参数　单击“刀轨设置”选项组中的“切削参数”按钮，弹出“切削参数”对话框，设置切削加工参数。

1）在“多刀路”选项卡中，取消勾选“多重深度切削”复选框，其他参数设置如图 4-129 所示。

2）在“更多”选项卡中，“切削步长”设为刀具百分比，并在“最大步长”文本框中输入 10，如图 4-130 所示。

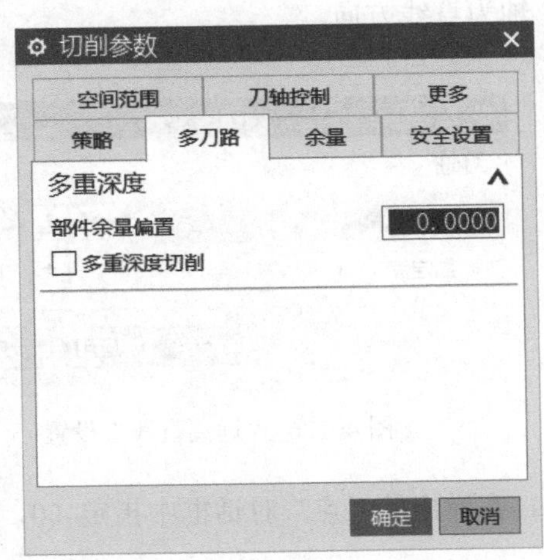

图 4-129 “多刀路”设置

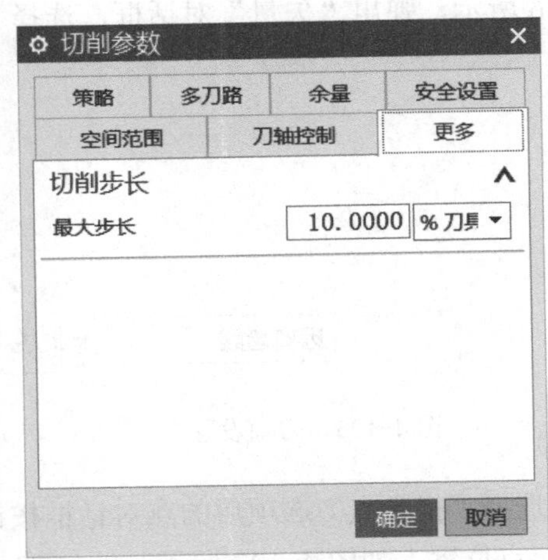

图 4-130 “更多”设置

3）在“刀轴控制”选项卡中，在“最大刀轴更改”文本框中输入 3，其他参数设置如图 4-131 所示。

4）单击“确定”按钮，完成切削参数的设置，返回“可变轮廓铣 -[VARIABLE_CONTOUR…”对话框。

（6）设置非切削参数　单击“刀轨设置”选项组中的“非切削移动”按钮，弹出“非切削移动”对话框。

1）单击“进刀”选项卡，在“开放区域”选项组中，“进刀类型”设为“线性”，其他参数设置如图 4-132 所示。

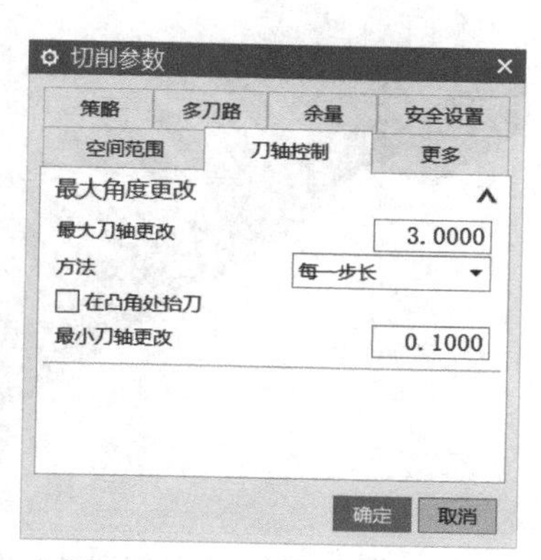

图 4-131　“刀轴控制”设置

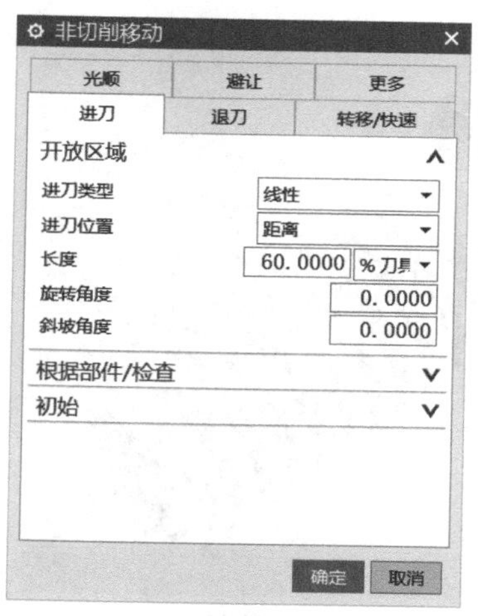

图 4-132　“进刀”设置

2）单击“退刀”选项卡，在“开放区域”选项组中，“退刀类型”选择“与进刀相同”，如图 4-133 所示。

3）单击“非切削移动”对话框中的“确定”按钮，完成非切削参数的设置。

（7）设置进给参数　单击“刀轨设置”选项组中的“进给率和速度”按钮，弹出“进给率和速度”对话框。设置“主轴速度（rpm）”为 3000.000，“切削”速度为 2500.000、单位为“mmpm”，其他参数设置如图 4-134 所示。

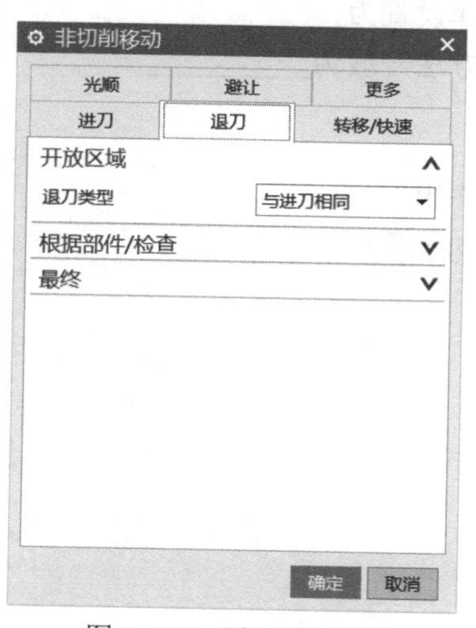

图 4-133　“退刀”设置

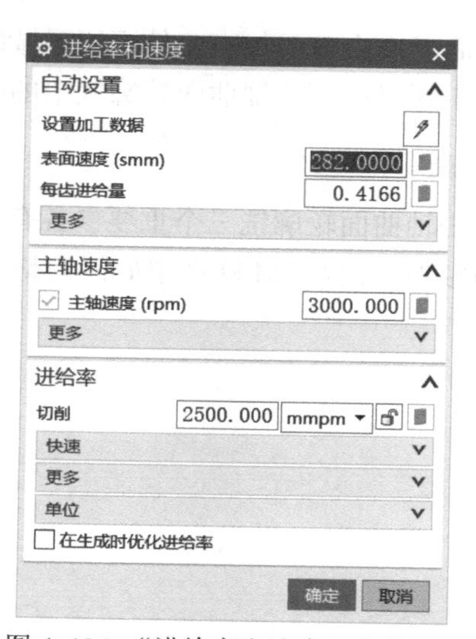

图 4-134　“进给率和速度”参数设置

（8）生成刀具路径并验证

1）在“操作”对话框中完成参数设置后，单击该对话框底部“操作”选项组中的“生成”按钮，可生成该操作的刀具路径，如图 4-135 所示。

2）单击“操作”对话框底部“操作”选项组中的“确认”按钮，弹出“导轨可视化”对话框，然后选择“3D 动态”选项卡，单击“播放”按钮，可进行 3D 动态刀具切削过程模拟，如图 4-136 所示。

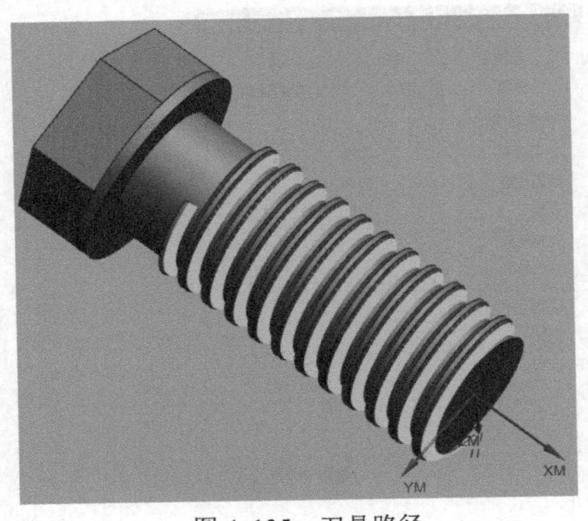

图 4-135　刀具路径

图 4-136　刀具切削过程模拟

3）单击“可变轮廓铣 -[VARIABLE_CONTOUR...” 对话框中的“确定”按钮，接受刀具路径，并关闭“可变轮廓铣 -[VARIABLE_CONTOUR...”对话框。

思 考 题

1. 填空题

（1）在底壁铣中对于加工工件不同区域的选择设置为______________。

（2）加工螺母在可变轴曲面轮廓铣中的驱动方法一般为__________。

2. 简答题

（1）可变轴曲面轮廓铣三个重要参各有什么作用？

（2）四轴加工在 CAM 软件中如何调整工件坐标系？

第5章 五轴加工中心定向编程及加工

5.1 五轴定向加工概述

五轴定向加工也可以称为固定轴铣削加工，是指刀具轴线在空间旋转一定的角度，刀具就对零件进行加工，这时刀具和工件的相对方向保持不变，刀具轴线不一定是Z轴正方向，可以是机床能够实现的任意方向。这种加工方式可以对传统三轴不能加工的倒扣位置进行加工。虽然加工过程中刀具轴线相对固定，在一个方位进行加工时，部分位置可能仍然会加工不到，但是可以多创建几个方位来对工件进行加工。从理论上讲，仅用此种方式就可以实现对大多数倒扣零件的加工。

五轴定向加工是传统三轴铣加工的延伸，其关键是刀具轴线的定义。刀具轴线的正方向是指从带有切削刃的刀尖点出发，指向刀具夹持位刀具末端圆心的连线的矢量方向。一般来说，对于工件中加工区域的底面为平面的部分，可以定义垂直于底面的方向，即垂直第一个面就是刀具轴线方向；对于复杂型面，可以将图形摆放在不倒扣的位置，然后利用“视图方向”矢量来定义基准面，进而定义刀具轴线方向。图5-1所示为刀具轴线方向选项。

图5-1 刀具轴线方向

五轴定位是重新定义刀轴方向的固定轴铣削，包括所有全部传统的三轴加工方式，如平面铣、面铣、钻孔、型腔铣、等高铣以及固定轴曲面轮廓铣。

5.2 实例整体分析

如图5-2所示，基座外形为方块结构，由斜平面和底面组成。毛坯为方料，采用零件整体开粗，然后进行五轴定向精加工。

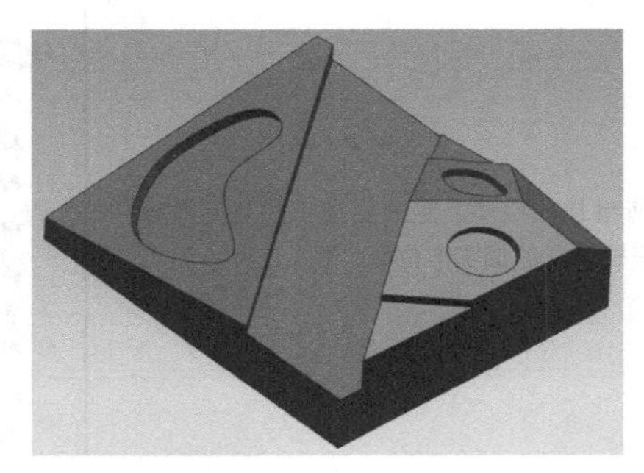

图5-2 基座

5.3　实例加工分析

根据零件的特点，按照加工工艺的安排原则，工序安排如下：

1）外表面加工采用较大直径的刀具进行粗加工以便去除大量余量，粗加工采用型腔铣环切的方法，刀具为 ϕ12mm 的立铣刀。

2）斜平面加工采用底壁铣进行多边形精加工，刀具采用 ϕ8mm 的铣刀。

3）台阶面加工采用面铣进行精加工，刀具采用 ϕ8mm 的铣刀。

5.4　加工流程与所用知识点

基座零件数控加工的具体设计流程和知识点见表 5-1。

表 5-1　基座零件数控加工的具体设计流程和知识点

步　骤	设计知识点	设计流程效果图
步骤 1：打开文件，进入加工环境	数控加工环境是指进入 UG NX 的制造模块后进行编程作业的软件环境，选择型腔铣“mill_contour”	
步骤 2：创建几何组	创建几何组是在零件上定义要加工的几何对象和指定零件在机床上的加工方位	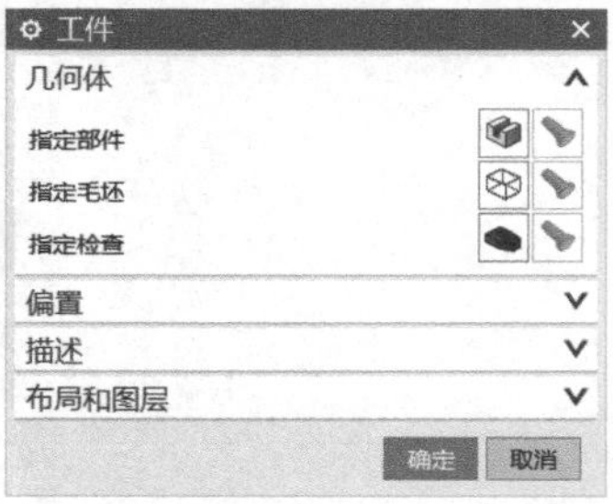

（续）

步　骤	设计知识点	设计流程效果图
步骤 3：创建刀具组	创建加工所需的加工刀具	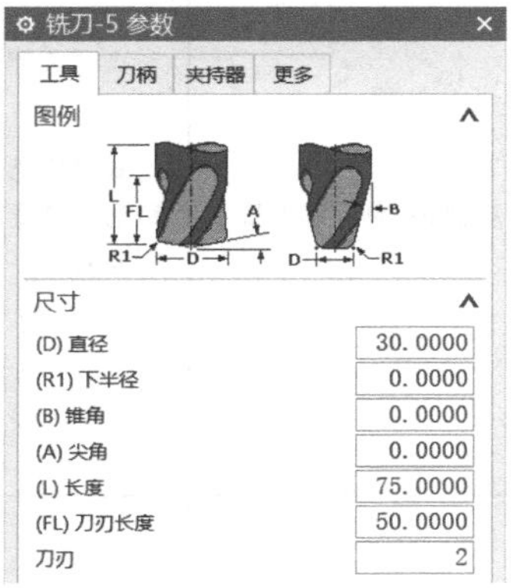
步骤 4：创建加工方法组	通过对加工余量，几何体的内、外公差等设置，为粗加工、半精加工和精加工设定统一的参数	
步骤 5：创建型腔铣	型腔铣工序可移除平面中的大量材料，常用于精加工工序之前对材料进行粗铣	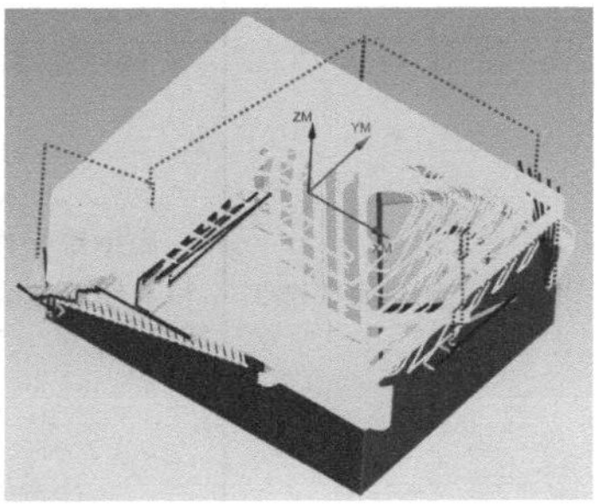

（续）

步　骤	设计知识点	设计流程效果图
步骤 6：创建底壁铣 1	底壁铣操作可以将要移除的材料由切削区域底面和毛坯厚度来确定，自由定义底面到顶层的切削深度范围	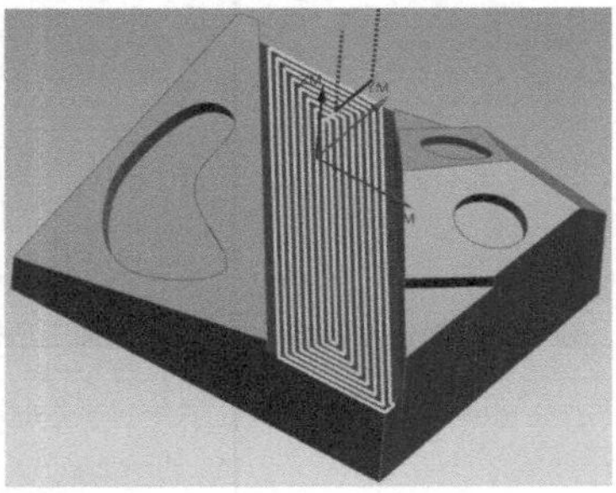
步骤 7：创建底壁铣 2	不同区域的选择，面的法向不同，刀轴方向也不一样	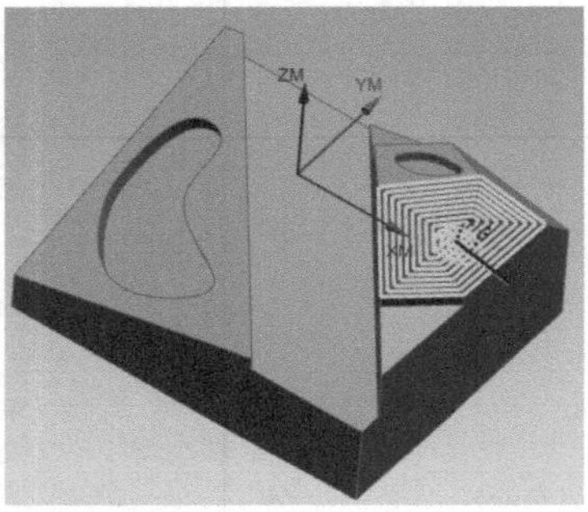
步骤 8：创建面铣 1	面铣操作可以将要移除的材料由指定面边界和毛坯厚度来确定，自由定义底面到顶层的切削深度范围	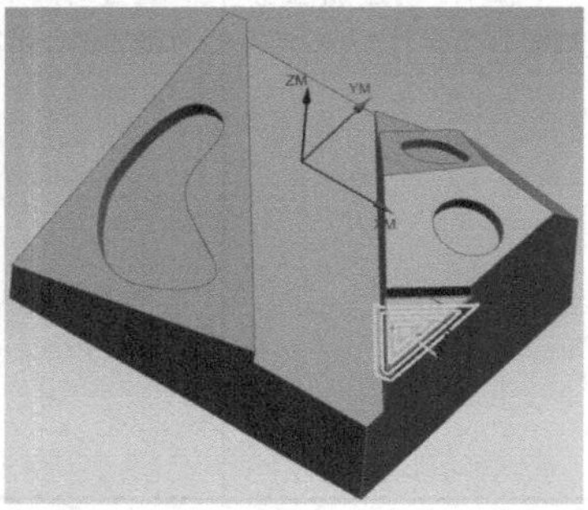
步骤 9：创建底壁铣 3	底壁铣操作可以将要移除的材料由切削区域底面和毛坯厚度来确定，自由定义底面到顶层的切削深度范围	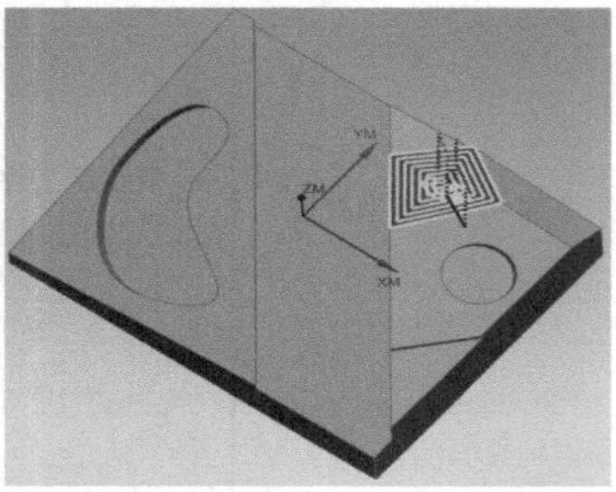

（续）

步　骤	设计知识点	设计流程效果图
步骤 10：创建面铣 2	面铣操作可以将要移除的材料由指定面边界和毛坯厚度来确定，自由定义底面到顶层的切削深度范围	
步骤 11：创建底壁铣 4	底壁铣操作可以将要移除的材料由切削区域底面和毛坯厚度来确定，自由定义底面到顶层的切削深度范围	
步骤 12：创建底壁铣 5	底壁铣操作也可以做同一刀轴方向不同深度的区域铣削	

5.5 具体操作步骤

5.5.1 初始化加工环境

（1）打开模型文件　启动 UG NX 后，单击标准工具栏上的“打开”按钮，打开“打开部件文件”对话框，选择“五轴定向加工基座”，单击“OK”按钮，文件打开后如图 5-3 所示。

（2）进入加工模块　在工具栏上单击“文件”按钮，进入启动项，选择加工模块，系统弹出“加工环境”对话框。在“CAM 会话配置”中选择“cam_general”选项，在“要创建的 CAM 组装”中选择“mill_planar”选项，单击“确定”按钮，初始化加工环境，如图 5-4 所示。

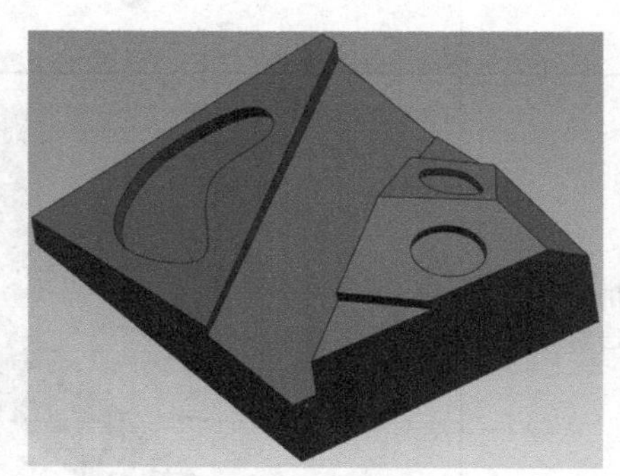

图 5-3　基座

图 5-4　“加工环境”设置

5.5.2　创建加工父级组

单击快速访问工具栏上的几何视图按钮，将工序导航器切换到几何视图显示。

（1）创建加工几何组

1）设置加工坐标系。具体操作步骤如下：

① 双击工序导航器中的 MCS 图标 MCS，弹出“MCS 铣削”对话框，如图 5-5 所示。

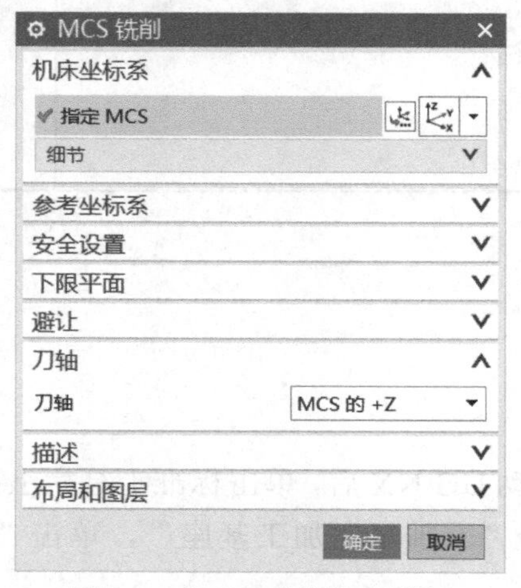

图 5-5　“MCS 铣削”对话框

② 单击“机床坐标系”选项组中的坐标系对话框按钮，弹出“坐标系”对话框，在图形窗口中旋转坐标系手柄，如图 5-6 所示。单击“确定”按钮，返回“MCS 铣削”对话框。

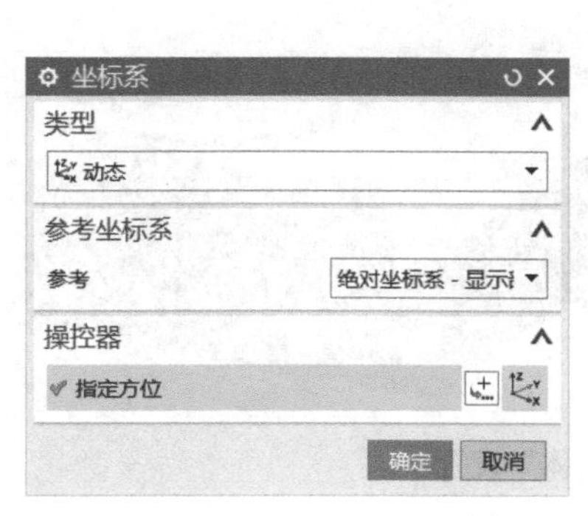

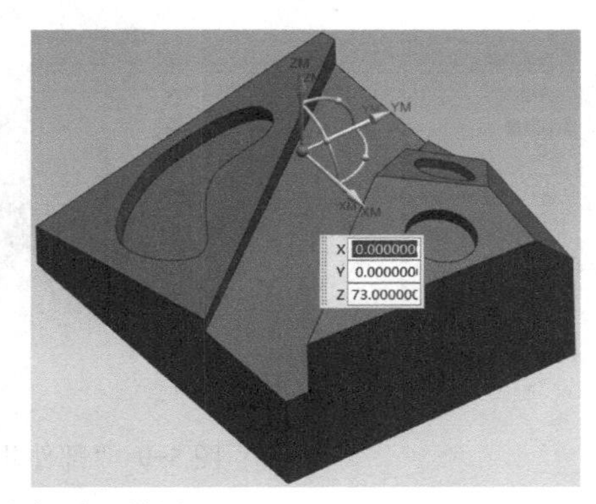

图 5-6 “坐标系”设置

2）设置安全平面：在“MCS 铣削”对话框中，在“安全设置”选项组的“安全设置选项”下拉列表中选择“自动平面”，其他参数设置如图 5-7 所示。

图 5-7　安全设置

3）创建加工几何体。具体操作步骤如下：

① 在工序导航器中双击“WORKPIECE”图标，弹出“工件”对话框，如图 5-8 所示。

图 5-8 “工件”对话框

② 单击“几何体”选项组中“指定部件”选项后的选择或编辑部件几何体按钮，弹出“部件几何体”对话框，选择图 5-9 所示的实体，单击“确定”按钮，返回“工件”对话框。

③ 单击“几何体”选项组中“指定毛坯”选项后的选择或编辑毛坯几何体按钮，弹出“毛坯几何体”对话框，选择包容块作为毛坯，如图 5-10 所示，连续单击“确定”按钮，完成毛坯设置。

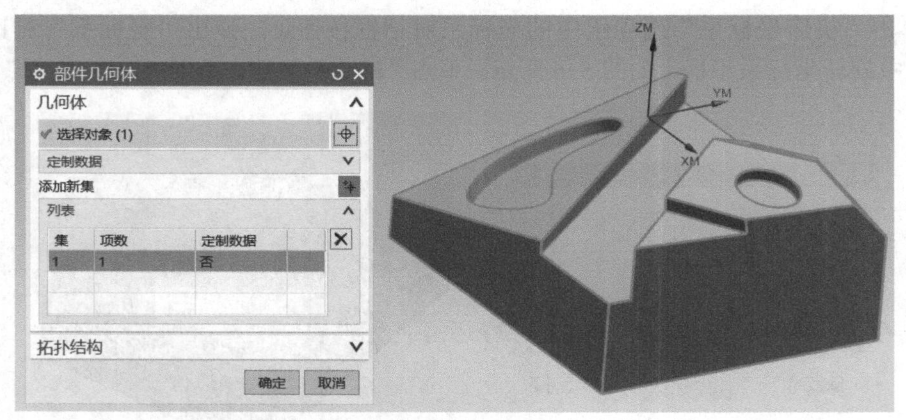

图 5-9 “部件几何体”设置

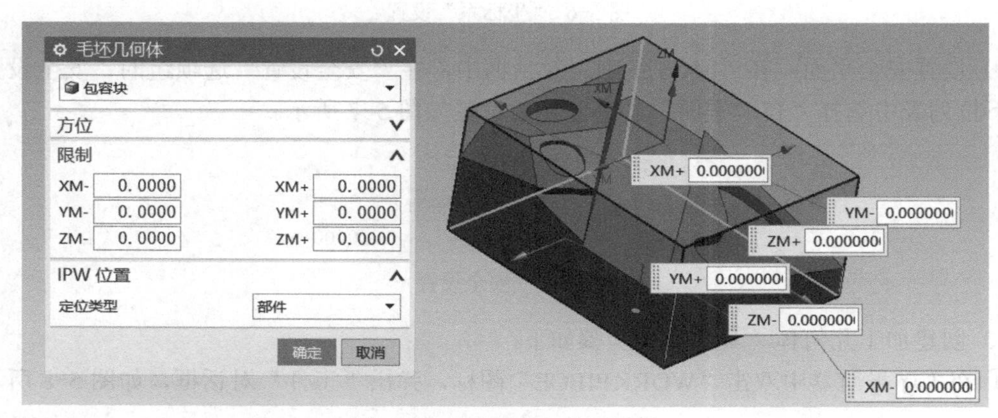

图 5-10 “毛坯几何体”设置

（2）创建刀具组　单击快速访问工具栏上的机床视图按钮，工序导航器切换到机床刀具视图。

1）创建铣刀 D12。具体操作步骤如下：

① 单击加工创建工具栏上的创建刀具按钮，弹出“创建刀具”对话框。在“类型”下拉列表中选择“mill_contour”，“刀具子类型”选择 MILL 图标，在“名称”文本框中输入 D12，单击“创建刀具”对话框中的“确定”按钮，弹出“铣刀 -5 参数”对话框。

② 在“铣刀 -5 参数”对话框的“工具”选项卡的“尺寸”选项组中设定尺寸直径为 12.0000mm，刀具号为 1，其他参数接受默认设置，如图 5-11 所示。单击“确定”按钮，完成刀具创建。

图例

尺寸

参数	值
(D) 直径	12. 0000
(R1) 下半径	0. 0000
(B) 锥角	0. 0000
(A) 尖角	0. 0000
(L) 长度	75. 0000
(FL) 刀刃长度	50. 0000
刀刃	2

图 5-11　铣刀设置

2）创建铣刀 D8。具体操作步骤如下：

① 单击加工创建工具栏上的创建刀具按钮，弹出“创建刀具”对话框。在“类型”下拉列表中选择“mill_multi-axis”，“刀具子类型”选择 MILL 图标，在“名称”

文本框中输入 D8，单击“创建刀具”对话框中的“确定”按钮，弹出“铣刀 -5 参数”对话框。

② 在“铣刀 -5 参数”对话框“工具”选项卡的“尺寸”选项组中设定尺寸直径为 8.0000mm，刀具号为 2，其他参数接受默认设置，如图 5-12 所示。单击“确定”按钮，完成刀具创建。

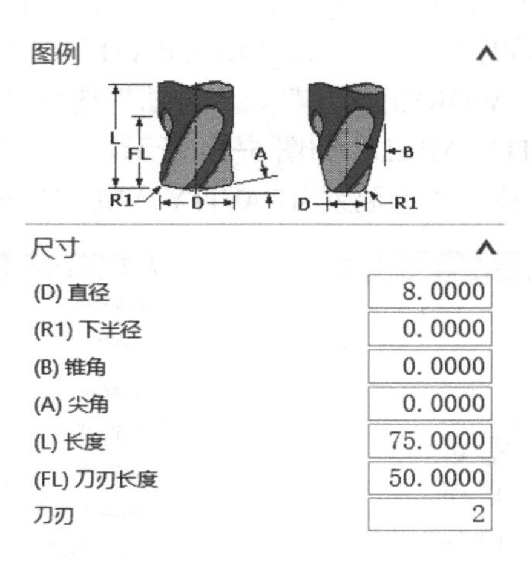

图 5-12　球刀设置

（3）设置加工方法组　单击快速访问工具栏上的加工方法视图按钮，工序导航器切换到加工方法视图。

双击工序导航器中的 MILL_FINISH 图标，弹出“铣削精加工”对话框。在“部件余量”文本框中输入 0，在“内公差”和“外公差”文本框中均输入 0.01，如图 5-13 所示。单击“确定”按钮，完成精加工方法设定。

图 5-13　部件余量设置

5.5.3 基座型腔铣整体粗加工

单击快速访问工具栏上的程序顺序视图按钮，工序导航器切换到程序视图。

（1）创建型腔铣工序

1）单击插入工具栏上的创建工序按钮，弹出“创建工序”对话框。在“创建工序”对话框的“类型”下拉列表中选择“mill_contour”，“工序子类型”选择第 1 行第 1 个图标，“位置”选项组中“程序”选择“NC_PROGRAM”、“刀具”选择“D12（铣刀-5 参数）”、“几何体”选择“WORKPIECE”、“方法”选择“MILL_SEMI_FINISH”，在“名称”文本框中输入 CAVITY_MILL，如图 5-14 所示。

2）单击“确定”按钮，弹出“型腔铣-[CAVITY_MILL]”对话框，如图 5-15 所示。

图 5-14 工序设置

图 5-15 “型腔铣-[CAVITY_MILL]”对话框

（2）设置刀轴方向　在“型腔铣-[CAVITY_MILL]”对话框的“刀轴”选项组中选择“轴”为“+ZM 轴”，如图 5-16 所示。

（3）设置刀轨参数　在“刀轨设置”选项组中设置相关参数，在“切削模式”下拉列表中选择“跟随周边”，“步距”选择刀具平直百分比，“平面直径百分比”输入 65，“公共每刀切削深度”选择“恒定”，“最大距离”输入 1，如图 5-17 所示。

（4）设置切削参数　单击“刀轨设置”选项组中的“切削参数”按钮，弹出“切削参数”对话框，设置切削加工参数。

1）单击“策略”选项卡，选择“切削方向”为“顺铣”、“切削顺序”为“深度优先”、“刀路方向”为“自动”，其他参数设置如图 5-18 所示。

2）单击“拐角”选项卡，选择“光顺”为“所有刀路”、选择“半径”为刀具的 50%、“步距限制”为 150.0000，其他参数设置如图 5-19 所示。

3）单击“确定”按钮，完成切削参数的设置，返回“型腔铣 -[CAVITY_MILL]”对话框。

图 5-16　刀轴设置

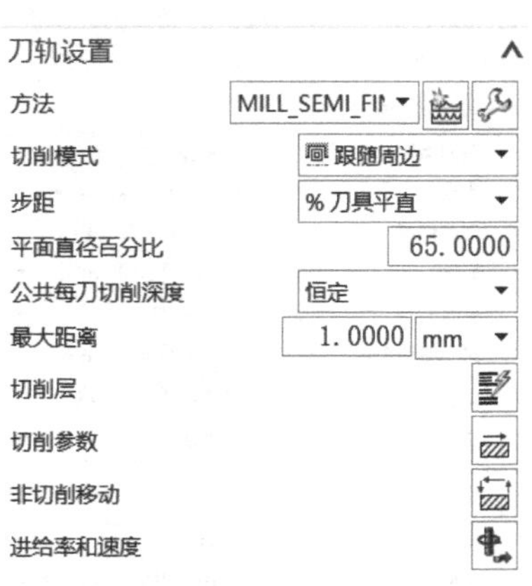

图 5-17　刀轨设置

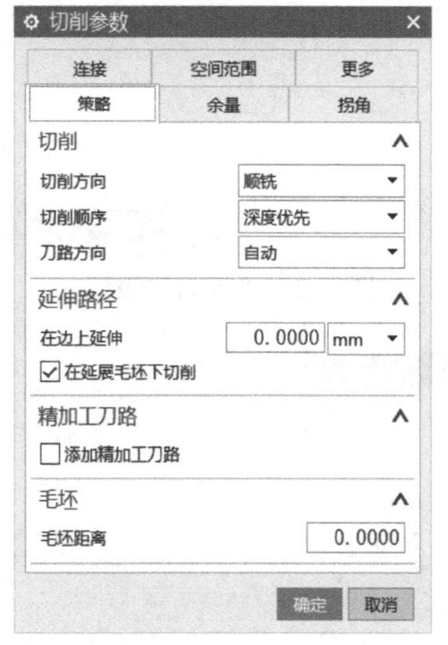

图 5-18　“策略”设置

图 5-19　“拐角”设置

（5）设置非切削参数　单击“刀轨设置”选项组中的“非切削移动”按钮，弹出“非切削移动”对话框。

1）单击“进刀”选项卡，在“封闭区域”选项组中，“进刀类型”设为“螺旋”，其他参数设置如图 5-20 所示。

2）单击“退刀”选项卡，在“退刀”选项组的“退刀类型”下拉列表中选择“与进刀相同”。单击“非切削移动”对话框中的“确定”按钮，完成非切削参数的设置，如图 5-21 所示。

（6）设置进给参数　单击“刀轨设置”选项组中的“进给率和速度”按钮，弹出“进给率和速度”对话框。设置“主轴速度（rpm）”为 3000.000，“切削”速度为 1000.000、单位为“mmpm”，其他参数设置如图 5-22 所示。

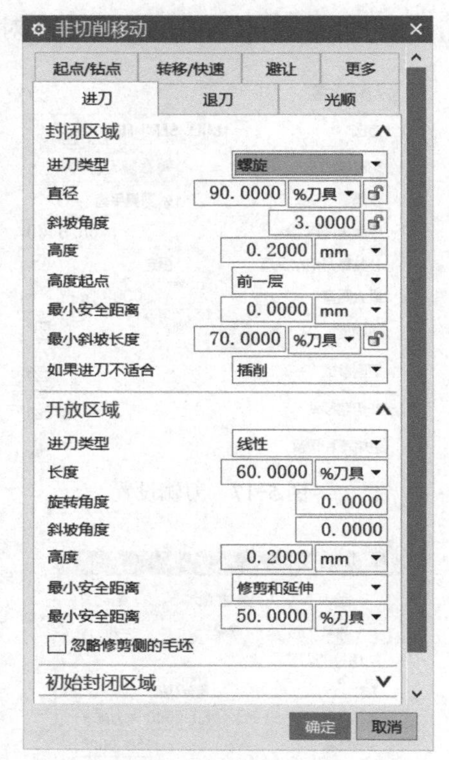

图 5-20 “进刀”设置

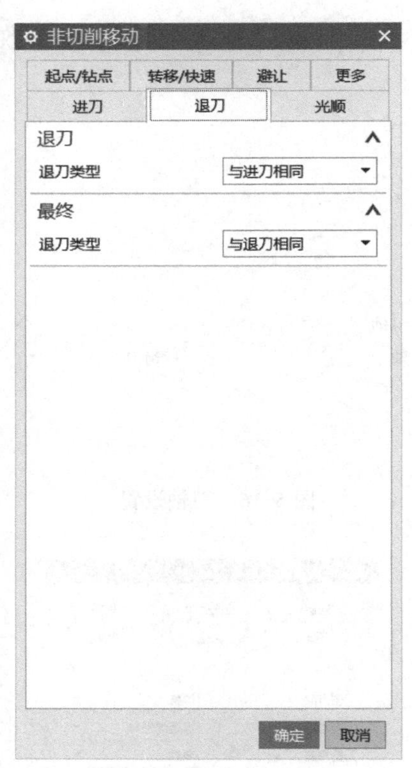

图 5-21 “退刀”设置

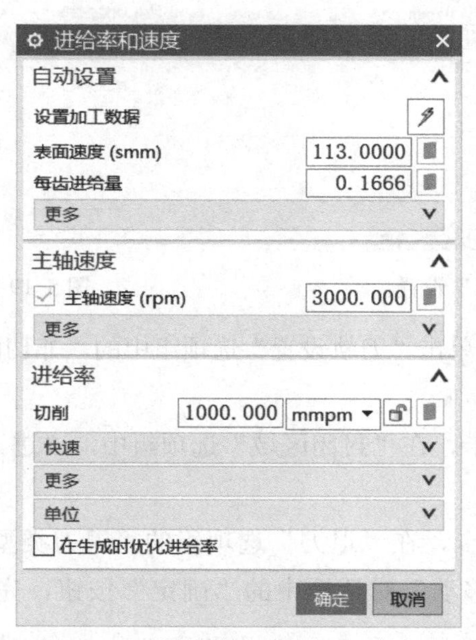

图 5-22 “进给率和速度”参数设置

（7）生成刀具路径并验证

1）在“操作”对话框中完成参数设置后，单击该对话框底部“操作”选项组中的“生成”按钮，可生成该操作的刀具路径，如图 5-23 所示。

2）单击“操作”对话框底部“操作”选项组中的“确认”按钮，弹出“导轨可视化”对话框，然后选择“3D 动态”选项卡，单击“播放”按钮，可进行 3D 动态刀具切削过程模拟，如图 5-24 所示。

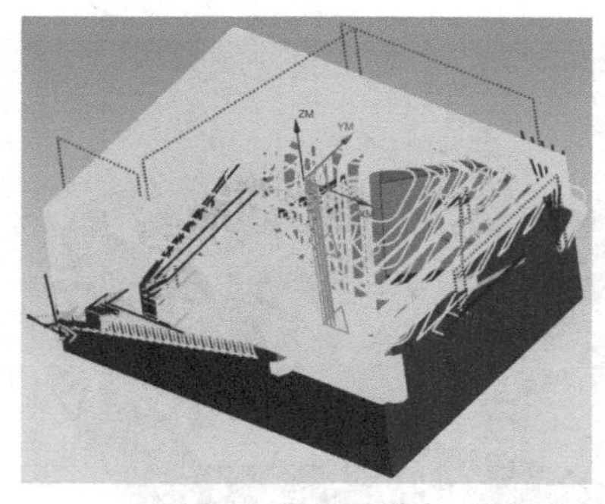

图 5-23　刀具路径

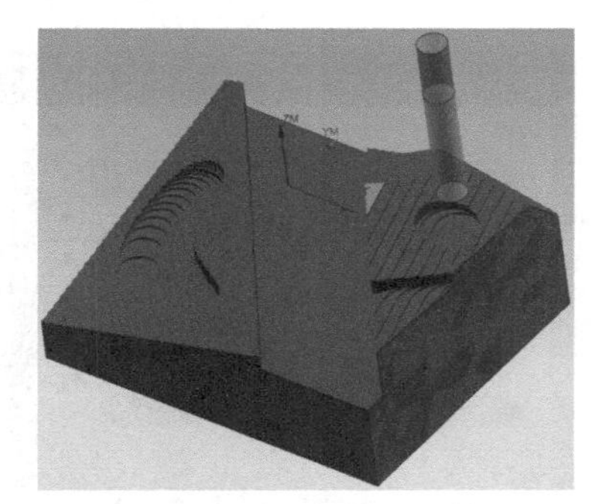

图 5-24　刀具切削过程模拟

3）单击“型腔铣 -[CAVITY_MILL]”对话框中的“确定”按钮，接受刀具路径，并关闭“型腔铣 -[CAVITY_MILL]”对话框。

5.5.4　基座底面面铣精加工

单击快速访问工具栏上的程序顺序视图按钮，工序导航器切换到程序视图。

（1）创建面铣工序

1）单击插入工具栏上的创建工序按钮，弹出“创建工序”对话框。在“创建工序”对话框的“类型”下拉列表中选择“mill_planar”，“工序子类型”选择第 1 行第 3 个图标，“位置”选项组中的“程序”选择“NC_PROGRAM”、“刀具”选择“D8（铣刀 -5 参数）”、“几何体”选择“WORKPIECE”、“方法”选择“MILL_FINISH”，在“名称”文本框中输入 FACE_MILLING，如图 5-25 所示。

2）单击“确定”按钮，弹出“面铣 -[FACE_MILLING]”对话框，如图 5-26 所示。

图 5-25　工序设置

图 5-26　“面铣 -[FACE_MILLING]”

（2）选择面边界　在“几何体”选项组的“指定面边界”选项后单击选择或编辑面几何体按钮，弹出“毛坯边界”对话框，选择图 5-27 所示区域作为边界区域，单击“确定”按钮，返回“面铣 -[FACE_MILLING]”对话框。

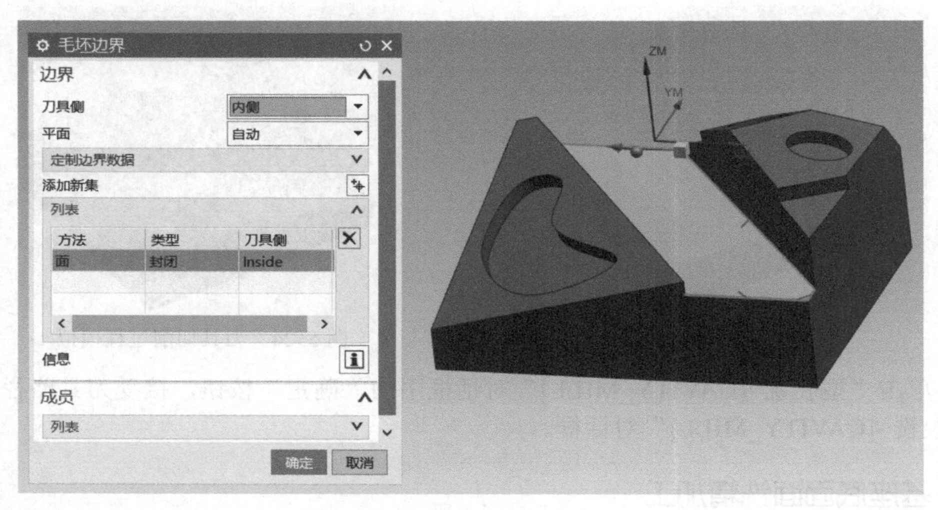

图 5-27　“毛坯边界”设置

（3）设置刀轴方向　在“面铣 -[FACE_MILLING]”对话框的“刀轴”选项组的“轴”选择“垂直于第一个面”，如图 5-28 所示。

（4）设置刀轨参数　在“刀轨设置”选项组中设置相关参数，在“切削模式”下拉列表中选择“跟随周边”，“平面直径百分比”选择刀具的 30%，“毛坯距离”输入 0.3，“每刀切削深度”输入 0.2，如图 5-29 所示。

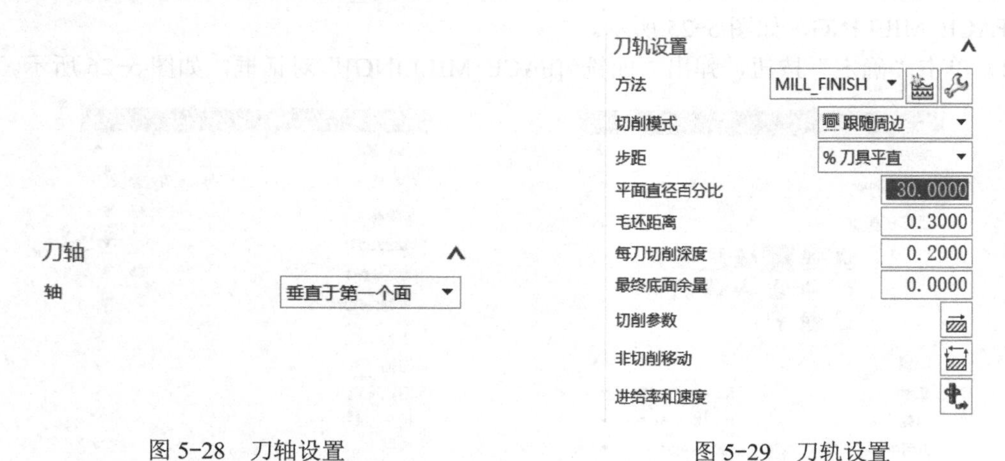

图 5-28　刀轴设置　　　　图 5-29　刀轨设置

（5）设置切削参数　单击“刀轨设置”选项组中的“切削参数”按钮，弹出“切削参数”对话框，设置切削加工参数。

1）单击“策略”选项卡，选择“切削方向”为“顺铣”、“刀路方向”为“向内”，其他参数设置如图 5-30 所示。

图 5-30 “策略”设置

2）单击“拐角”选项卡，选择“光顺”为“无”，其他参数设置如图 5-31 所示。

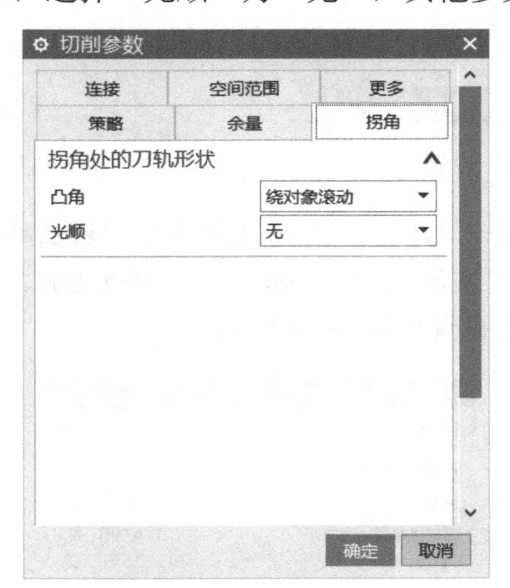

图 5-31 “拐角”设置

3）单击“确定”按钮，完成切削参数的设置，返回“面铣 -[FACE_MILLING]”对话框。

（6）设置非切削参数　单击“刀轨设置”选项组的“非切削移动”按钮，弹出“非切削移动”对话框。

1）单击“进刀”选项卡，在“封闭区域”选项组中，“进刀类型”设为“沿形状斜进刀”，其他参数设置如图 5-32 所示。

2）单击“退刀”选项卡，在“退刀”选项组的“退刀类型”下拉列表中选择“与进刀相同”，如图 5-33 所示。

3）单击“非切削移动”对话框中的“确定”按钮，完成非切削参数的设置。

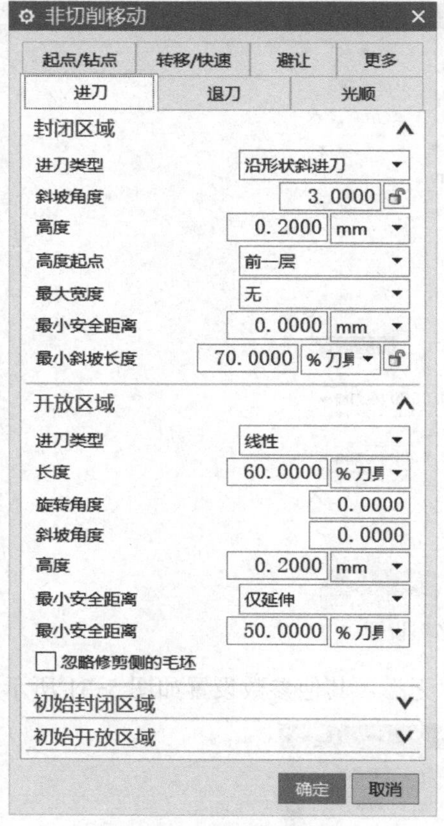

图 5-32 “进刀”设置　　图 5-33 “退刀”设置

（7）设置进给参数　单击“刀轨设置”选项组中的“进给率和速度”按钮，弹出“进给率和速度”对话框。设置“主轴速度（rpm）”为 3000.000、“切削”速度为 2500.000、单位为“mmpm”，其他参数设置如图 5-34 所示。

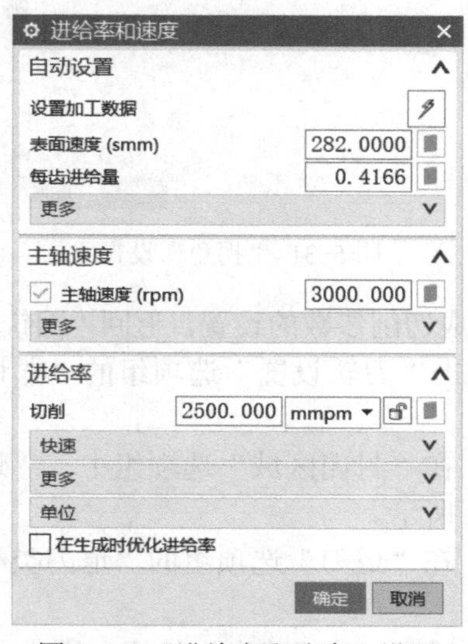

图 5-34 “进给率和速度”设置

（8）生成刀具路径并验证

1）在“操作”对话框中完成参数设置后，单击该对话框底部“操作”选项组中的“生成”按钮，可生成该操作的刀具路径，如图 5-35 所示。

2）单击“操作”对话框底部“操作”选项组中的“确认”按钮，弹出“导轨可视化”对话框，然后选择“3D 动态”选项卡，单击“播放”按钮，可进行 3D 动态刀具切削过程模拟，如图 5-36 所示。

图 5-35　刀具路径

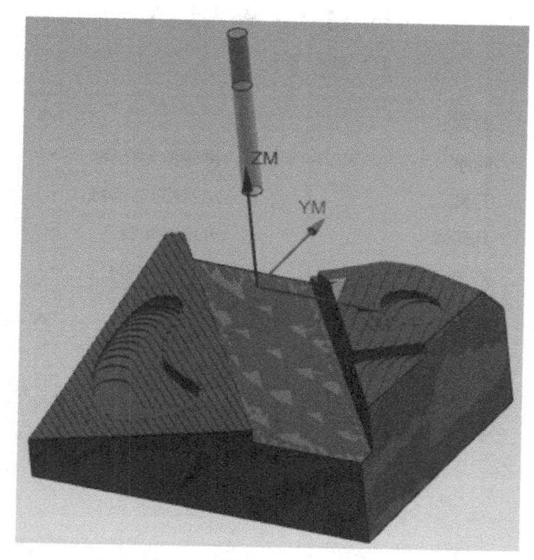

图 5-36　刀具切削过程模拟

3）单击“面铣 -[FACE_MILLING]”对话框中的“确定”按钮，接受刀具路径，并关闭“面铣 -[FACE_MILLING]”对话框。

5.5.5　基座右侧底面底壁铣精加工

单击快速访问工具栏上的程序顺序视图按钮，工序导航器切换到程序视图。

（1）创建底壁铣工序

① 单击插入工具栏上的创建工序按钮，弹出“创建工序”对话框。在“创建工序”对话框的“类型”下拉列表中选择“mill_planar”，“工序子类型”选择第 1 行第 1 个图标，“位置”选项组中的“程序”选择“NC_PROGRAM”、“刀具”选择“D8（铣刀 -5 参数）”、“几何体”选择“WORKPIECE”、“方法”选择“MILL_FINISH”，在“名称”文本框中输入 FLOOR_WALL，如图 5-37 所示。

② 单击“确定”按钮，弹出“底壁铣 -[FLOOR_WALL]”对话框，如图 5-38 所示。

（2）选择铣削区底面　在“几何体”选项组的“指定切削区底面”选项后单击选择或编辑切削区域几何体按钮，弹出“切削区域”对话框，选择图 5-39 所示区域作为切削区域，单击“确定”按钮，返回“底壁铣 -[FLOOR_WALL]”对话框。

（3）设置刀轴方向　在“底壁铣 -[FLOOR_WALL]”对话框的“刀轴”选项组中选择“轴”为“垂直于第一个面”，如图 5-40 所示。

（4）设置刀轨参数　在“刀轨设置”选项组中设置相关参数，在“切削区域空间范围”下拉列表中选择“底面”，“最大距离”选择刀具的 30%，底面毛坯厚度输入 0.3，“每刀切削深度”输入 0.2，如图 5-41 所示。

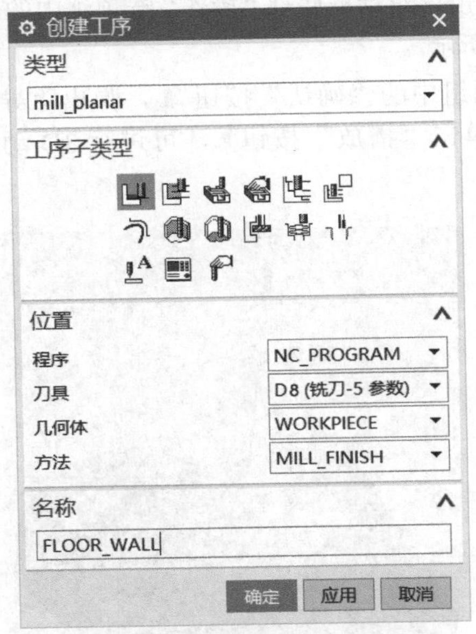

图 5-37 工序设置

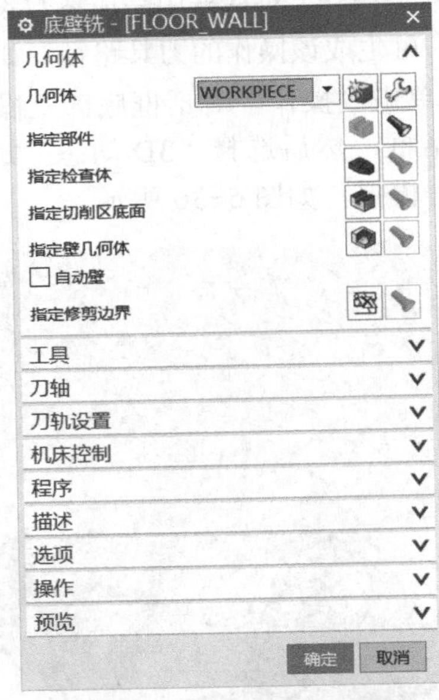

图 5-38 “底壁铣 -[FLOOR_WALL]”对话框

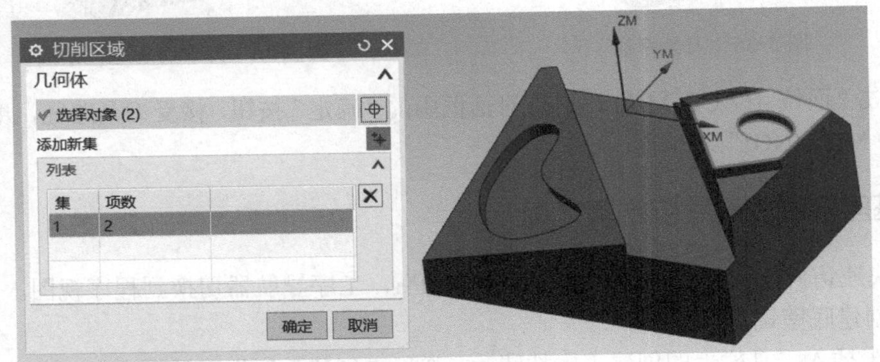

图 5-39 “切削区域”设置

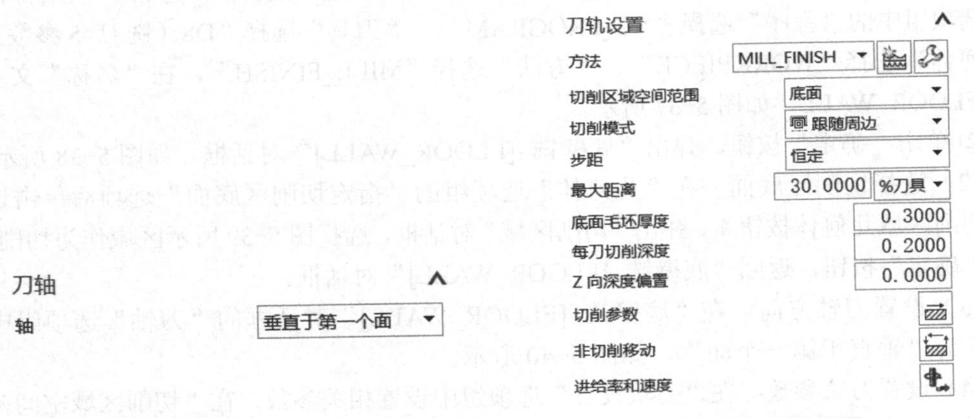

图 5-40 刀轴设置

图 5-41 刀轨设置

（5）设置切削参数　单击“刀轨设置”选项组中的“切削参数”按钮，弹出“切削参数”对话框，设置切削加工参数。

1）单击“策略”选项卡，选择“切削方向”为“顺铣”、“刀路方向”为“向内”，其他参数设置如图 5-42 所示。

2）单击“拐角”选项卡，选择“光顺”为“None”，其他参数设置如图 5-43 所示。

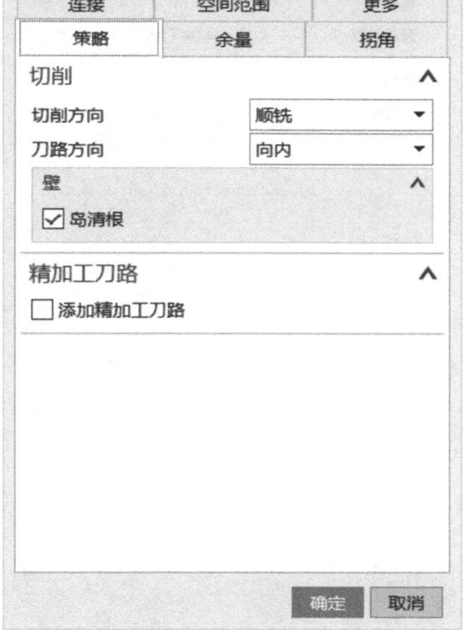

图 5-42　“策略”设置

图 5-43　“拐角”设置

3）单击“确定”按钮，完成切削参数的设置，返回“底壁铣 -[FLOOR_WALL]”对话框。

（6）设置非切削参数　单击“刀轨设置”选项组中的“非切削移动”按钮，弹出“非切削移动”对话框。

1）单击“进刀”选项卡，在“封闭区域”选项组中，“进刀类型”设为“沿形状斜进刀”，其他参数设置如图 5-44 所示。

2）单击“退刀”选项卡，在“退刀”选项组的“退刀类型”下拉列表中选择“与进刀相同”，如图 5-45 所示。

3）单击“非切削移动”对话框中的“确定”按钮，完成非切削参数的设置。

（7）设置进给参数　单击“刀轨设置”选项组中的“进给率和速度”按钮，弹出“进给率和速度”对话框。设置“主轴速度（rpm）”为 3000.000、“切削”速度为 2500.000、单位为“mmpm”，其他参数设置如图 5-46 所示。

（8）生成刀具路径并验证

1）在“操作”对话框中完成参数设置后，单击该对话框底部“操作”选项组中的“生成”

按钮，可生成该操作的刀具路径，如图 5-47 所示。

2）单击“操作”对话框底部“操作”选项组中的“确认”按钮，弹出“导轨可视化”对话框，然后选择“3D 动态”选项卡，单击“播放”按钮，可进行 3D 动态刀具切削过程模拟，如图 5-48 所示。

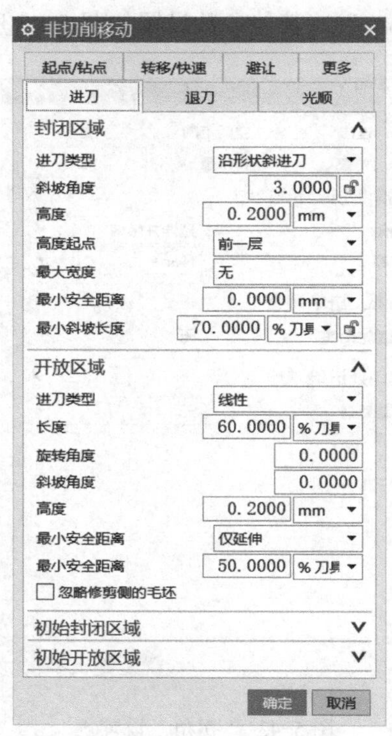

图 5-44 “进刀”设置

图 5-45 “退刀”设置

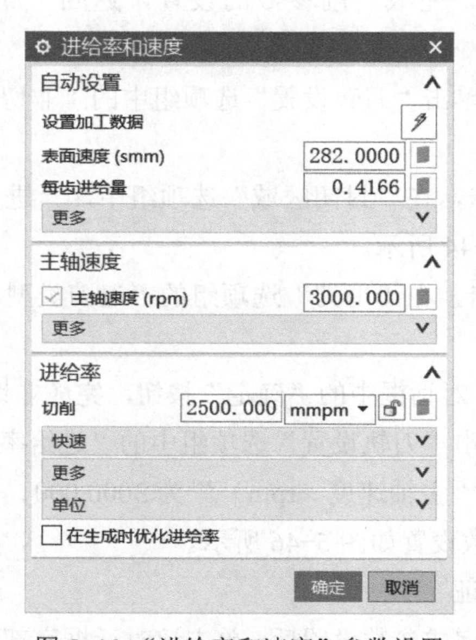

图 5-46 “进给率和速度”参数设置

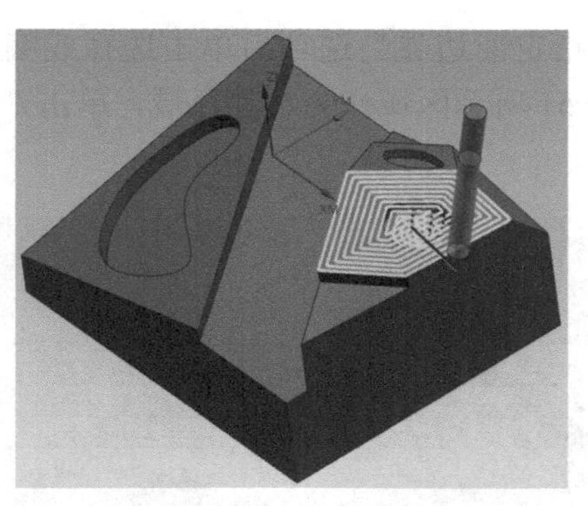

图 5-47　刀具路径

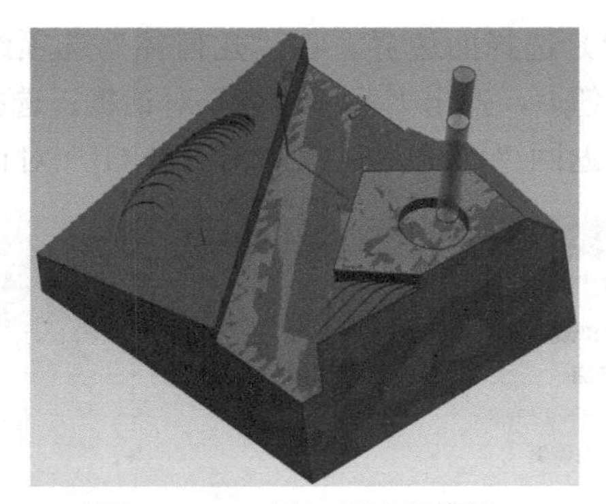

图 5-48　刀具切削过程模拟

3）单击“底壁铣 -[FLOOR_WALL]”对话框中的“确定”按钮，接受刀具路径，并关闭“底壁铣 -[FLOOR_WALL]”对话框。

5.5.6　基座右侧台阶面面铣精加工

单击快速访问工具栏上的程序顺序视图按钮，工序导航器切换到程序视图。

（1）创建面铣工序

1）单击插入工具栏上的创建工序按钮，弹出“创建工序”对话框。在“创建工序”对话框的“类型”下拉列表中选择“mill_planar”，“工序子类型”选择第 1 行第 3 个图标，“位置”选项组中的“程序”选择“NC_PROGRAM”、“刀具”选择“D8（铣刀 -5 参数）”、“几何体”选择“WORKPIECE”、“方法”选择“MILL_FINISH”，在“名称”文本框中输入“FACE_MILLING_COPY”，如图 5-49 所示。

2）单击“确定”按钮，弹出“面铣 -[FACE_MILLING]”对话框，如图 5-50 所示。

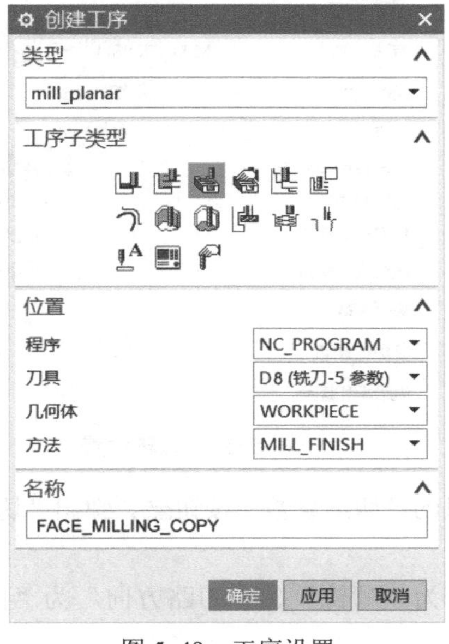

图 5-49　工序设置

图 5-50　“面铣 -[FACE_MILLING]”对话框

（2）选择面边界　在“几何体”选项组的“指定面边界”选项后单击选择或编辑面几何体按钮，弹出“毛坯边界”对话框，选择图 5-51 所示区域作为边界区域，单击“确定”按钮，返回“面铣 -[FACE_MILLING]”对话框。

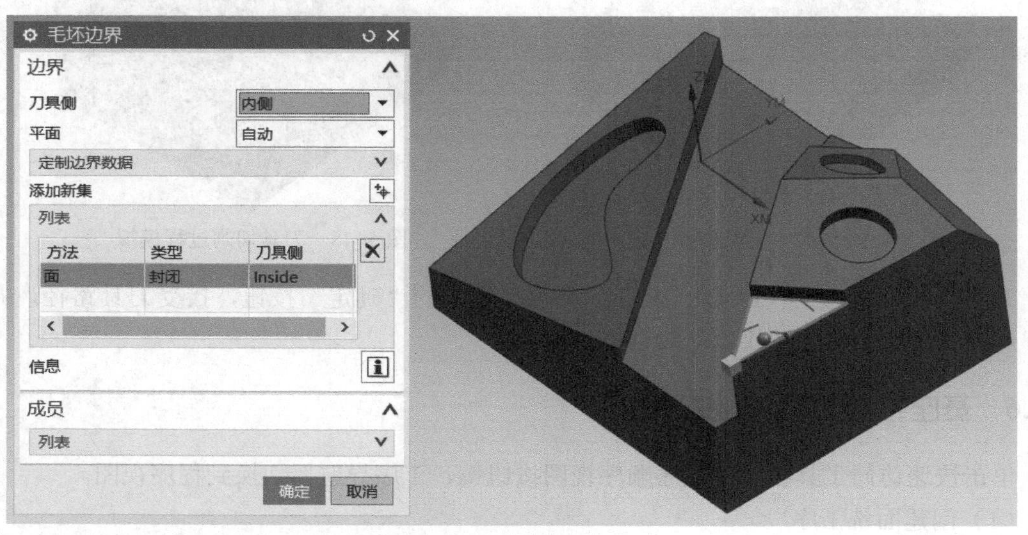

图 5-51　“毛坯边界”设置

（3）设置刀轴方向　在“面铣 -[FACE_MILLING]”对话框的“刀轴”选项组中选择“轴”为“垂直于第一个面”，如图 5-52 所示。

（4）设置刀轨参数　在“刀轨设置”选项组中设置相关参数，在“切削模式”下拉列表中选择“跟随周边”，“平面直径百分比”选择刀具的 30%，“毛坯距离”输入 0.3，“每刀切削深度”输入 0.2，如图 5-53 所示。

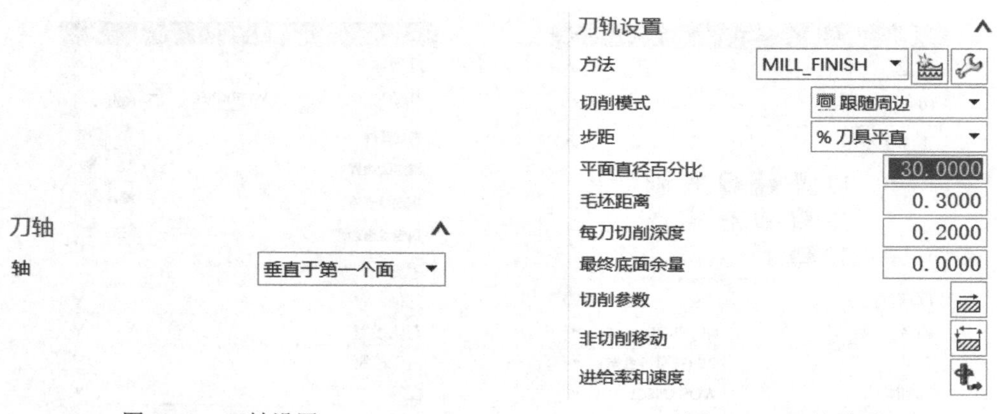

图 5-52　刀轴设置　　图 5-53　刀轨设置

（5）设置切削参数　单击“刀轨设置”选项组的“切削参数”按钮，弹出“切削参数”对话框，设置切削加工参数。

1）单击“策略”选项卡，选择“切削方向”为“顺铣”、“刀路方向”为“向内”，其他参数设置如图 5-54 所示。

2）单击“拐角”选项卡，选择“光顺”为“无”。其他参数设置如图 5-55 所示。

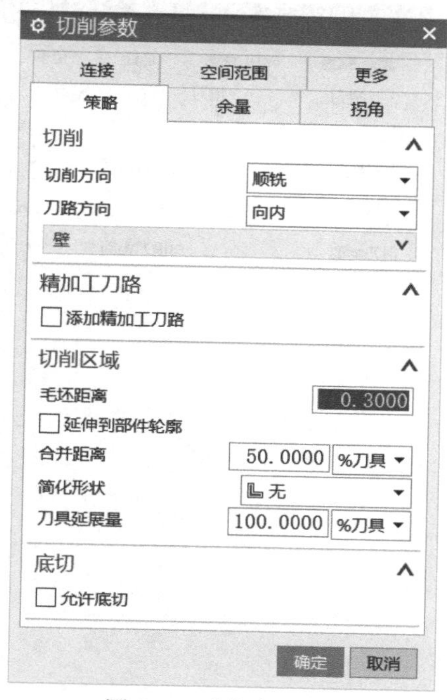

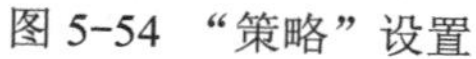

图 5-54　“策略”设置

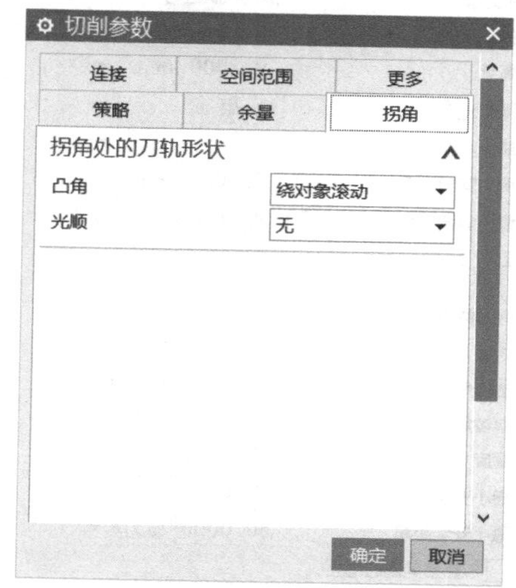

图 5-55　“拐角”设置

3）单击“确定”按钮，完成切削参数的设置，返回“面铣 -[FACE_MILLING]”对话框。

（6）设置非切削参数　单击“刀轨设置”选项组中的“非切削移动”按钮，弹出“非切削移动”对话框。

1）单击“进刀”选项卡，在“封闭区域”选项组中，“进刀类型”设为“沿形状斜进刀”，其他参数设置如图 5-56 所示。

2）单击“退刀”选项卡，在“退刀”选项组的“退刀类型”下拉列表中选择“与进刀相同”，如图 5-57 所示。

3）单击“非切削移动”对话框中的“确定”按钮，完成非切削参数的设置。

（7）设置进给参数　单击“刀轨设置”选项组中的“进给率和速度”按钮，弹出“进给率和速度”对话框。设置“主轴速度（rpm）”为 3000.000，“切削”速度为 2500.000、单位为“mmpm”，其他参数设置如图 5-58 所示。

（8）生成刀具路径并验证

1）在“操作”对话框中完成参数设置后，单击该对话框底部“操作”选项组中的“生成”按钮，可生成该操作的刀具路径，如图 5-59 所示。

2）单击“操作”对话框底部“操作”选项组中的“确认”按钮，弹出“导轨可视化”对话框，然后选择“3D 动态”选项卡，单击“播放”按钮，可进行 3D 动态刀具切削过程模拟，如图 5-60 所示。

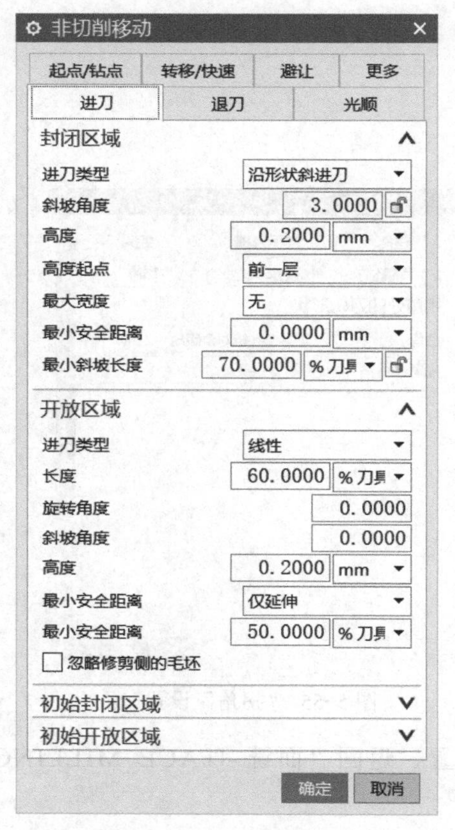

图 5-56 “进刀”设置

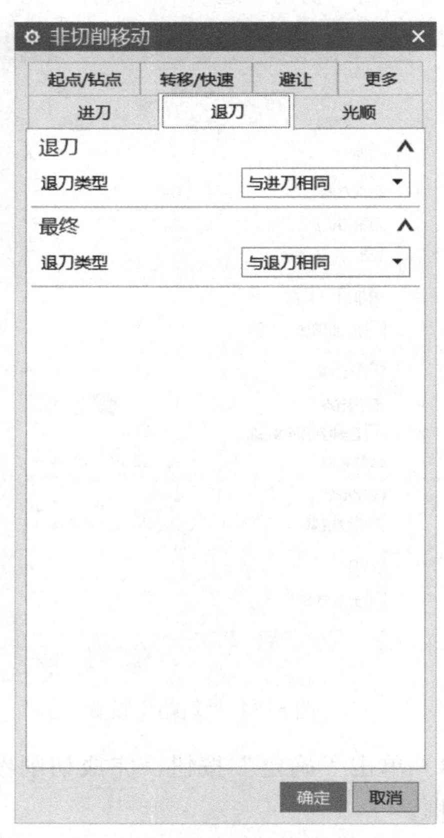

图 5-57 “退刀”设置

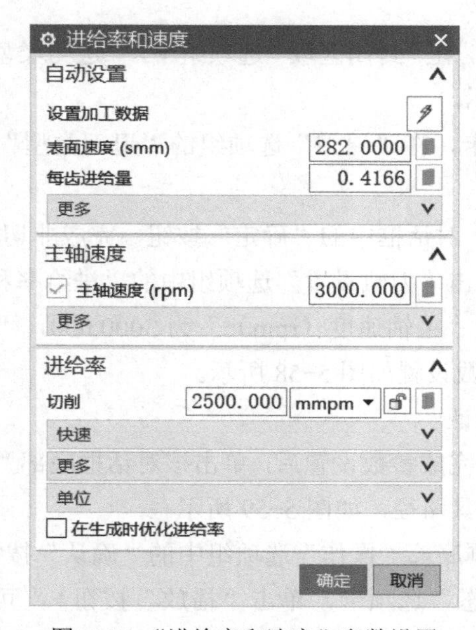

图 5-58 “进给率和速度”参数设置

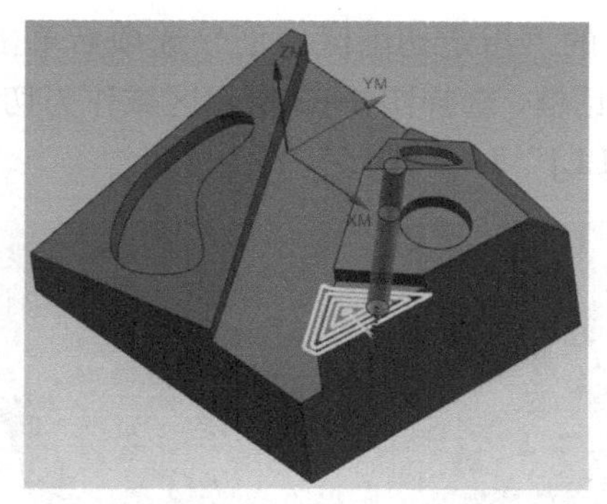

图 5-59　刀具路径

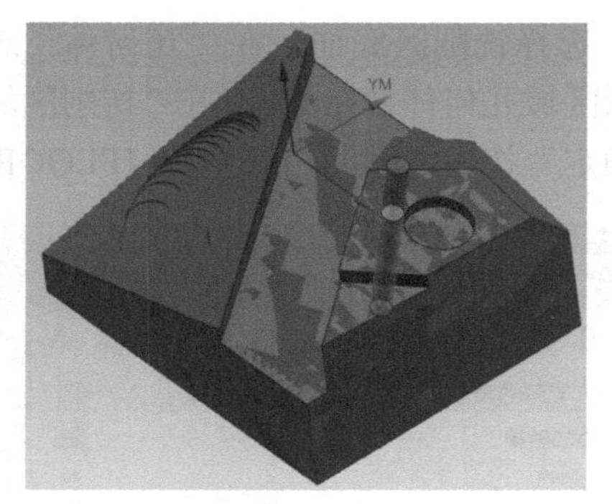

图 5-60　刀具切削过程模拟

3）单击“面铣 -[FACE_MILLING]”对话框中的“确定”按钮，接受刀具路径，并关闭“面铣 -[FACE_MILLING]”对话框。

5.5.7　基座右侧侧面底壁铣精加工

单击快速访问工具栏上的程序顺序视图按钮，工序导航器切换到程序视图。

（1）创建底壁铣工序

1）单击插入工具栏上的创建工序按钮，弹出“创建工序”对话框。在“创建工序”对话框的“类型”下拉列表中选择“mill_planar”，“工序子类型”选择第 1 行第 1 个图标，“位置”选项组的“程序”选择“NC_PROGRAM”、“刀具”选择“D8（铣刀 -5 参数）”、几何体选择“WORKPIECE”、“方法”选择“MILL_FINISH”，在“名称”文本框中输入 FLOOR_WALL_COPY_1，如图 5-61 所示。

2）单击“确定”按钮，弹出“底壁铣 -[FLOOR_WALL]”对话框，如图 5-62 所示。

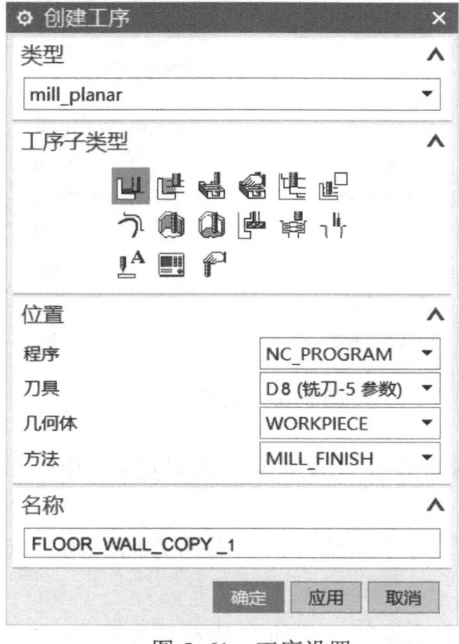

图 5-61　工序设置

图 5-62　“底壁铣 -[FLOOR_WALL]”对话框

（2）选择铣削区底面　在“几何体”选项组的“指定切削区底面”选项后单击选择或编辑切削区域几何体按钮，弹出“切削区域”对话框，选择图 5-63 所示区域作为切削区域，单击“确定”按钮，返回“底壁铣 -[FLOOR_WALL]”对话框。

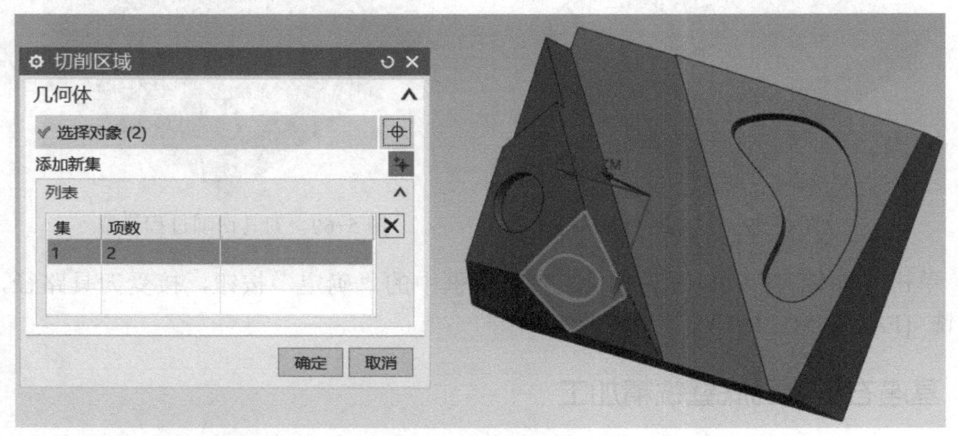

图 5-63　“切削区域”设置

（3）设置刀轴方向　在“底壁铣 -[FLOOR_WALL]”对话框的“刀轴”选项组中选择“轴”为“垂直于第一个面”，如图 5-64 所示。

（4）设置刀轨参数　在“刀轨设置”选项组中设置相关参数，在“切削区域空间范围”下拉列表中选择“底面”，“最大距离”选择刀具的 30%，“底面毛坯厚度”输入 0.3，“每刀切削深度”输入 0.2，如图 5-65 所示。

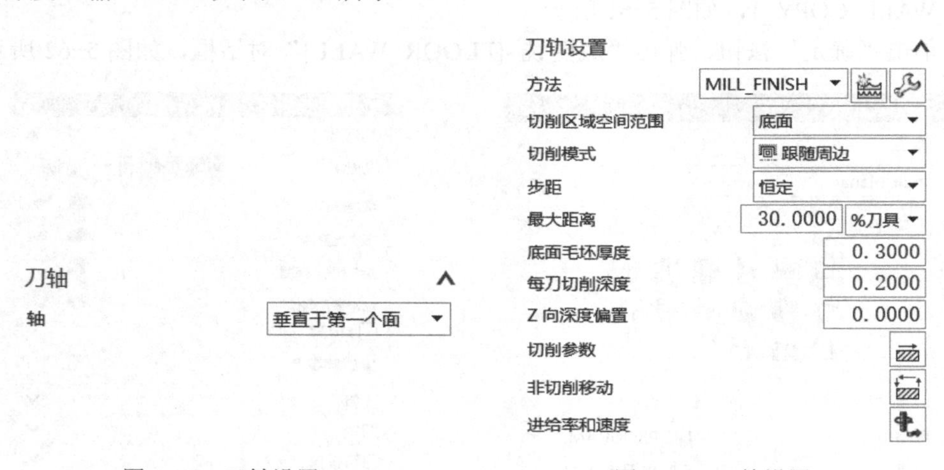

图 5-64　刀轴设置　　图 5-65　刀轨设置

（5）设置切削参数　单击“刀轨设置”选项组的“切削参数”按钮，弹出“切削参数”对话框，设置切削加工参数。

1）单击“策略”选项卡，选择“切削方向”为“顺铣”，“刀路方向”为“向内”，其他参数设置如图 5-66 所示。

2）单击“拐角”选项卡，选择“光顺”为“None”，其他参数设置如图 5-67 所示。

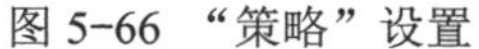
图 5-66 “策略”设置

图 5-67 “拐角”设置

3）单击“确定”按钮，完成切削参数的设置，返回“底壁铣 -[FLOOR_WALL]”对话框。

（6）设置非切削参数　单击“刀轨设置”选项组中的“非切削移动”按钮，弹出“非切削移动”对话框。

1）单击“进刀”选项卡，在“封闭区域”选项组中，“进刀类型”设为“沿形状斜进刀”，其他参数设置如图 5-68 所示。

2）单击“退刀”选项卡，在“退刀”选项组的“退刀类型”下拉列表中选择“与进刀相同”，如图 5-69 所示。

3）单击“非切削移动”对话框中的“确定”按钮，完成非切削参数的设置。

（7）设置进给参数　单击“刀轨设置”选项组的“进给率和速度”按钮，弹出“进给率和速度”对话框。设置“主轴速度（rpm）”为 3000.000，“切削”速度为 2500.000、单位为“mmpm”，其他参数设置如图 5-70 所示。

（8）生成刀具路径并验证

1）在“操作”对话框中完成参数设置后，单击该对话框底部“操作”选项组中的“生成”按钮，可生成该操作的刀具路径，如图 5-71 所示。

2）单击“操作”对话框底部“操作”选项组中的“确认”按钮，弹出“导轨可视化”对话框，然后选择“3D 动态”选项卡，单击“播放”按钮，可进行 3D 动态刀具切削过程模拟，如图 5-72 所示。

3）单击“底壁铣 -[FLOOR_WALL]”对话框中的“确定”按钮，接受刀具路径，并关闭“底壁铣 -[FLOOR_WALL]”对话框。

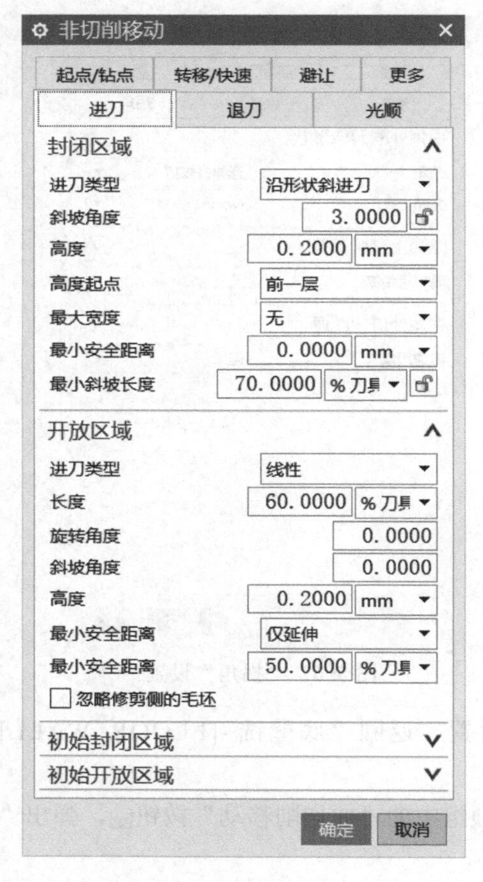

图 5-68 “进刀”设置

图 5-69 “退刀”设置

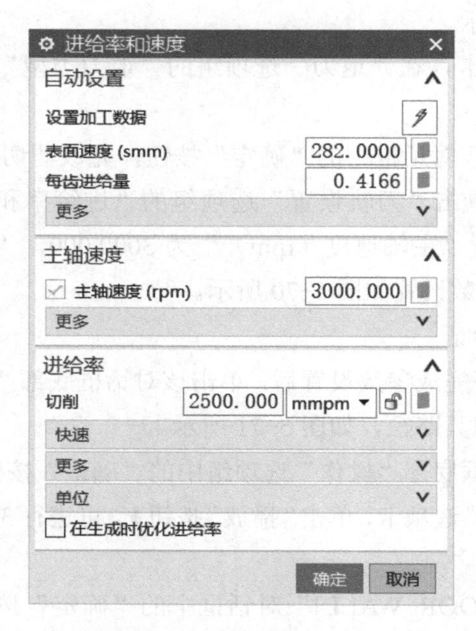

图 5-70 “进给率和速度”参数设置

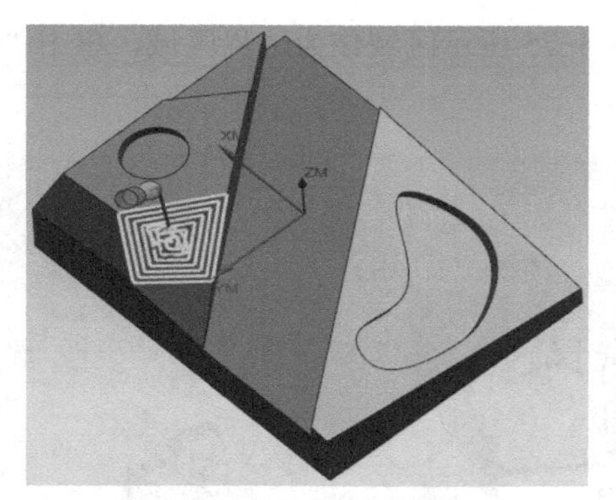

图 5-71　刀具路径

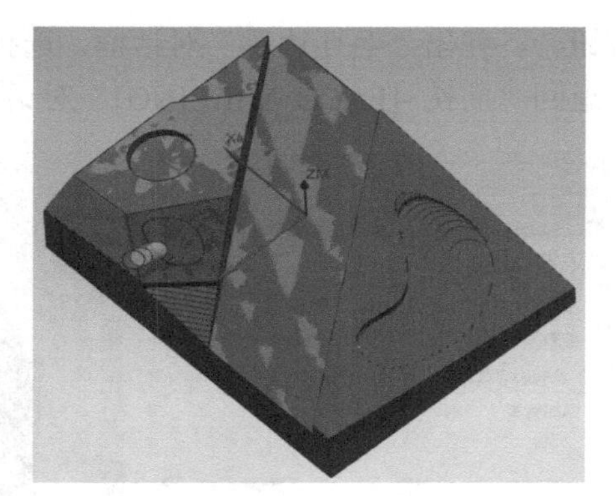

图 5-72　刀具切削过程模拟

5.5.8　基座右侧台阶面面铣精加工

单击快速访问工具栏上的程序顺序视图按钮，工序导航器切换到程序视图。

（1）创建面铣工序

1）单击插入工具栏上的创建工序按钮，弹出“创建工序”对话框。在“创建工序”对话框的“类型”下拉列表中选择“mill_planar”，“工序子类型”选择第 1 行第 3 个图标，“位置”选项组中“程序”选择“NC_PROGRAM”、“刀具”选择“D8（铣刀 -5 参数）”、“几何体”选择“WORKPIECE”、“方法”选择“MILL_FINISH”，在“名称”文本框中输入 FACE_MILLING_COPY_1，如图 5-73 所示。

2）单击“确定”按钮，弹出“面铣 -[FACE_MILLING]”对话框，如图 5-74 所示。

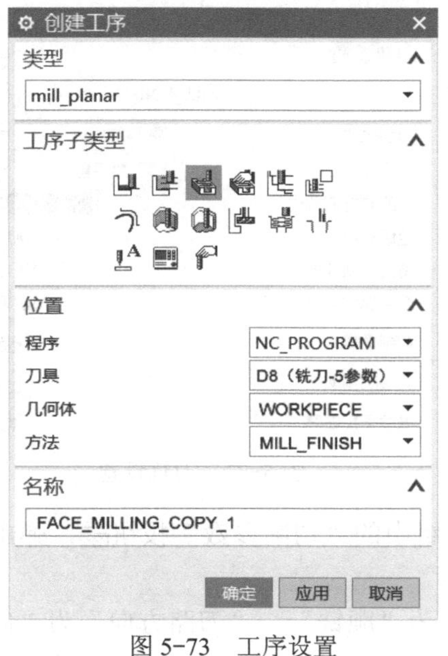

图 5-73　工序设置

图 5-74　“面铣 -[FACE_MILLING]”对话框

（2）选择面边界　在“几何体”选项组的“指定面边界”选项后单击选择或编辑面几

何体按钮，弹出“毛坯边界”对话框，选择图 5-75 所示区域作为边界区域，单击“确定”按钮，返回“面铣 -[FACE_MILLING]”对话框。

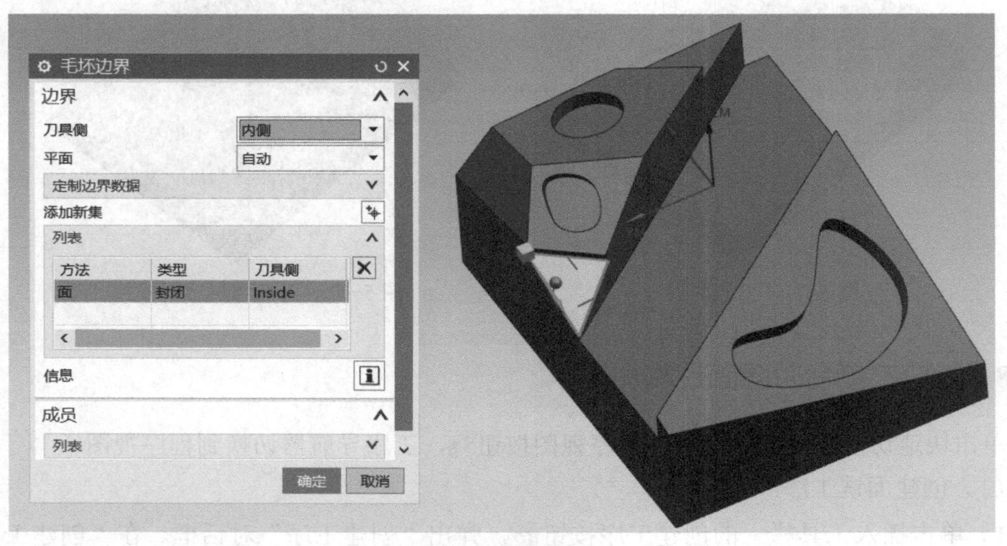

图 5-75　边界区域设置

（3）设置刀轴方向　在“面铣 -[FACE_MILLING]”对话框的“刀轴”选项组中选择“轴”为“垂直于第一个面”，如图 5-76 所示。

（4）设置刀轨参数　在“刀轨设置”选项组中设置相关参数，在“切削模式”下拉列表中选择“跟随周边”，“平面直径百分比”选择刀具的 30%，“毛坯距离”输入 0.3，“每刀切削深度”输入 0.2，如图 5-77 所示。

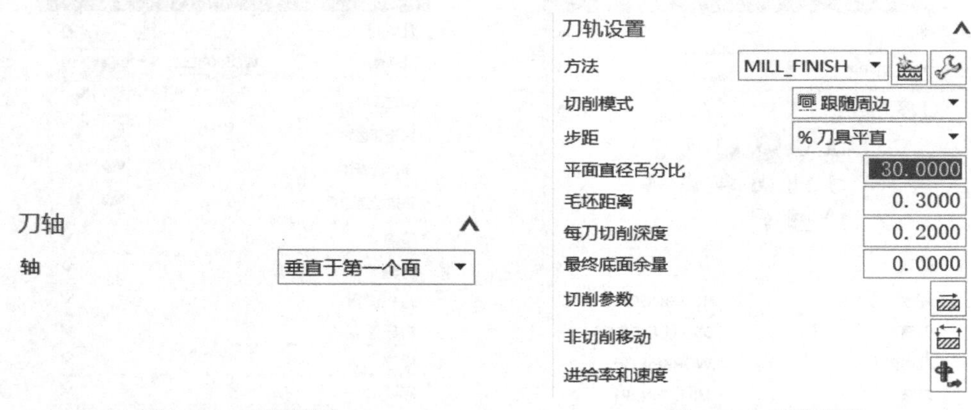

图 5-76　刀轴设置　　　　图 5-77　刀轨设置

（5）设置切削参数　单击“刀轨设置”选项组中的“切削参数”按钮，弹出“切削参数”对话框，设置切削加工参数。

1）单击“策略”选项卡，选择“切削方向”为“顺铣”，“刀路方向”为“向内”，其他参数设置如图 5-78 所示。

2）单击“拐角”选项卡，选择“光顺”为“无”，其他参数设置如图 5-79 所示。

图 5-78　“策略”设置

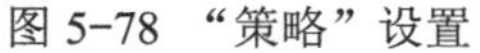

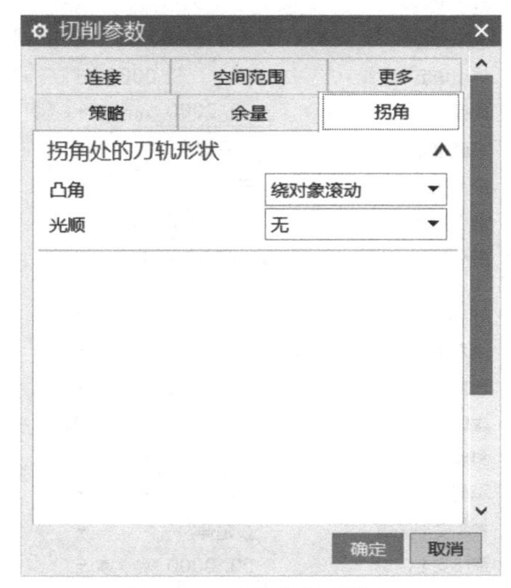

图 5-79　“拐角”设置

3）单击“确定”按钮，完成切削参数的设置，返回“面铣 -[FACE_MILLING]”对话框。

（6）设置非切削参数　单击“刀轨设置”选项组中的“非切削移动”按钮，弹出“非切削移动”对话框。

1）单击“进刀”选项卡，在“封闭区域”选项组中，“进刀类型”设为“沿形状斜进刀”，其他参数设置如图 5-80 所示。

2）单击“退刀”选项卡，在“退刀”选项组的“退刀类型”下拉列表中选择“与进刀相同”，如图 5-81 所示。

3）单击“非切削参数”对话框中的“确定”按钮，完成非切削参数的设置。

（7）设置进给参数　单击“刀轨设置”选项组中的“进给率和速度”按钮，弹出“进给率和速度”对话框。设置“主轴速度（rpm）”为 3000.000，“切削”速度为 2500.000、单位为“mmpm”，其他参数设置如图 5-82 所示。

（8）生成刀具路径并验证

1）在“操作”对话框中完成参数设置后，单击该对话框底部“操作”选项组中的“生成”按钮，可生成该操作的刀具路径，如图 5-83 所示。

2）单击“操作”对话框底部“操作”选项组中的“确认”按钮，弹出“导轨可视化”对话框，然后选择“3D 动态”选项卡，单击“播放”按钮，可进行 3D 动态刀具切削过程模拟，如图 5-84 所示。

3）单击“面铣 -[FACE_MILLING]”对话框中的“确定”按钮，接受刀具路径，并关闭“面铣 -[FACE_MILLING]”对话框。

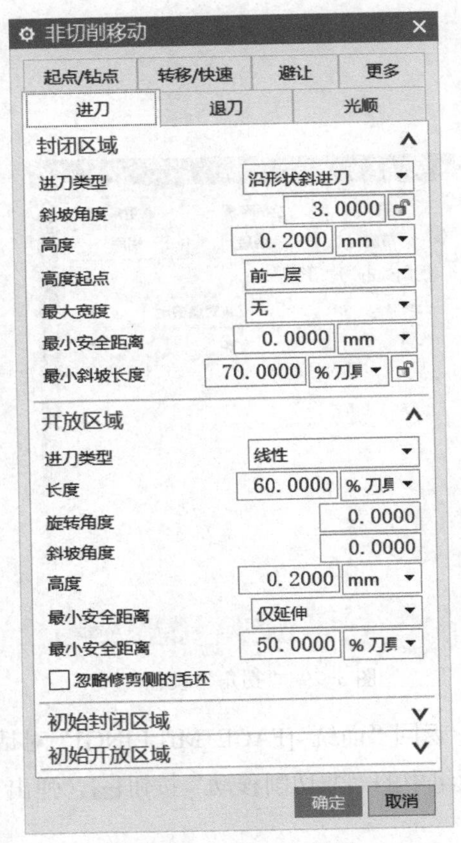

图 5-80 “进刀”设置

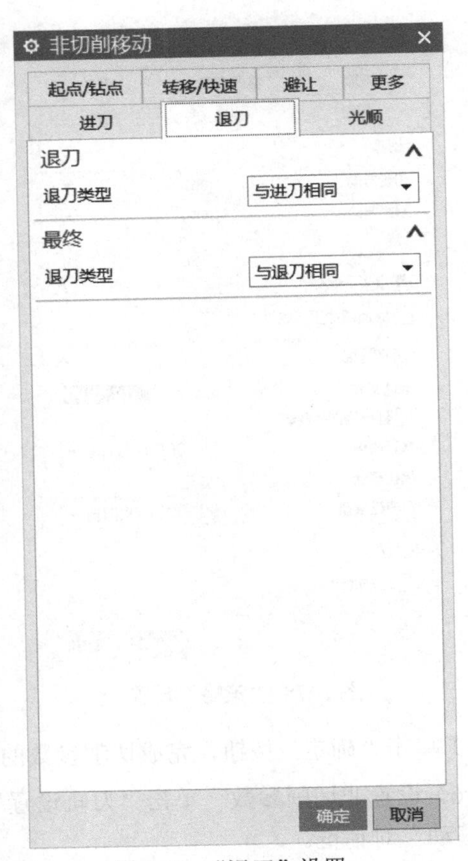

图 5-81 “退刀”设置

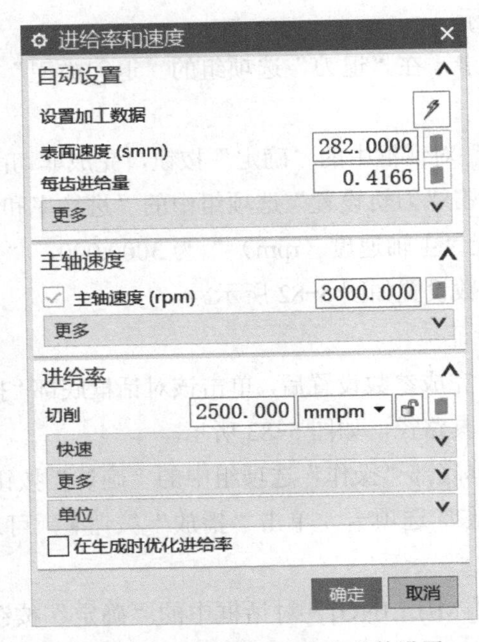

图 5-82 “进给率和速度”参数设置

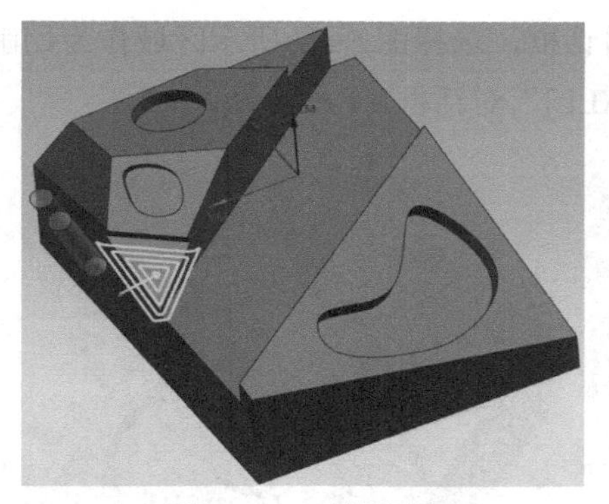

图 5-83　刀具路径

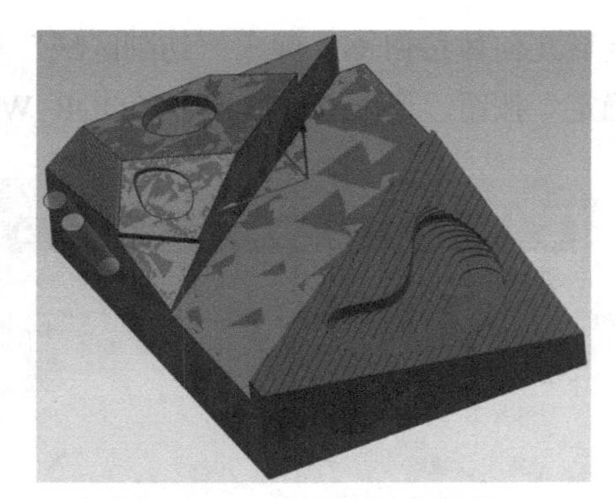

图 5-84　刀具切削过程模拟

5.5.9　基座右侧侧面底壁铣精加工

单击快速访问工具栏上的程序顺序视图按钮，工序导航器切换到程序视图。

（1）创建底壁铣工序

1）单击插入工具栏上的创建工序按钮，弹出“创建工序”对话框。在“创建工序”对话框的“类型”下拉列表中选择“mill_planar”，“工序子类型”选择第 1 行第 1 个图标，“位置”选项组的“程序”选择“NC_PROGRAM”、“刀具”选择“D8（铣刀 -5 参数）”、“几何体”选择“WORKPIECE”、“方法”选择“MILL_FINISH”，在“名称”文本框中输入 FLOOR_WALL_COPY_2，如图 5-85 所示。

2）单击“确定”按钮，弹出“底壁铣 -[FLOOR_WALL]”对话框，如图 5-86 所示。

图 5-85　工序设置

图 5-86　“底壁铣 -[FLOOR_WALL]”对话框

（2）选择铣削区底面　在“几何体”选项组的“指定切削区底面”选项后单击选择或编

辑切削区域几何体按钮，弹出“切削区域”对话框，选择图 5-87 所示区域作为切削区域，单击“确定”按钮，返回“底壁铣 -[FLOOR_WALL]”对话框。

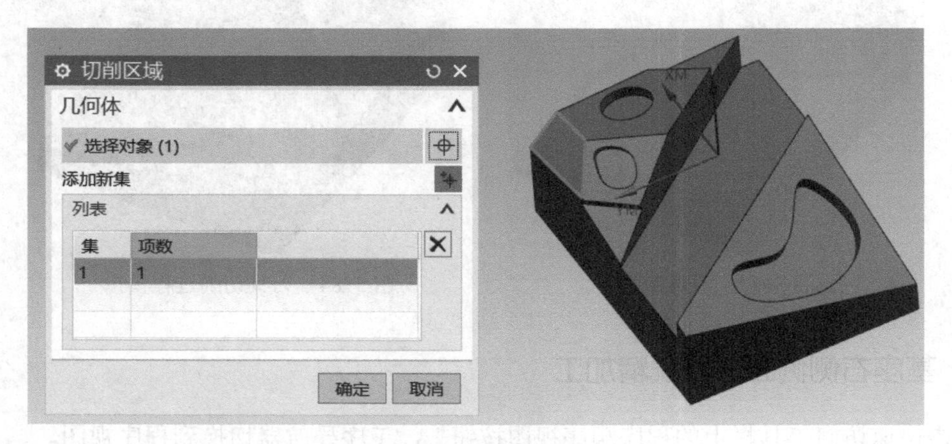

图 5-87 “切削区域”设置

（3）设置刀轴方向　在“底壁铣 -[FLOOR_WALL]”对话框的“刀轴”选项组中选择“轴”为“垂直于第一个面”，如图 5-88 所示。

（4）设置刀轨参数　在“刀轨设置”选项组中设置相关参数，在“切削区域空间范围”下拉列表中选择“底面”，“最大距离”选择刀具的 30%，“底面毛坯厚度”输入 0.3，“每刀切削深度”0.2，如图 5-89 所示。

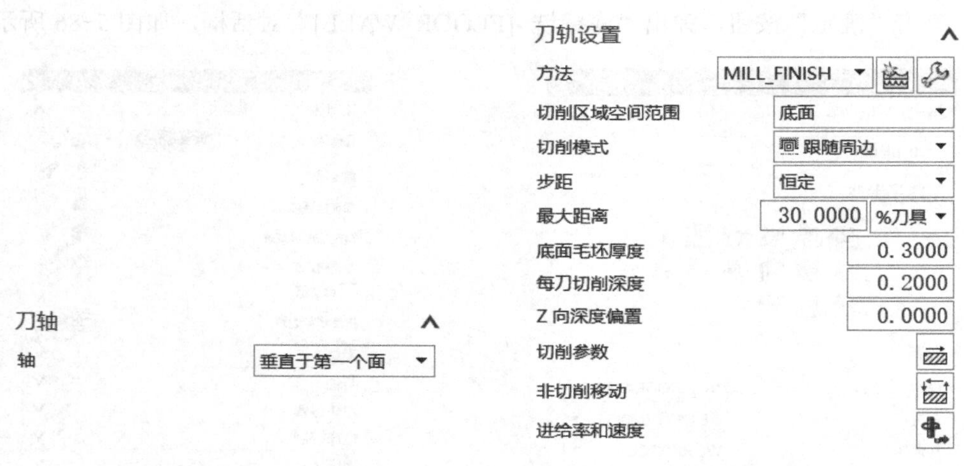

图 5-88　刀轴设置　　　图 5-89　刀轨设置

（5）设置切削参数　单击“刀轨设置”选项组中的“切削参数”按钮，弹出“切削参数”对话框，设置切削加工参数。

1）单击“策略”选项卡，选择“切削方向”为“顺铣”，“刀路方向”为“向内”，其他参数设置如图 5-90 所示。

2）单击“拐角”选项卡，选择“光顺”为“None”，其他参数设置如图 5-91 所示。

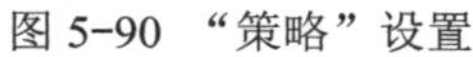
图 5-90 “策略”设置

图 5-91 “拐角”设置

3）单击“确定”按钮，完成切削参数的设置，返回“底壁铣 -[FLOOR_WALL]”对话框。

（6）设置非切削参数 单击“刀轨设置”选项组中的“非切削移动”按钮，弹出“非切削移动”对话框。

1）单击“进刀”选项卡，在“封闭区域”选项组中，“进刀类型”设为“沿形状斜进刀”，其他参数设置如图 5-92 所示。

2）单击“退刀”选项卡，在“退刀”选项组的“退刀类型”下拉列表中选择“与进刀相同”，如图 5-93 所示。

3）单击“非切削移动”对话框中的“确定”按钮，完成非切削参数的设置。

（7）设置进给参数 单击“刀轨设置”选项组的“进给率和速度”按钮，弹出“进给率和速度”对话框。设置“主轴速度（rpm）”为 3000.000，“切削”速度为 2500.000、单位为“mmpm”，其他参数设置如图 5-94 所示。

（8）生成刀具路径并验证

1）在“操作”对话框中完成参数设置后，单击该对话框底部“操作”选项组中的“生成”按钮，可生成该操作的刀具路径，如图 5-95 所示。

2）单击“操作”对话框底部“操作”选项组中的“确认”按钮，弹出“导轨可视化”对话框，然后选择“3D 动态”选项卡，单击“播放”按钮，可进行 3D 动态刀具切削过程模拟，如图 5-96 所示。

3）单击“底壁铣 -[FLOOR_WALL]”对话框中的“确定”按钮，接受刀具路径，并关闭“底壁铣 -[FLOOR_WALL]”对话框。

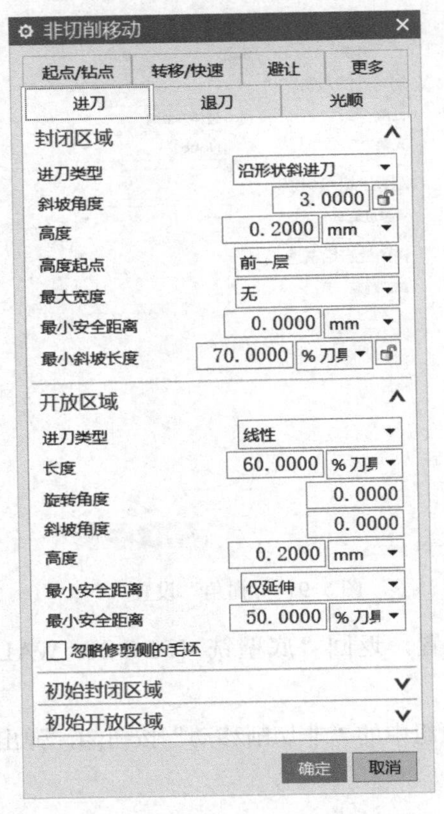

图 5-92 “进刀”设置

图 5-93 “退刀”设置

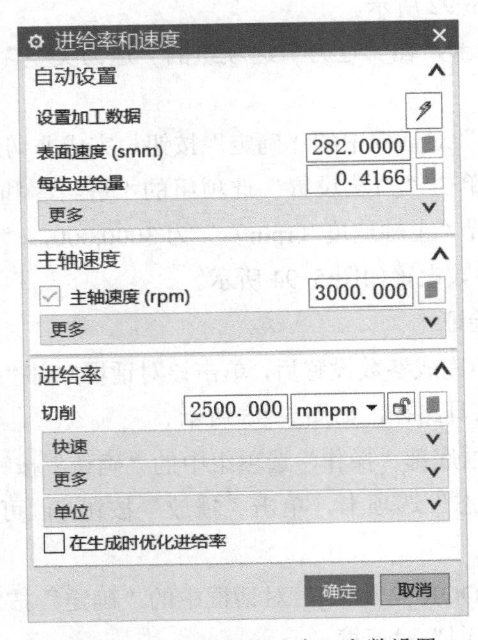

图 5-94 “进给率和速度”参数设置

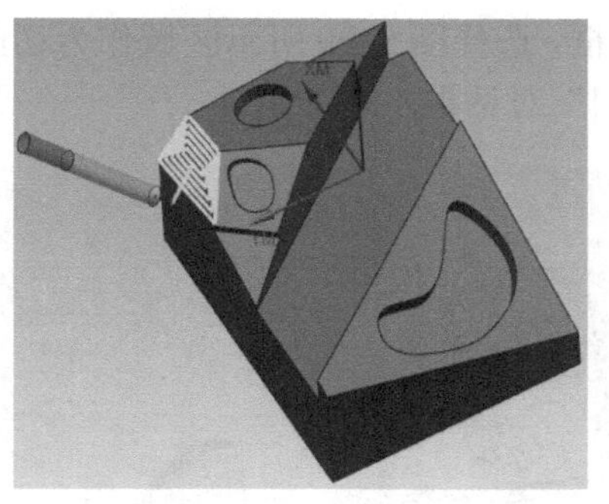

图 5-95　刀具路径

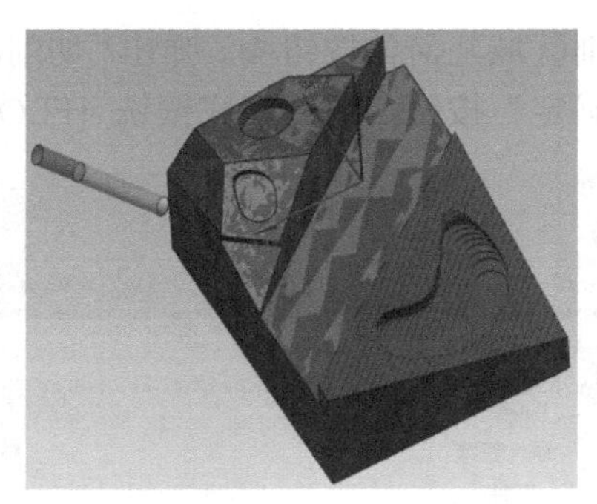

图 5-96　刀具切削过程模拟

5.5.10　基座左侧底壁铣精加工

单击快速访问工具栏上的程序顺序视图按钮，工序导航器切换到程序视图。

（1）创建底壁铣工序

1）单击插入工具栏上的创建工序按钮，弹出“创建工序”对话框。在“创建工序”对话框的“类型”下拉列表中选择“mill_planar”，“工序子类型”选择第 1 行第 1 个图标，“位置”选项组的“程序”选择“NC_PROGRAM”、“刀具”选择“D8（铣刀 -5 参数）”、“几何体”选择“WORKPIECE”、“方法”选择“MILL_FINISH”，在“名称”文本框中输入 FLOOR_WALL_COPY_3，如图 5-97 所示。

2）单击“确定”按钮，弹出“底壁铣 -[FLOOR_WALL]”对话框，如图 5-98 所示。

图 5-97　工序设置

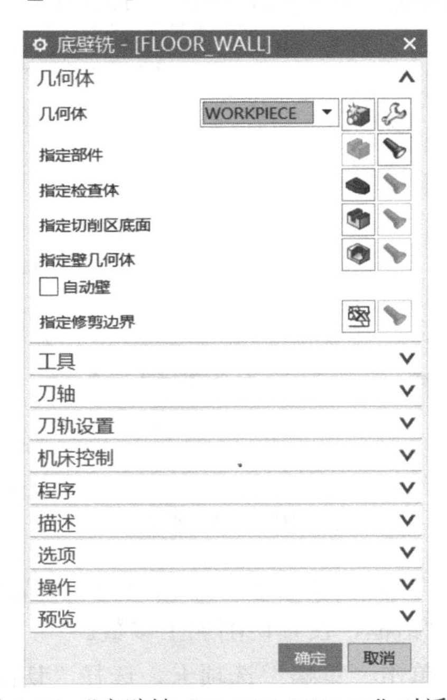

图 5-98　“底壁铣 -[FLOOR_WALL]”对话框

（2）选择铣削区底面　在“几何体”选项组的“指定切削区底面”选项后单击选择或

编辑切削区域几何体按钮，弹出“切削区域”对话框，选择图 5-99 所示区域作为切削区域，单击“确定”按钮，返回“底壁铣 -[FLOOR_WALL]”对话框。

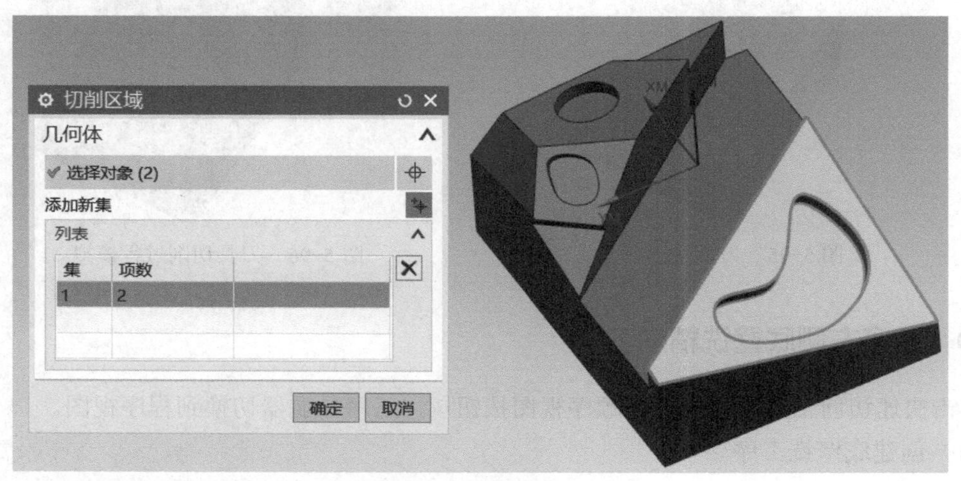

图 5-99 “切削区域”设置

（3）设置刀轴方向　在“底壁铣 -[FLOOR_WALL]”对话框的“刀轴”选项组中选择“轴”为“垂直于第一个面”，如图 5-100 所示。

（4）设置刀轨参数　在“刀轨设置”选项组中设置相关参数，在“切削区域空间范围”下拉列表中选择“底面”，“最大距离”选择刀具的 30%，“底面毛坯厚度”输入 0.3，“每刀切削深度”输入 0.2，如图 5-101 所示。

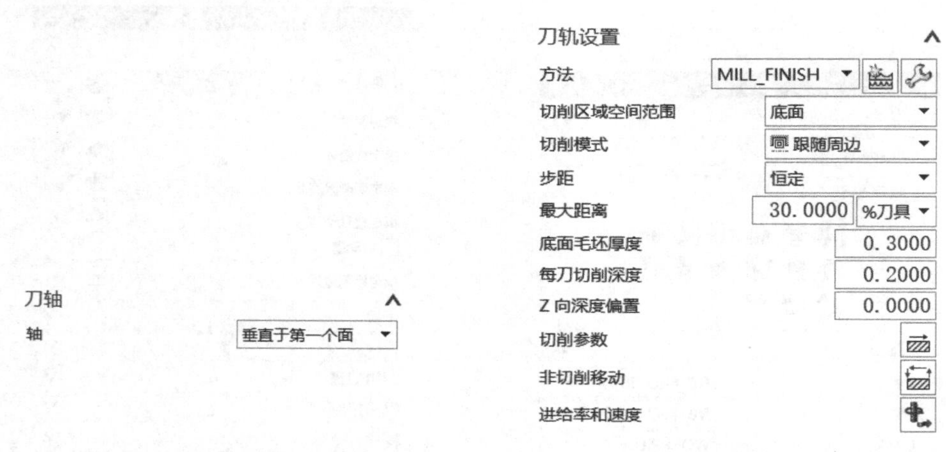

图 5-100　刀轴设置　　　　图 5-101　刀轨设置

（5）设置切削参数　单击“刀轨设置”选项组中的“切削参数”按钮，弹出“切削参数”对话框，设置切削加工参数。

1）单击“策略”选项卡，选择“切削方向”为“顺铣”，“刀路方向”为“向内”，其他参数设置如图 5-102 所示。

2）单击“拐角”选项卡，选择“光顺”为“None”，其他参数设置如图 5-103 所示。

图 5-102 “策略”设置

图 5-103 “拐角”设置

3）单击“确定”按钮，完成切削参数的设置，返回“底壁铣 -[FLOOR_WALL]”对话框。

（6）设置非切削参数　单击“刀轨设置”选项组中的“非切削移动”按钮，弹出“非切削移动”对话框。

1）单击“进刀”选项卡，在“封闭区域”选项组中，“进刀类型”设为“沿形状斜进刀”，其他参数设置如图 5-104 所示。

2）单击“退刀”选项卡，在“退刀”选项组的“退刀类型”下拉列表中选择“与进刀相同”，如图 5-105 所示。

3）单击“非切削移动”对话框中的“确定”按钮，完成非切削参数的设置。

（7）设置进给参数　单击“刀轨设置”选项组中的“进给率和速度”按钮，弹出“进给率和速度”对话框。设置“主轴速度（rpm）”为 3000.000，“切削”速度为 2500.000、单位为“mmpm”，其他参数设置如图 5-106 所示。

（8）生成刀具路径并验证

1）在“操作”对话框中完成参数设置后，单击该对话框底部“操作”选项组中的“生成”按钮，可生成该操作的刀具路径，如图 5-107 所示。

2）单击“操作”对话框底部“操作”选项中的“确认”按钮，弹出“导轨可视化”对话框，然后选择“3D 动态”选项卡，单击“播放”按钮，可进行 3D 动态刀具切削过程模拟，如图 5-108 所示。

3）单击“底壁铣 -[FLOOR_WALL]”对话框中的“确定”按钮，接受刀具路径，并关闭“底壁铣 -[FLOOR_WALL]”对话框。

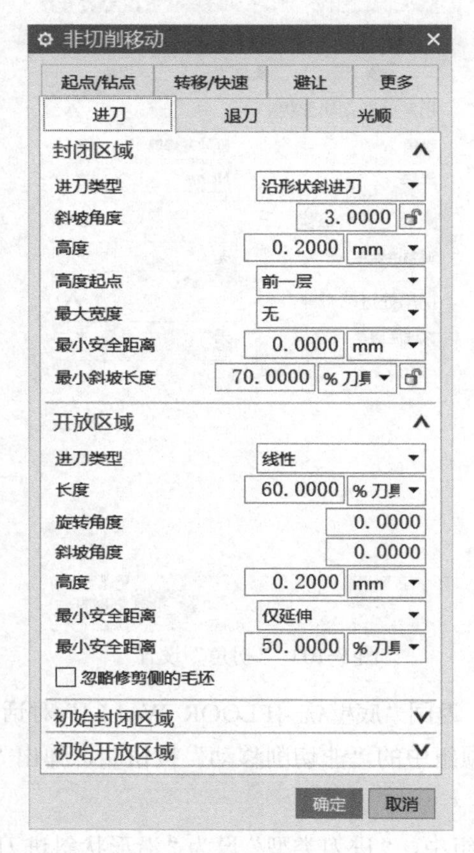

图 5-104 “进刀”设置

图 5-105 “退刀”设置

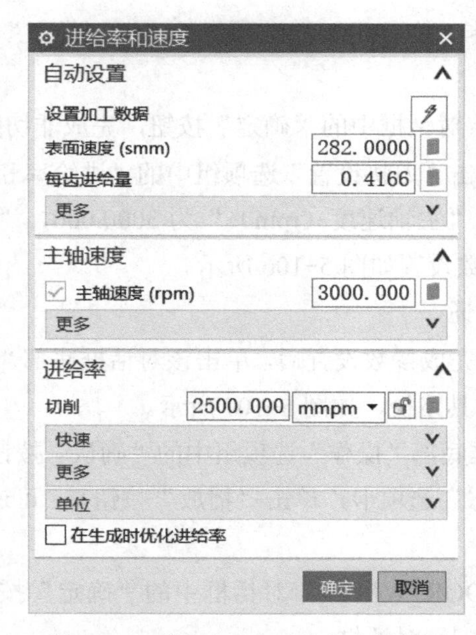

图 5-106 “进给率和速度”参数设置

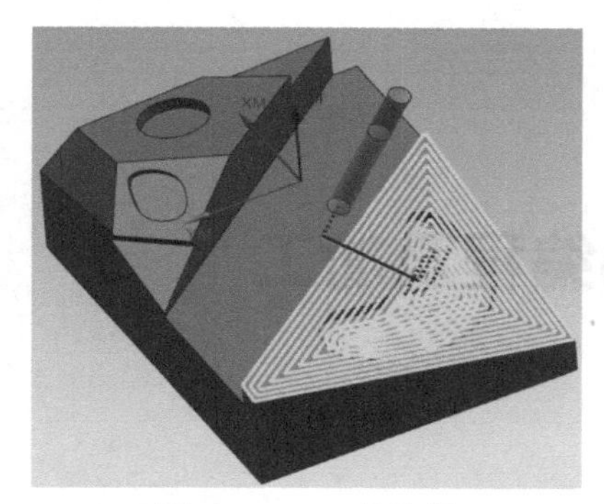

图 5-107　刀具路径

图 5-108　刀具切削过程模拟

思　考　题

1. 选择题

（1）五轴定向零件基座在编程加工中主要选择哪些（　　　）。（多选）

A．底壁铣　　　　B．可变轮廓铣

C．面铣　　　　D．区域轮廓铣

（2）底壁铣与面铣的加工参数设置不同点是（　　）。

A．加工区域设置　　　　B．刀轴设置

C．进给参数设置　　　　D．非切削参数设置

2. 填空题

（1）零件刀路轨迹生成后可通过__________进行验证。

（2）在底壁铣与面铣中，刀轴设置方向一般为__________________。

3. 简答题

（1）简述五轴定向加工方法。

（2）简述基座零件的工艺安排。

第 6 章 五轴联动加工中心编程及加工

6.1 五轴联动加工中心概述

五轴联动加工中心具有高效率、高精度的特点，工件一次装夹就可完成五面体的加工。若配以五轴联动的高档数控系统，还可以对复杂的空间曲面进行高精度加工，更能适应像汽车零部件、飞机结构件等现代模具的加工。

立式五轴加工中心的回转轴有两种方式。一种是工作台回转轴，设置在床身上的工作台可以环绕 X 轴回转，定义为 A 轴，A 轴一般工作范围为 –120° ～ +30°。工作台的中间设有一个回转台，环绕 Z 轴回转，定义为 C 轴，C 轴是 360° 回转。这样通过 A 轴与 C 轴的组合，固定在工作台上的工件除了底面之外，其余的五个面都可以由立式主轴进行加工。A 轴和 C 轴最小分度值一般为 0.001°，这样又可以把工件细分成任意角度，加工出倾斜面、倾斜孔等。A 轴和 C 轴如与 X、Y、Z 三直线轴实现联动，就可加工出复杂的空间曲面，当然这需要高档的数控系统、伺服系统以及软件的支持。这种设置方式的优点是主轴的结构比较简单，主轴刚性非常好，制造成本比较低。但一般工作台不能设计得太大，承重也较小，特别是当 A 轴回转大于等于 90° 时，工件切削时会对工作台带来很大的承载力矩。另一种是依靠立式主轴头的回转。主轴前端是一个回转头，能自行环绕 Z 轴 360° 回转，成为 C 轴，回转头上还有可环绕 X 轴旋转的 A 轴，一般可达 ±90° 以上，实现上述同样的功能。这种设置方式的优点是主轴加工非常灵活，工作台可以设计得非常大，客机庞大的机身、巨大的发动机壳都可以在这类加工中心上加工。这种设计还有一大优点：在使用球面铣刀加工曲面时，当刀具中心线垂直于加工面时，由于球面铣刀的顶点线速度为 0，顶点切出的工件表面质量会很差，采用主轴回转的设计，令主轴相对工件转过一个角度，使球面铣刀避开顶点切削，保证有一定的线速度，可提高表面加工质量。这种结构非常受模具高精度曲面加工的欢迎，这是工作台回转式加工中心难以做到的。为了达到回转的高精度，高档的回转轴还配置了圆光栅尺反馈，分度精度都在几秒以内，当然这类主轴的回转结构比较复杂，制造成本也较高。

6.2 实例整体分析

如图 6-1 所示，小叶轮外形为圆柱结构，由直纹面倾斜叶片和孔以及正反两面组成。毛坯为圆料，采用零件正反两面整体粗加工，然后进行五轴联动精加工。

图 6-1　小叶轮

6.3　实例加工分析

根据零件的特点，按照加工工艺的安排原则，工序安排如下：

1）正面外表面粗加工。采用较大直径的刀具进行粗加工以便去除大量余量，粗加工采用型腔铣环切的方法，刀具为 ϕ8mm 的立铣刀。

2）正面直纹叶片精加工。采用可变轮廓铣精加工叶片，刀具采用 ϕ6mm 的球铣刀。

3）反面外表面粗加工。采用较大直径的刀具进行粗加工以便去除大量余量，粗加工采用型腔铣环切的方法，刀具为 ϕ8mm 的立铣刀。

4）反面外表面钻孔。采用钻头钻孔，采用标准钻的方法，刀具为 ϕ6mm 的钻头。

5）反面底面精加工。采用底壁铣工序精加工，刀具采用 ϕ6mm 的立铣刀。

6）反面孔精加工。采用深度轮廓铣精加工，刀具采用 ϕ4mm 的立铣刀。

6.4　加工流程与所用知识点

小叶轮零件数控加工的具体设计流程和知识点见表 6-1。

表 6-1　小叶轮零件数控加工的具体设计流程和知识点

步　骤	设计知识点	设计流程效果图
步骤 1：打开文件，进入加工环境	数控加工环境是指进入 UG NX 的制造模块后进行编程作业的软件环境，选择型腔铣“mill_contour”	加工环境 CAM 会话配置 cam_express cam_express_part_planner cam_general cam_library cam_native_rm_library cam_part_planner_library cam_part_planner_mrl cam_teamcenter_library 浏览配置文件 要创建的 CAM 设置 mill_planar mill_contour mill_multi-axis mill_multi_blade mill_rotary hole_making drill turning 浏览设置部件 确定　取消

（续）

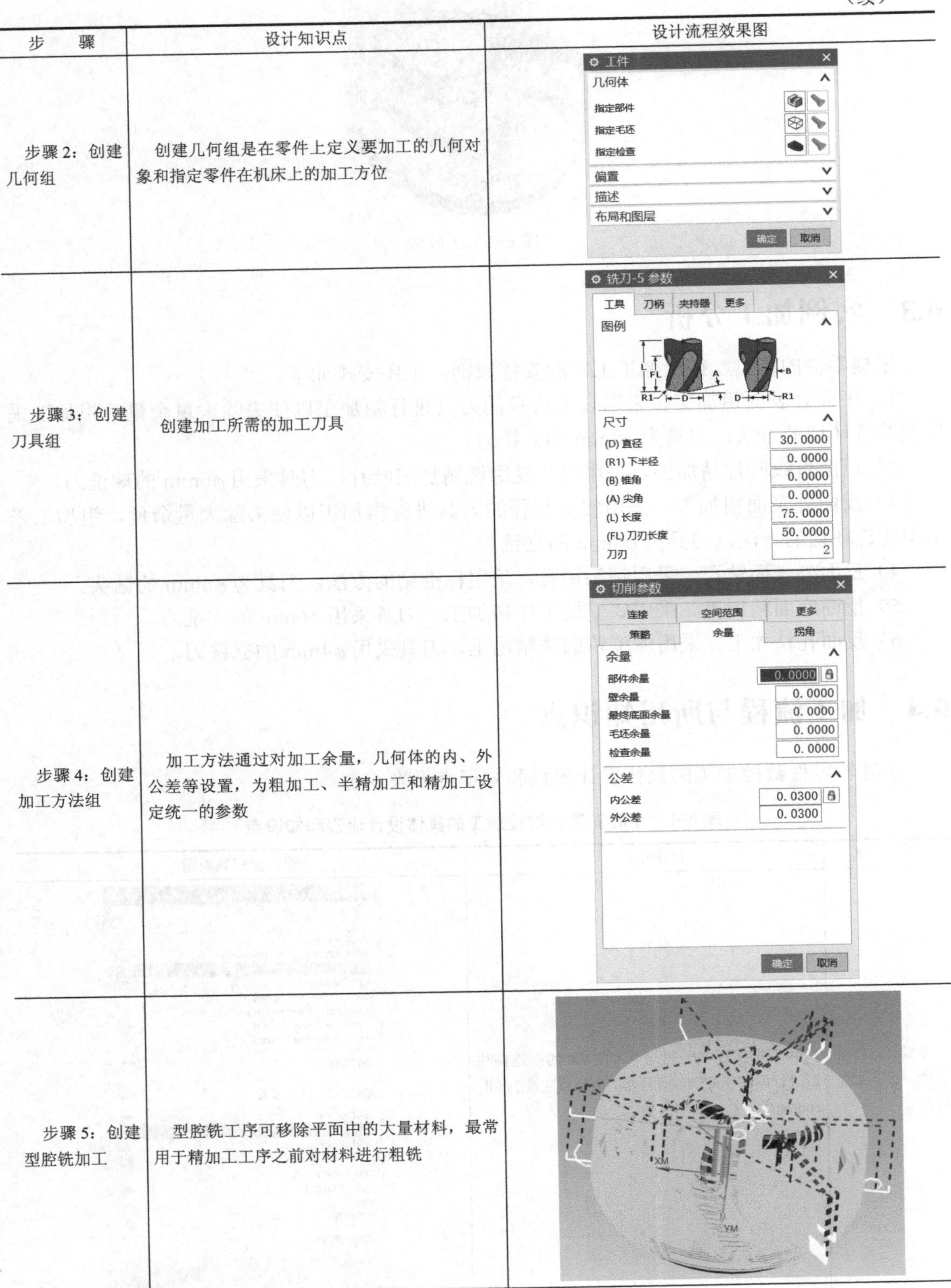

步　骤	设计知识点	设计流程效果图
步骤2：创建几何组	创建几何组是在零件上定义要加工的几何对象和指定零件在机床上的加工方位	
步骤3：创建刀具组	创建加工所需的加工刀具	
步骤4：创建加工方法组	加工方法通过对加工余量，几何体的内、外公差等设置，为粗加工、半精加工和精加工设定统一的参数	
步骤5：创建型腔铣加工	型腔铣工序可移除平面中的大量材料，最常用于精加工工序之前对材料进行粗铣	

（续）

步　骤	设计知识点	设计流程效果图
步骤 6：创建底壁铣加工	底壁铣操作可以将要移除的材料由切削区域底面和毛坯厚度来确定，自由定义底面到顶层的切削深度范围	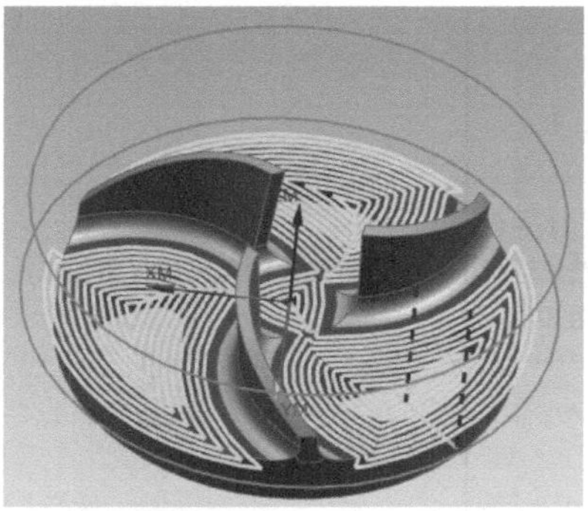
步骤 7：创建可变轴曲面轮廓铣加工叶片侧面	以有界平面作为驱动面，利用侧刃切削产生刀轨，将刀轨进行增量形成完整刀路	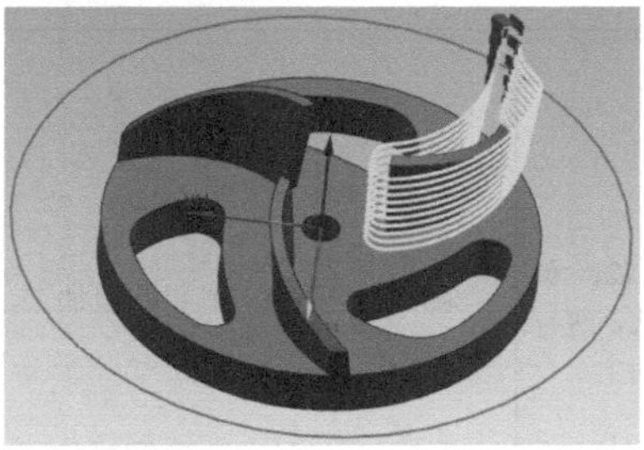
步骤 8：刀具路径变换 1	利用刀具路径线性复制功能，可简化刀具路径创建	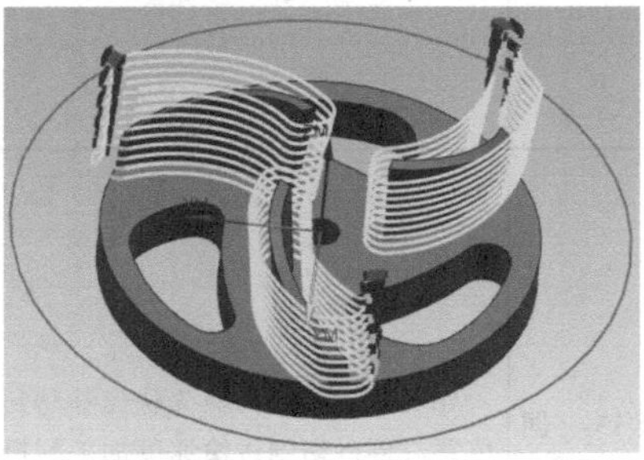
步骤 9：创建可变轴曲面轮廓铣加工叶片顶面	以叶片顶面驱动形成刀轨	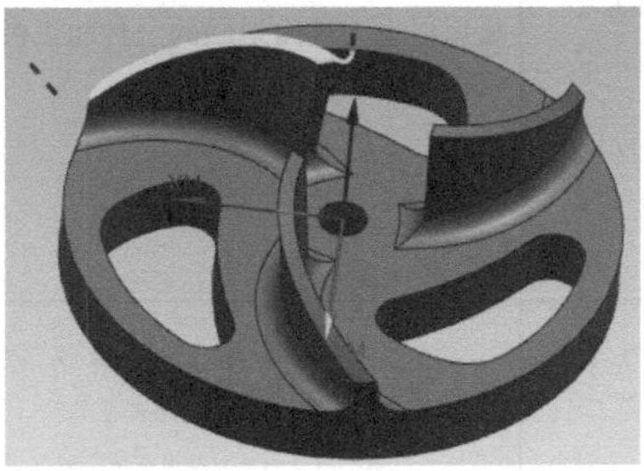
步骤 10：刀具路径变换 2	利用刀具路径线性复制功能，可简化刀具路径创建	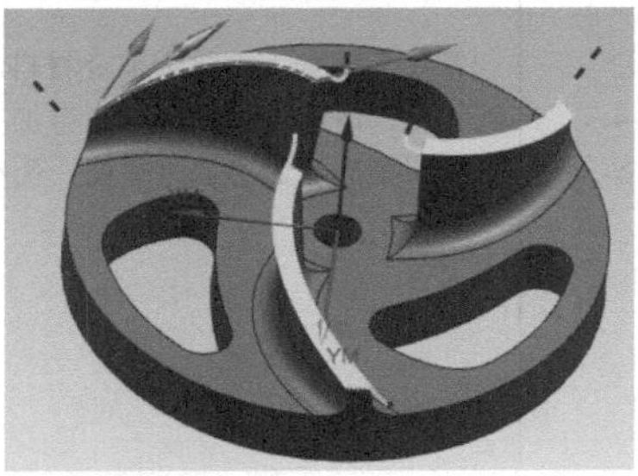

（续）

步　骤	设计知识点	设计流程效果图
步骤11：创建型腔铣，进行大余量粗加工	采用直径大的刀具进行粗加工，去除余量	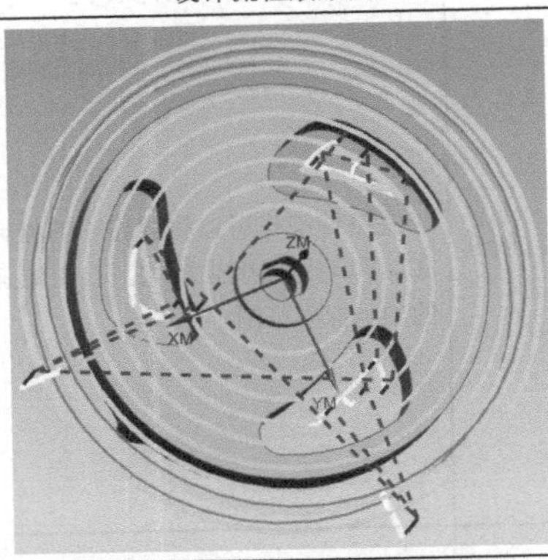 ZM XM YM
步骤12：创建型腔铣，进行二次粗加工	采用直径小的刀具再次粗加工，去除没加工到的地方	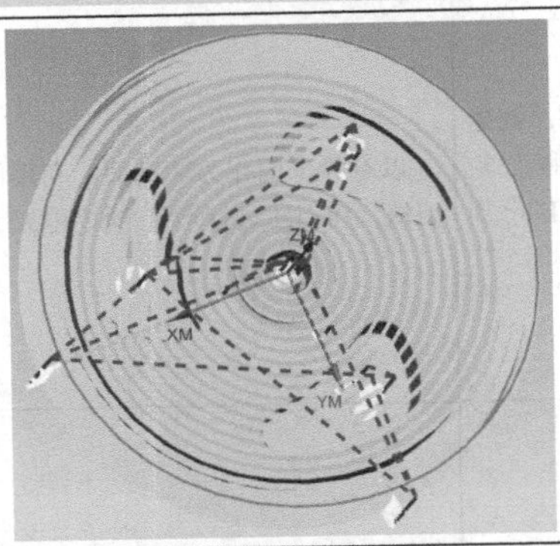 ZM XM YM
步骤13：创建钻孔加工	钻孔加工是指刀具先快速移动到指定的加工位置，再以切削进给速度加工到指定的深度，最后以退刀速度退回的一种加工类型	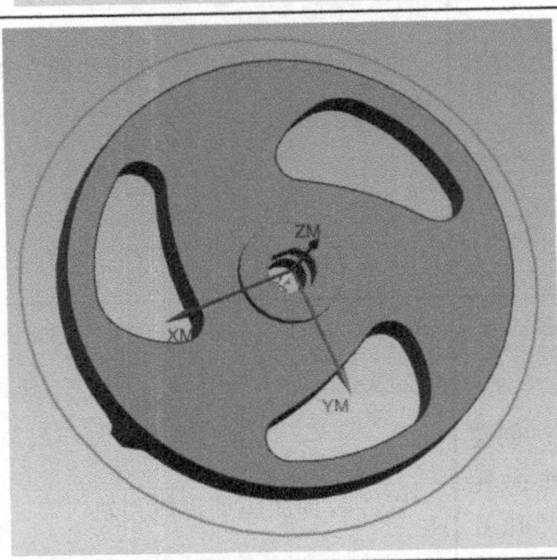 ZM XM YM
步骤14：创建平面铣加工	常用于粗加工去除大部分材料，也可以用于精加工、清除转角残余。适合加工直壁、岛屿顶面和槽腔底面为水平平面、侧壁为垂直面的平面	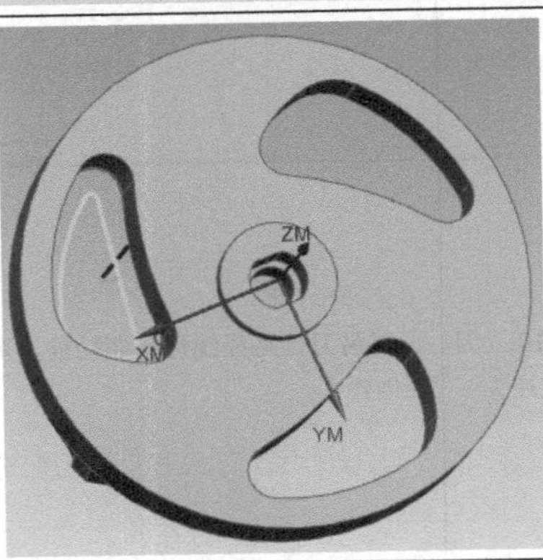 ZM XM YM

（续）

步　骤	设计知识点	设计流程效果图
步骤 15：刀具路径变换 3	利用刀具路径线性复制功能，可简化刀具路径创建	ZM XM YM
步骤 16：创建底壁铣加工	底壁铣操作可以将要移除的材料由切削区域底面和毛坯厚度来确定，自由定义底面到顶层的切削深度范围	ZM XM YM
步骤 17：创建深度轮廓铣加工	能够自动检测“部件几何体”的陡峭区域，定制追踪形状，并对追踪形状进行排序，指定“陡角”，以区分陡峭区域和非陡峭区域，在这些区域都不过切的情况下，对这些区域进行切削加工	ZM XM YM

6.5　具体操作步骤

6.5.1　初始化加工环境

（1）打开模型文件　启动 UG NX 后，单击标准工具栏上的“打开”按钮，打开“打开部件文件”对话框，选择“五轴联动小叶轮”，单击“OK”按钮，文件打开后如图 6-2 所示。

图 6-2　小叶轮

（2）进入加工模块　在工具栏上单击“文件”按钮，进入启动项选择加工模块，系统弹出“加工环境”对话框。然后在“CAM 会话配置”中选择“cam_general”选项，在“要创建的 CAM 组装”中选择“mill_planar”选项，单击“确定”按钮，初始化加工环境，如图 6-3 所示。

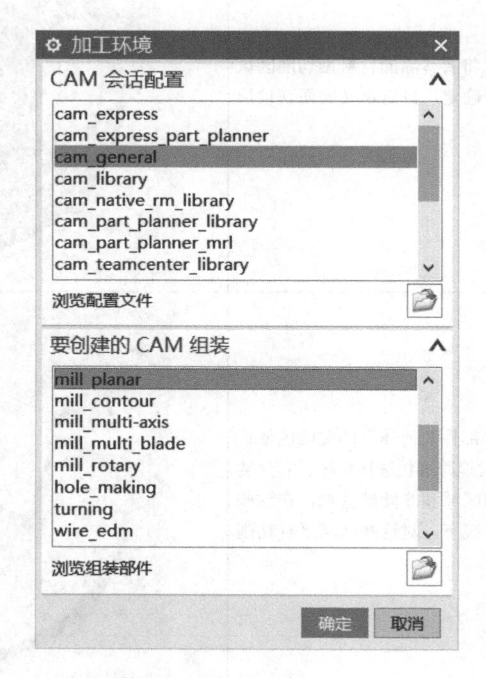

图 6-3　“加工环境”设置

6.5.2　创建加工父级组

单击快速访问工具栏上的几何视图按钮，将工序导航器切换到几何视图显示。

（1）创建正面加工几何组

1）设置加工坐标系。具体操作步骤如下：

① 双击工序导航器中的 MCS 图标 MCS，弹出“MCS 铣削”对话框，如图 6-4 所示。

图 6-4　“MCS 铣削”对话框

② 单击“机床坐标系”选项组中的坐标系对话框按钮，弹出“坐标系”对话框，在图形窗口中旋转坐标系手柄，如图 6-5 所示。单击“确定”按钮，返回“MCS 铣削”对话框。

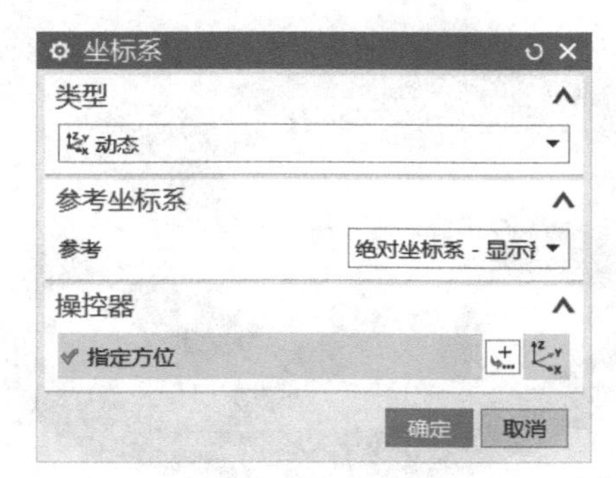

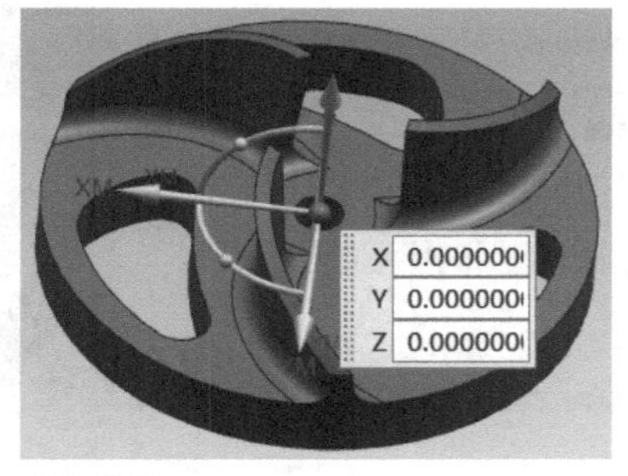

图 6-5　“坐标系”设置

2）设置安全平面。在“MCS 铣削”对话框中，在“安全设置”选项组的“安全设置选项”下拉列表中选择“自动平面”，其他参数设置如图 6-6 所示。

图 6-6　设置安全平面

3）创建加工几何体。具体操作步骤如下：

① 在工序导航器中双击“WORKPIECE”图标，弹出“工件”对话框，如图 6-7 所示。

② 单击“几何体”选项组“指定部件”选项后的选择或编辑部件几何体按钮，弹出“部件几何体”对话框，选择图 6-8 所示的实体；单击“确定”按钮，返回“工件”对话框。

③ 单击“几何体”选项组“指定毛坯”选项后的选择或编辑毛坯几何体按钮，弹出“毛坯几何体”对话框，选择图层 4 的实体作为毛坯，如图 6-9 所示。连续单击“确定”按钮完成毛坯设置。

④ 将加工坐标系和加工几何体重命名，如图 6-10 所示。

图 6-7 “工件”对话框

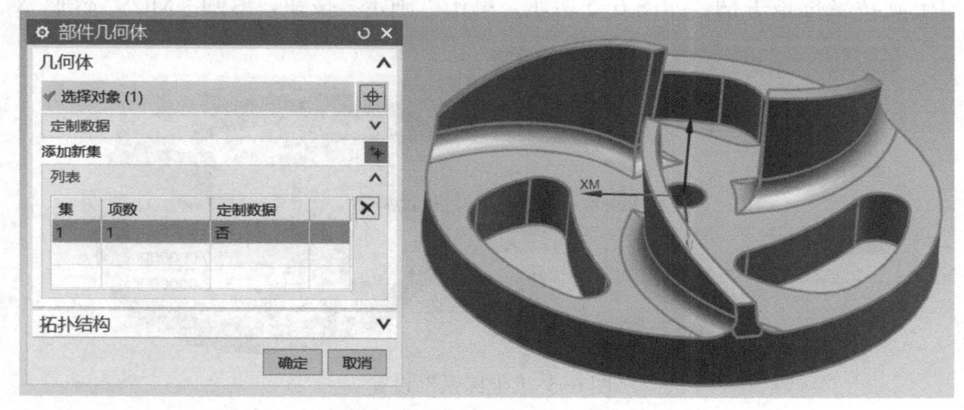

图 6-8 “部件几何体”设置

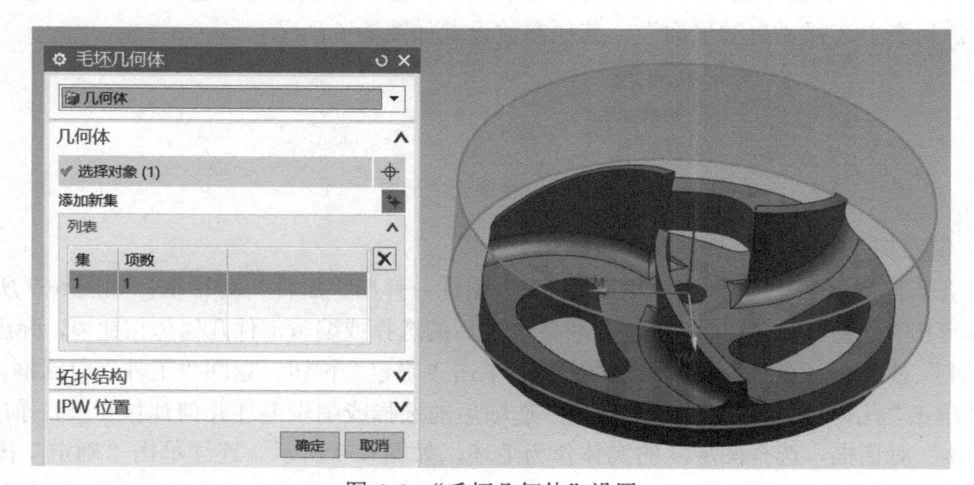

图 6-9 “毛坯几何体”设置

MCS_MILL-Z
WORKPIECE-Z

图 6-10　坐标系与加工几何体重命名

（2）创建反面加工几何组

1）设置加工坐标系。具体操作步骤如下：

① 双击工序导航器中的 MCS 图标 MCS，弹出“MCS 铣削”对话框，如图 6-11 所示。

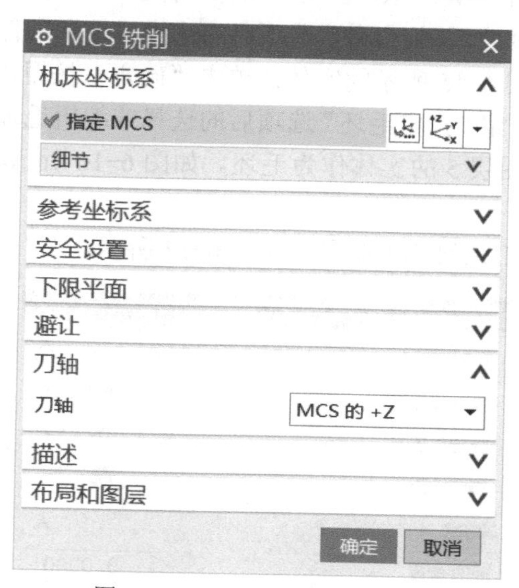

图 6-11　“MCS 铣削”对话框

② 单击“机床坐标系”选项组中的坐标系对话框按钮，弹出“坐标系”对话框，在图形窗口中旋转坐标系手柄，如图 6-12 所示。单击“确定”按钮，返回“MCS 铣削”对话框。

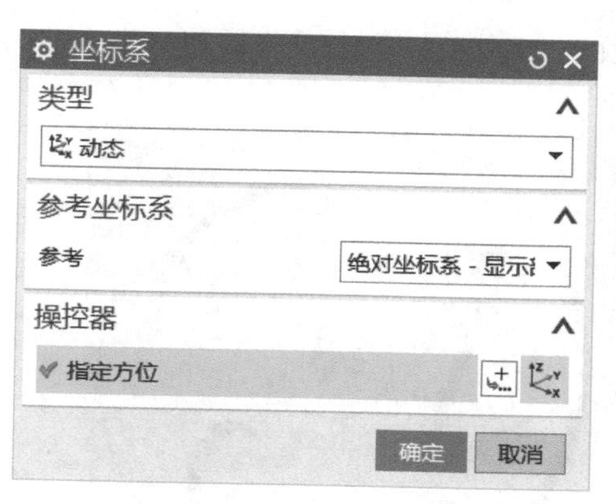

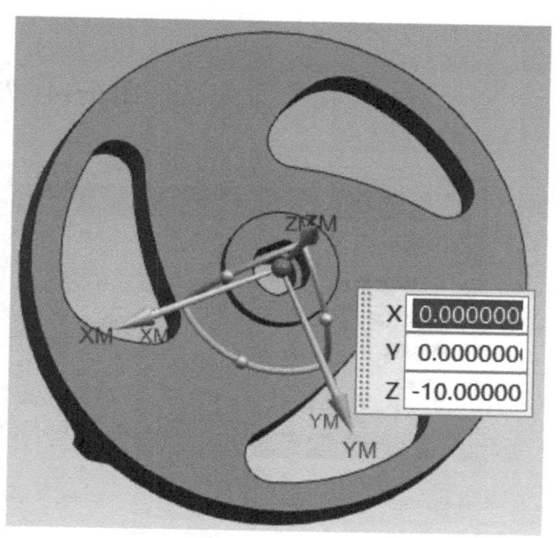

图 6-12　“坐标系”设置

2）设置安全平面。在“MCS 铣削”对话框中，在“安全设置”选项组的“安全设置选项”下拉列表中择“自动平面”，其他参数设置如图 6-13 所示。

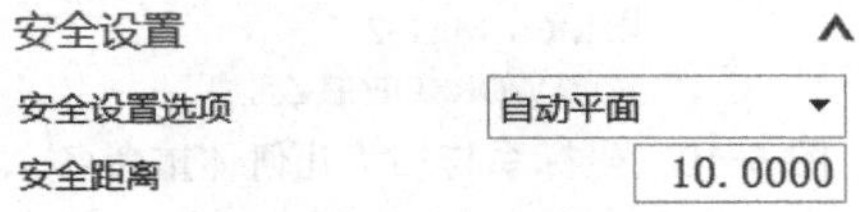

安全设置
安全设置选项　自动平面
安全距离　10.0000

图 6-13　设置安全平面

3）创建加工几何体。具体操作步骤如下：

① 在工序导航器中双击“WORKPIECE”图标，弹出“工件”对话框，如图 6-14 所示。

② 单击“几何体”选项组“指定部件”选项后的选择或编辑部件几何体按钮，弹出“部件几何体”对话框，选择图 6-15 所示的实体；单击“确定”按钮，返回“工件”对话框。

③ 单击“几何体”选项组“指定毛坯”选项后的选择或编辑毛坯几何体按钮，弹出“毛坯几何体”对话框，选择图层 5 的实体作为毛坯。如图 6-16 所示。连续单击“确定”按钮完成毛坯设置。

④ 将加工坐标系和加工几何体重命名，如图 6-17 所示。

图 6-14　“工件”对话框

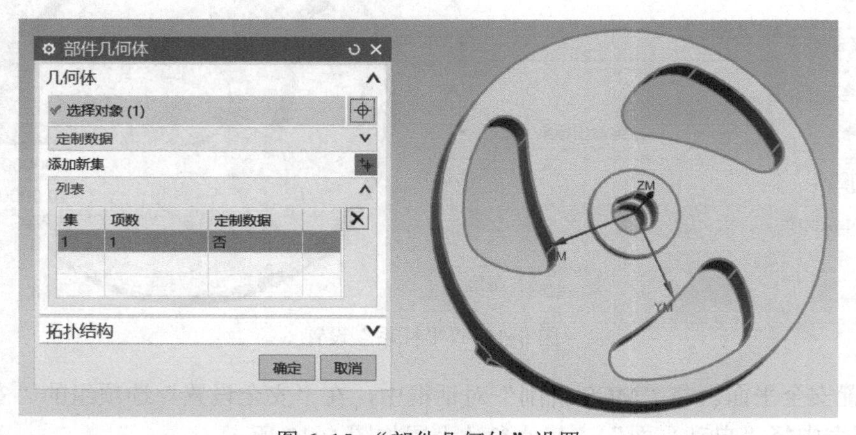

图 6-15　“部件几何体”设置

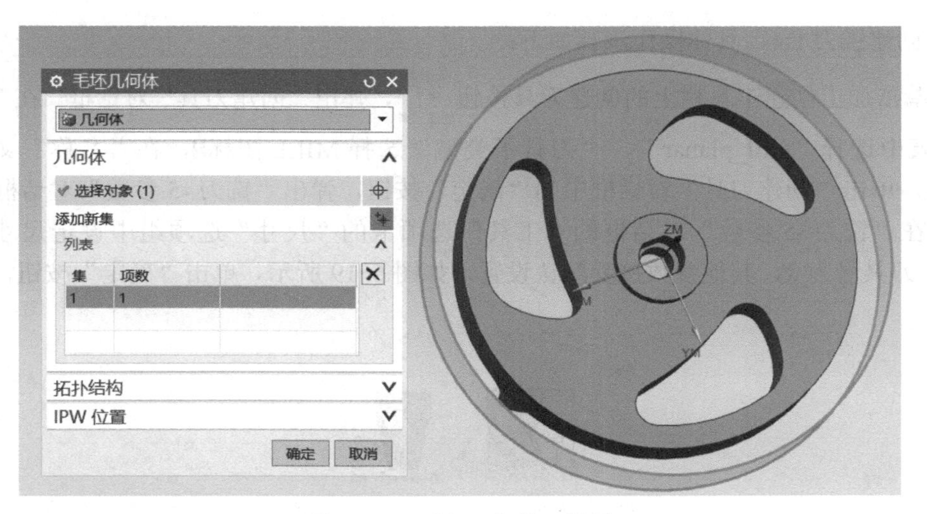

图 6-16 “毛坯几何体”设置

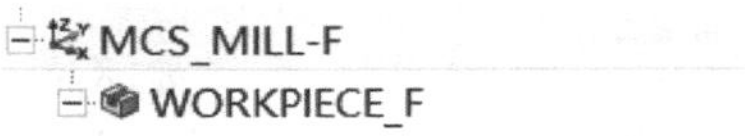

MCS_MILL-F
WORKPIECE_F

图 6-17　坐标系与加工几何体重命名

（3）创建刀具组　单击快速访问工具栏上的机床视图按钮，工序导航器切换到机床刀具视图。

1）创建铣刀 D8。具体操作步骤如下：

① 单击加工创建工具栏上的创建刀具按钮（创建刀具），弹出“创建刀具”对话框。在“类型”下拉列表中选择“mill_contour”，“刀具子类型”选择 MILL 图标，在“名称”文本框中输入 D8，单击“创建刀具”对话框中的“确定”按钮，弹出“铣刀 -5 参数”对话框。

② 在“铣刀 -5 参数”对话框的“工具”选项卡的“尺寸”选项组中设定尺寸直径为 8.0000，刀具号为 1，其他参数接受默认设置，如图 6-18 所示。单击“确定”按钮，完成刀具创建。

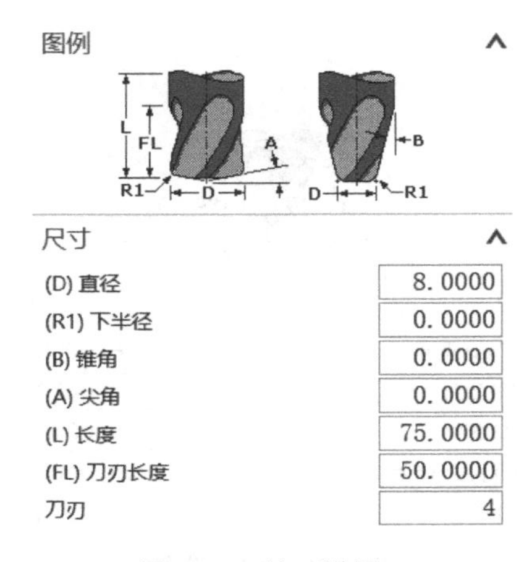

图 6-18　铣刀设置 1

2）创建铣刀 D4。具体操作步骤如下：

① 单击加工创建工具栏上的创建刀具按钮 创建刀具，弹出“创建刀具”对话框。在“类型”下拉列表中选择“mill_planar”，“刀具子类型”选择 MILL 图标，在“名称”文本框中输入 D4，单击“创建刀具”对话框中的“确定”按钮，弹出“铣刀 -5 参数”对话框。

② 在“铣刀 -5 参数”对话框的“工具”选项卡的“尺寸”选项组中设定尺寸直径为 4.0000，刀具号为 2，其他参数接受默认设置，如图 6-19 所示。单击“确定”按钮，完成刀具创建。

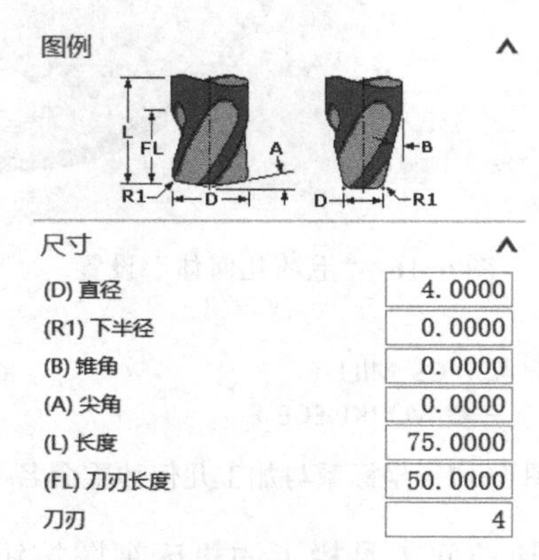

图 6-19　铣刀设置 2

3）创建球刀 B6。具体操作步骤如下：

① 单击加工创建工具栏上的创建刀具按钮 创建刀具，弹出“创建刀具”对话框。在“类型”下拉列表中选择“mill_multi-axis”，“刀具子类型”选择 BALL_MILL 图标，在“名称”文本框中输入 B6，单击“创建刀具”对话框中的“确定”按钮，弹出“铣刀 - 球头铣参数”对话框。

② 在“铣刀 - 球头铣参数”对话框的“工具”选项卡的“尺寸”选项组中设定球直径为 6.0000，刀具号为 3，其他参数接受默认设置，如图 6-20 所示。单击“确定”按钮，完成刀具创建。

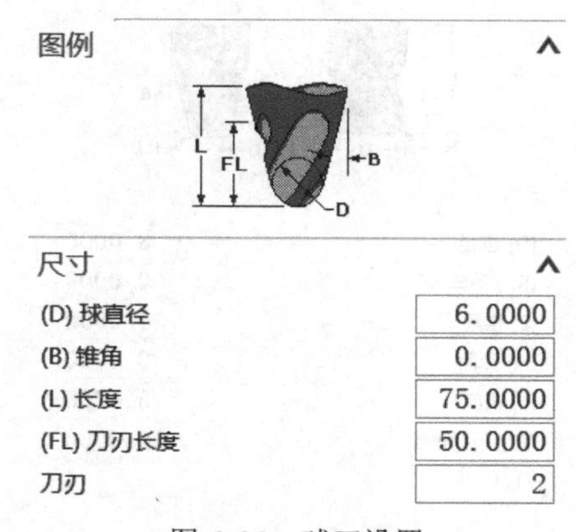

图 6-20　球刀设置

4）创建钻刀 Z6。具体操作步骤如下：

① 单击加工创建工具栏上的创建刀具按钮，弹出“创建刀具”对话框。在“类型”下拉列表中选择“drill”，“刀具子类型”选择 DRILLING_TOOL 图标，在“名称”文本框中输入 Z6，单击“创建刀具”对话框中的“确定”按钮，弹出“钻刀参数”对话框。

② 在“钻刀参数”对话框的“工具”选项卡的“尺寸”选项组中设定直径为 6.0000，刀具号为 4，其他参数接受默认设置，如图 6-21 所示。单击“确定”按钮，完成刀具创建。

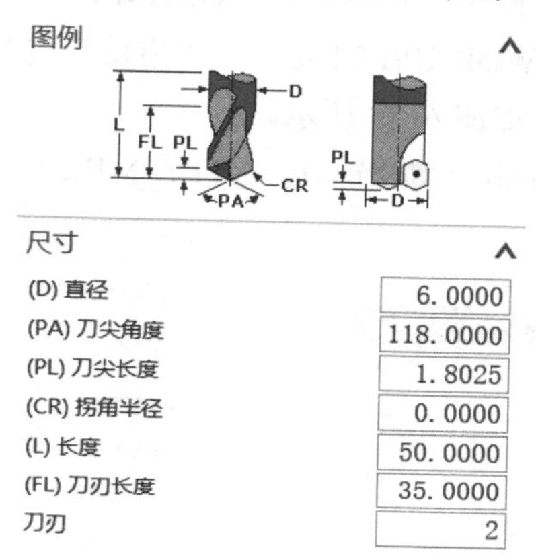

图 6-21　钻刀设置

（4）设置加工方法组　单击快速访问工具栏上的加工方法视图按钮，工序导航器切换到加工方法视图。

双击工序导航器中的 MILL_FINISH 图标，弹出“铣削精加工”对话框。在“部件余量”文本框中输入 0，“内公差”和“外公差”文本框中均输入 0.01，如图 6-22 所示。单击“确定”按钮，完成精加工方法设定。

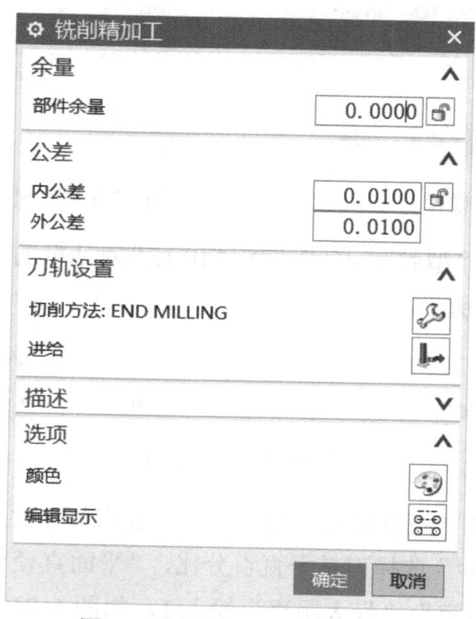

图 6-22　“铣削精加工”设置

6.5.3 五轴小叶轮型腔铣整体粗加工

单击快速访问工具栏上的程序顺序视图按钮，工序导航器切换到程序视图。

（1）创建型腔铣工序

1）单击插入工具栏上的创建工序按钮，弹出“创建工序”对话框。在“创建工序”对话框的“类型”下拉列表中选择“mill_contour”，“工序子类型”选择第 1 行第 1 个图标，“位置”选项组中的“程序”选择“PROGRAM-Z”、“刀具”选择“D8（铣刀 -5 参数）”、“几何体”选择“WORKPIECE-Z”、“方法”选择“MILL_SEMI_FINISH”，在“名称”文本框中输入 Z1，如图 6-23 所示。

2）单击“确定”按钮，弹出“型腔铣 -[CAVITY_MILL]”对话框，如图 6-24 所示。

图 6-23 工序设置

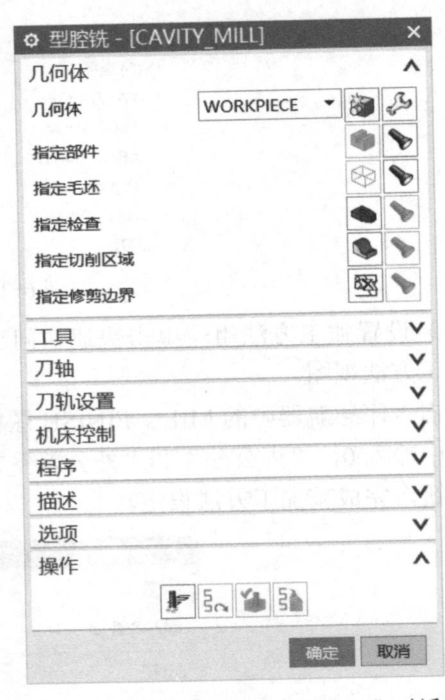

图 6-24 “型腔铣 -[CAVITY_MILL]”对话框

（2）设置刀轴方向　在“型腔铣 -[CAVITY_MILL]”对话框的“刀轴”选项组中选择“轴”为“+ZM 轴”，如图 6-25 所示。

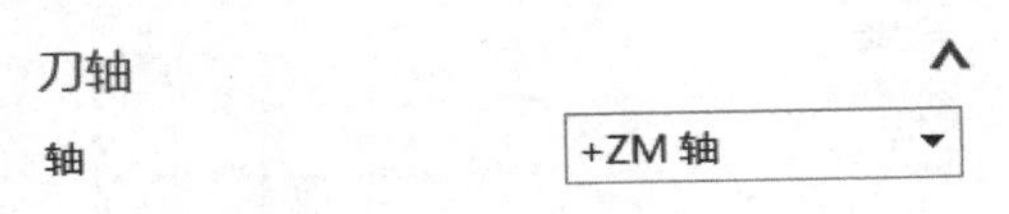

图 6-25 刀轴设置

（3）设置刀轨参数　在“刀轨设置”选项组中设置相关参数，在“切削模式”下拉列表中选择“跟随周边”，“步距”选择刀具平直百分比，“平面直径百分比”选择 65.0000，“公共每刀切削深度”选择“恒定”“最大距离”输入 1，如图 6-26 所示。

图 6-26　刀轨设置

（4）设置切削参数　单击“刀轨设置”选项组中的“切削参数”按钮，弹出“切削参数”对话框，设置切削加工参数。

1）单击“策略”选项卡，选择“切削方向”为“顺铣”，“切削顺序”为“深度优先”，“刀路方向”为“自动”，其他参数设置如图 6-27 所示。

2）单击“拐角”选项卡，选择“光顺”为“所有刀路”，选择“半径”为刀具的 50%，“步距限制”为 150.0000。其他参数设置如图 6-28 所示。

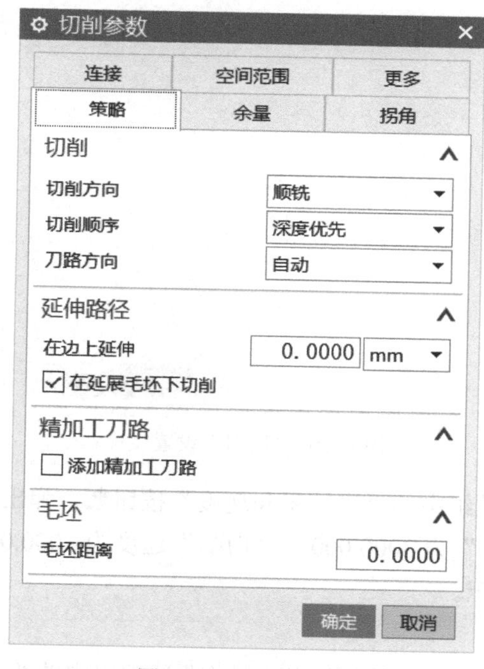

图 6-27　“策略”设置

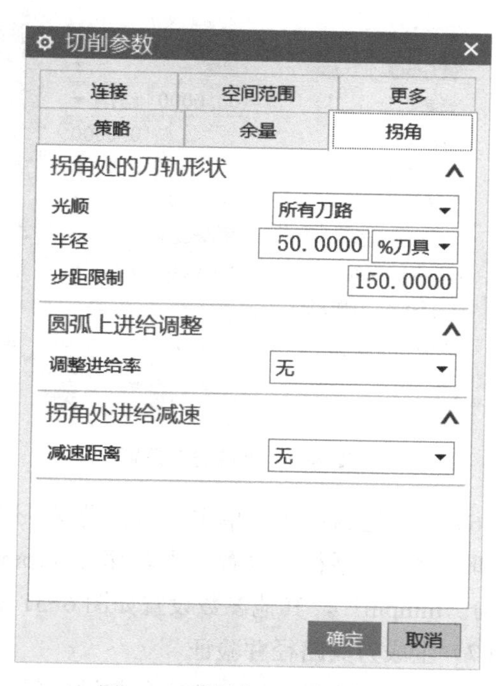

图 6-28　“拐角”设置

3）单击“确定”按钮，完成切削参数的设置，返回“型腔铣 -[CAVITY_MILL]”

对话框。

（5）设置非切削参数　单击“刀轨设置”选项组中的“非切削移动”按钮，弹出“非切削移动”对话框。

1）单击“进刀”选项卡，在“封闭区域”选项组中，“进刀类型”设为“螺旋”，其他参数设置如图 6-29 所示。

2）单击“退刀”选项卡，在“退刀”选项组的“退刀类型”下拉列表中选择“与进刀相同”，如图 6-30 所示。

3）单击“非切削移动”对话框中的“确定”按钮，完成非切削参数的设置。

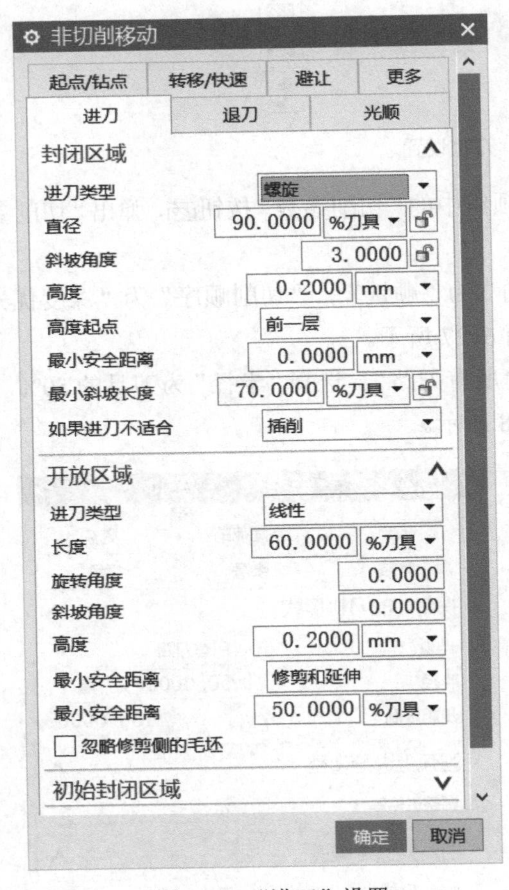

图 6-29 “进刀”设置

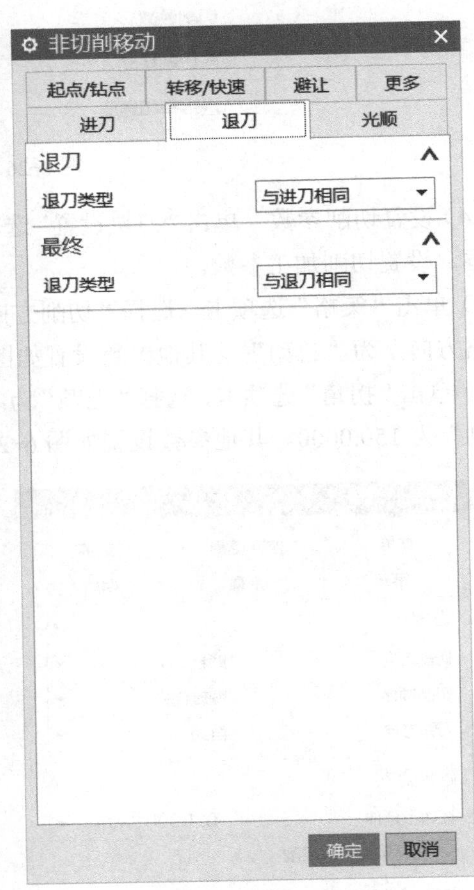

图 6-30 “退刀”设置

（6）设置进给参数　单击“刀轨设置”选项组中的“进给率和速度”按钮，弹出“进给率和速度”对话框。设置“主轴速度（rpm）”为 3000.000，“切削”速度为 1000.000、单位为“mmpm”，其他参数设置如图 6-31 所示。

（7）生成刀具路径并验证

1）在“操作”对话框中完成参数设置后，单击该对话框底部“操作”选项组中的“生成”按钮，可生成该操作的刀具路径，如图 6-32 所示。

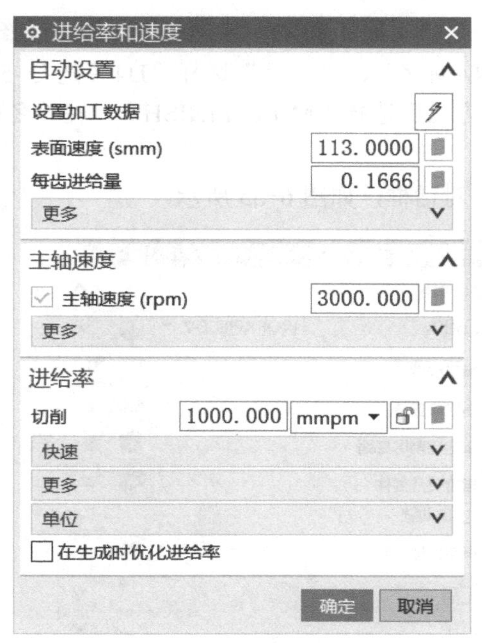

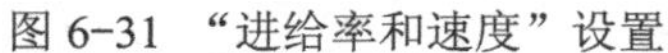
图 6-31　“进给率和速度”设置

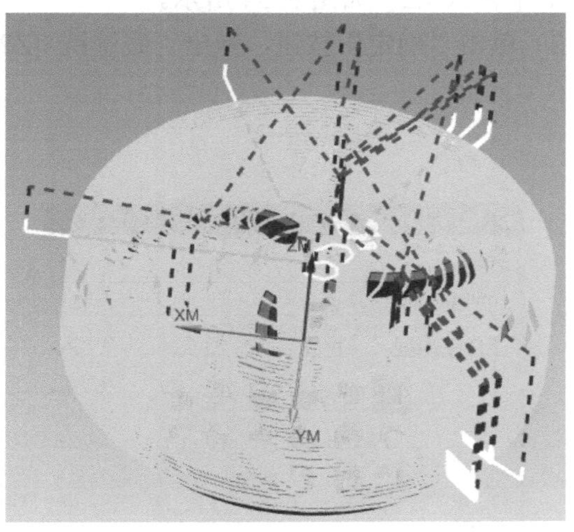

图 6-32　刀具路径

2）单击“操作”对话框底部“操作”选项组中的“确认”按钮，弹出“导轨可视化”对话框，然后选择“3D 动态”选项卡，单击“播放”按钮，可进行 3D 动态刀具切削过程模拟，如图 6-33 所示。

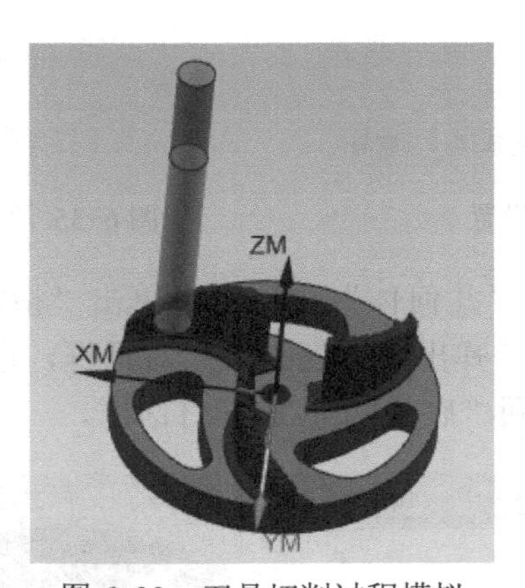

图 6-33　刀具切削过程模拟

3）单击“型腔铣 -[CAVITY_MILL]”对话框中的“确定”按钮，接受刀具路径，并关闭“型腔铣 -[CAVITY_MILL]”对话框。

6.5.4　五轴小叶轮底面精加工

单击快速访问工具栏上的程序顺序视图按钮，工序导航器切换到程序视图。

（1）创建底壁铣工序

1）单击插入工具栏上的创建工序按钮，弹出“创建工序”对话框。在“创建工序”

对话框的“类型”下拉列表中选择“mill_planar”，“工序子类型”选择第 1 行第 1 个图标，“位置”选项组中的“程序”选择“PROGRAM-Z”、“刀具”选择“D4（铣刀 -5 参数）”、“几何体”选择“WORKPIECE-Z”、“方法”选择“MILL_FINISH”，在“名称”文本框中输入 Z2，如图 6-34 所示。

2）单击“确定”按钮，弹出“底壁铣 -[Z2]”对话框，如图 6-35 所示。

图 6-34　工序设置

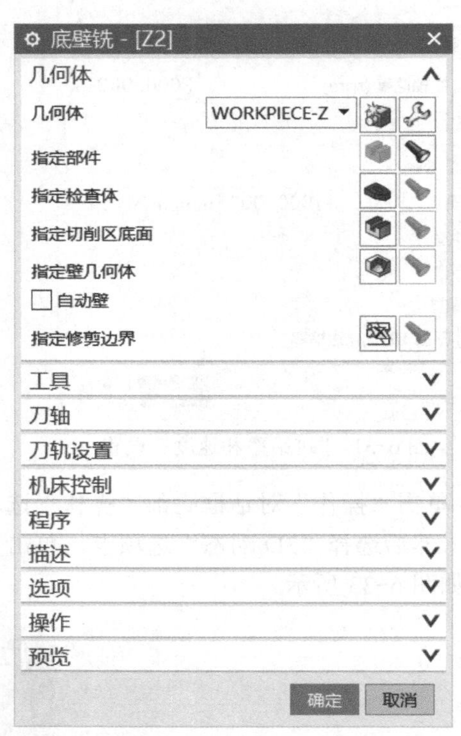

图 6-35　“底壁铣 -[Z2]”设置

（2）选择铣削区底面　在“几何体”选项组中单击“指定切削区底面”选项后的选择或编辑切削区域几何体按钮，弹出“切削区域”对话框，选择图 6-36 所示区域作为切削区域。单击“确定”按钮，返回“底壁铣 -[Z2]”对话框。

图 6-36　“切削区域”设置

（3）设置刀轴方向 在“底壁铣-[Z2]”对话框的“刀轴”选项组中选择“轴”为“垂直于第一个面”，如图6-37所示。

图6-37 刀轴设置

（4）设置刀轨参数 在“刀轨设置”选项组中设置相关参数，在“切削区域空间范围”下拉列表中选择“底面”，“最大距离”选择刀具的30%，“底面毛坯厚度”输入0.2，“每刀切削深度”输入0，如图6-38所示。

图6-38 刀轨设置

（5）设置切削参数 单击“刀轨设置”选项组中的“切削参数”按钮，弹出“切削参数”对话框，设置切削加工参数。

1）单击“策略”选项卡，选择“切削方向”为“顺铣”，“刀路方向”为“向内”，其他参数设置如图6-39所示。

2）单击“拐角”选项卡，选择“光顺”为“None”，其他参数设置如图6-40所示。

3）单击“确定”按钮，完成切削参数的设置，返回“底壁铣-[Z2]”对话框。

（6）设置非切削参数 单击“刀轨设置”选项组中的“非切削移动”按钮，弹出“非切削移动”对话框。

1）单击“进刀”选项卡，在“封闭区域”选项组中，“进刀类型”设为“沿形状斜进刀”，其他参数设置如图6-41所示。

2）单击“退刀”选项卡，在“退刀”选项组的“退刀类型”下拉列表中选择“与进刀相同”，如图6-42所示。

3）单击“非切削移动”对话框中的“确定”按钮，完成非切削参数的设置。

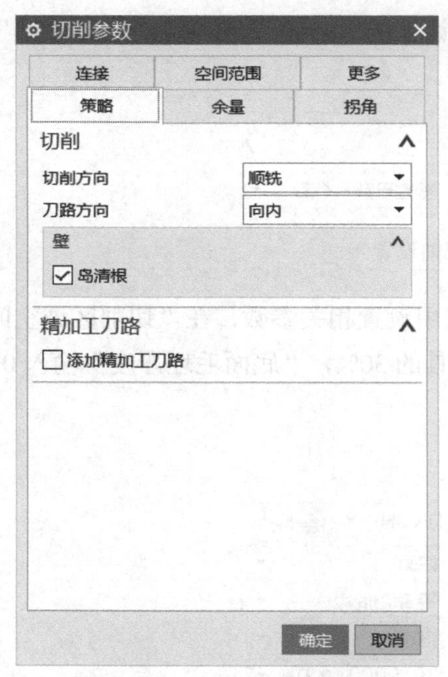

图 6-39 “策略”设置

图 6-40 “拐角”设置

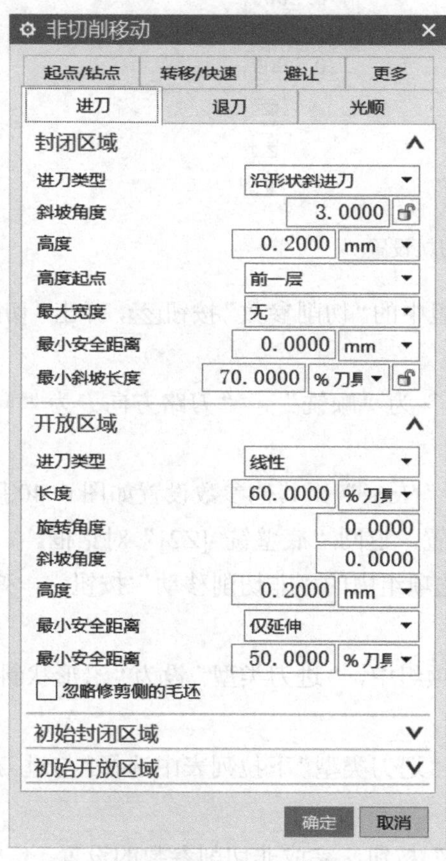

图 6-41 “进刀”设置

图 6-42 “退刀”设置

（7）设置进给参数　单击“刀轨设置”选项组中的“进给率和速度”按钮，弹出“进给率和速度”对话框。设置“主轴速度（rpm）”为 3000.000，“切削”速度为 2500.000、单位为“mmpm”，其他参数设置如图 6-43 所示。

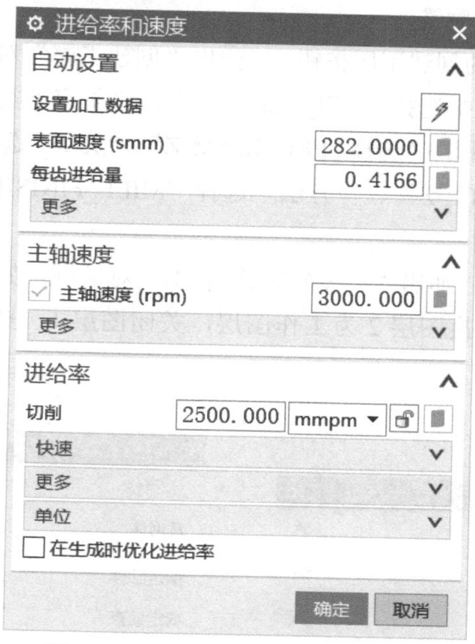

图 6-43　“进给率和速度”参数设置

（8）生成刀具路径并验证

1）在“操作”对话框中完成参数设置后，单击该对话框底部“操作”选项组中的“生成”按钮，可生成该操作的刀具路径，如图 6-44 所示。

2）单击“操作”对话框底部“操作”选项组中的“确认”按钮，弹出“导轨可视化”对话框，然后选择“3D 动态”选项卡，单击“播放”按钮，可进行 3D 动态刀具切削过程模拟，如图 6-45 所示。

3）单击“底壁铣 -[Z2]”对话框中的“确定”按钮，接受刀具路径，并关闭“底壁铣 -[Z2]”对话框。

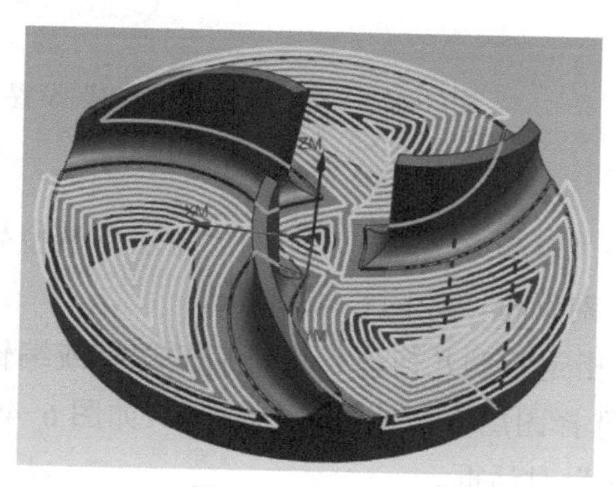

图 6-44　刀具路径

图 6-45　刀具切削过程模拟

6.5.5 可变轴曲面轮廓铣叶片精加工

单击快速访问工具栏上的程序顺序视图按钮，工序导航器切换到程序视图。

（1）设置可变轴曲面轮廓铣

1）单击插入工具栏上的创建工序按钮，弹出“创建工序”对话框。在“创建工序”对话框中的“类型”下拉列表中选择“mill_multi-axis”，“工序子类型”选择第1行第1个图标，“位置”选项组中的“程序”选择“PROGRAM-Z”、“刀具”选择“B6（铣刀-球头铣）”、“几何体”选择“MCS_MILL-Z”、“方法”选择“MILL_FINISH”，在名称文本框中输入Z3，如图6-46所示。

2）单击“确定”按钮，弹出“可变轮廓铣-[Z3]”对话框，如图6-47所示。

3）进入图层设置，切换图层2为工作图层，关闭图层1，打开图层3，选择图层3所示区域作为部件。

图6-46 工序设置

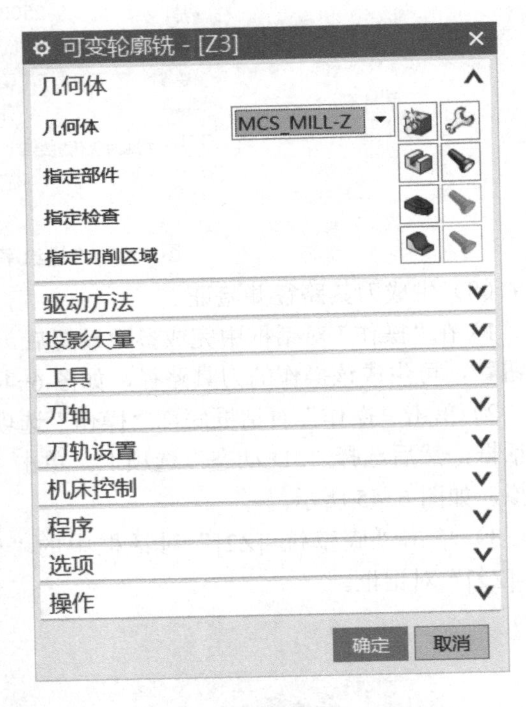

图6-47 “可变轮廓铣-[Z3]”设置

（2）选择驱动方法

1）在“可变轮廓铣-[Z3]”对话框中，在“驱动方法”选项组的“方法”下拉列表中选择“曲面”，系统弹出“曲面区域驱动方法”对话框，如图6-48所示。

2）在“驱动几何体”选项组中，单击“指定驱动几何体”选项后的选择或编辑驱动几何体按钮，弹出“驱动几何体”对话框，选择图层3所示区域的曲面，如图6-49所示。单击“确定”按钮，返回“曲面区域驱动方法”对话框。

图 6-48　“曲面区域驱动方法”对话框

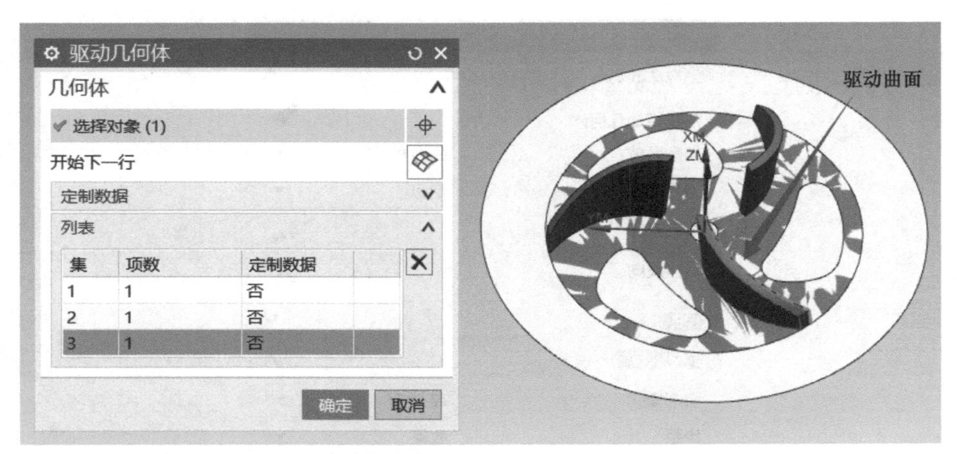

图 6-49　几何体选择

3）在“驱动几何体”选项组中单击切削方向按钮，确认切削方向，如图 6-50 所示。

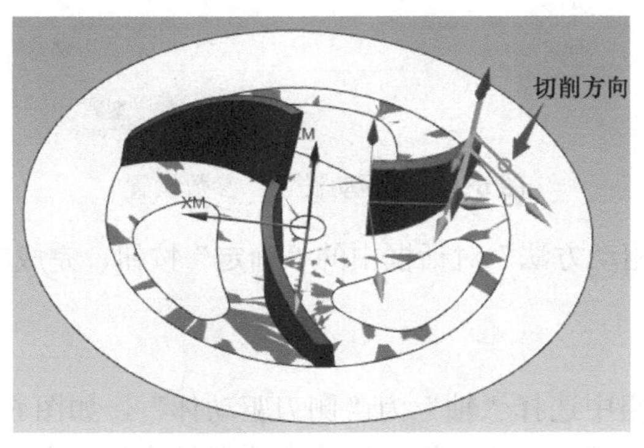

图 6-50　确认切削方向

4）在“驱动几何体”选项组中单击材料反向按钮，确认材料侧方向，如图 6-51 所示。

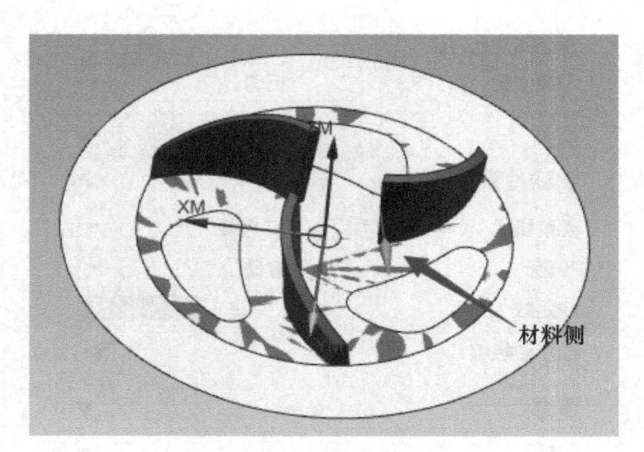

图 6-51　确认材料侧方向

5）在“驱动设置”选项组中选择“切削模式”为“往复”，“步距”为“数量”，并输入“步距数”为 0，如图 6-52 所示。

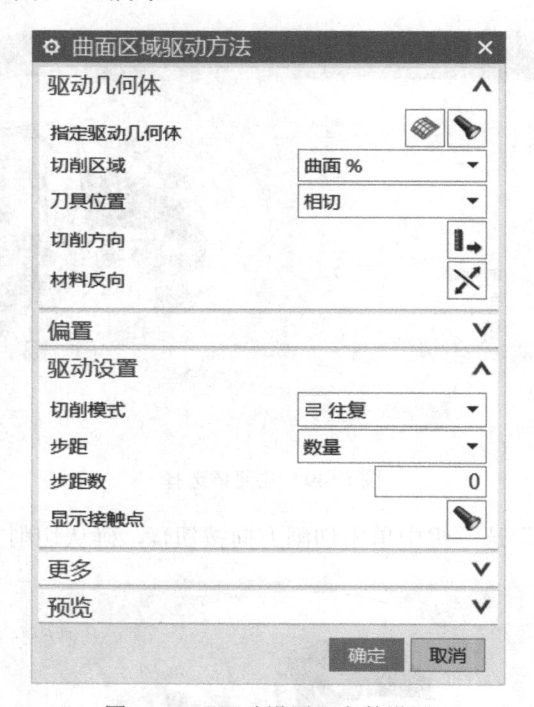

图 6-52　“驱动设置”参数设置

6）单击“曲面区域驱动方法”对话框中的“确定”按钮，完成驱动方法设置，返回“可变轮廓铣 -[Z3]”对话框。

（3）选择刀轴方向

1）在“刀轴”选项组中选择“轴”为“侧刃驱动体”，如图 6-53 所示。

2）在弹出的“选择侧刃驱动方向”对话框中选择箭头指定方向，如图 6-54 所示。

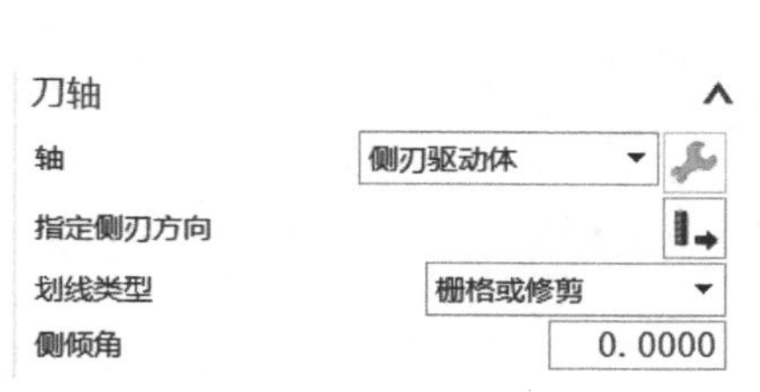

图 6-53 “刀轴”设置

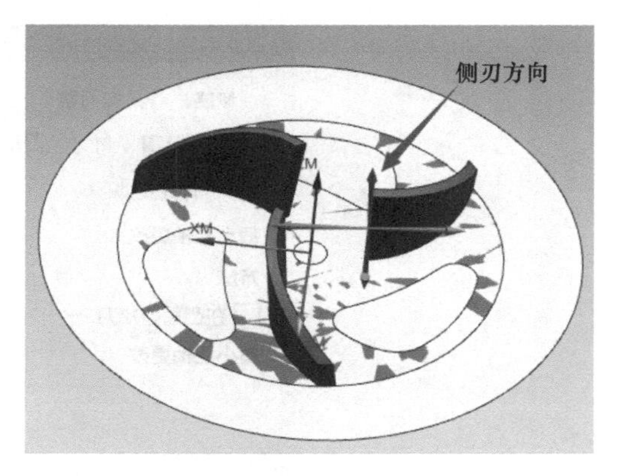

图 6-54 侧刃驱动方向选择

（4）选择投影矢量方向 在“投影矢量”选项组中选择“矢量”为“刀轴”，如图 6-55 所示。

图 6-55 “投影矢量”设置

（5）设置切削参数 单击“刀轨设置”选项组中的“切削参数”按钮，弹出“切削参数”对话框，设置切削加工参数。

1）在“多刀路”选项卡中，勾选“多重深度切削”复选框，输入“刀路数”为 10，如图 6-56 所示。

2）在“更多”选项卡中，“切削步长”设为刀具百分比，并在“最大步长”文本框中输入 30，如图 6-57 所示。

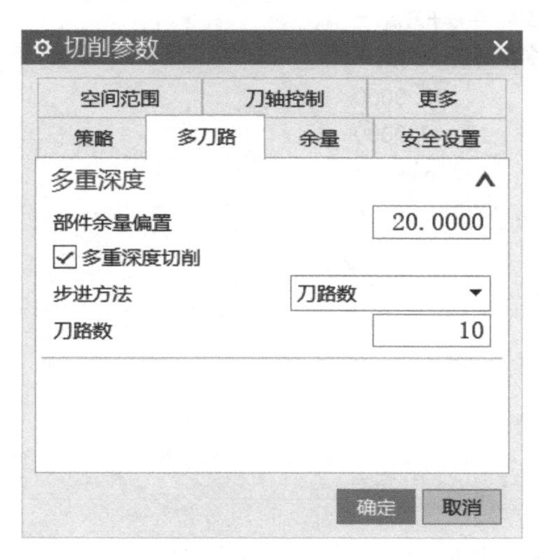

图 6-56 “多刀路”设置

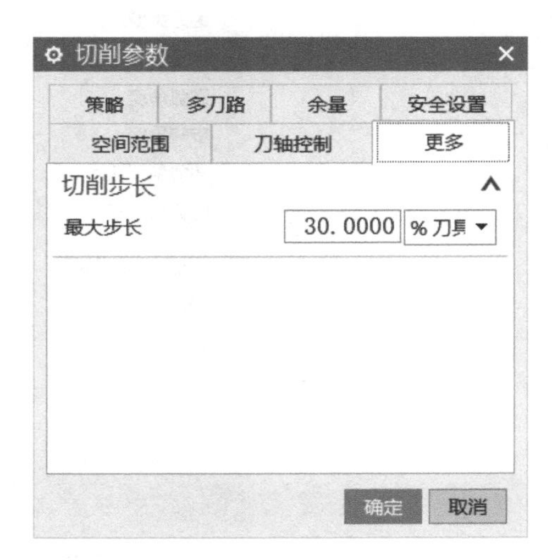

图 6-57 “更多”设置

3）在“刀轴控制”选项卡中，在“最大刀轴更改”文本框中输入 180，其他参数设置如图 6-58 所示。

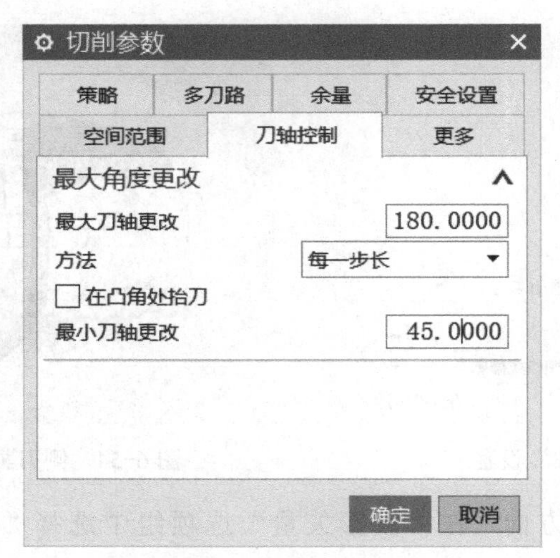

图 6-58 “刀轴控制”设置

4）单击“确定”按钮，完成切削参数的设置，返回“可变轮廓铣 -[Z3]”对话框。

（6）设置非切削参数　单击“刀轨设置”选项组中的“非切削移动”按钮，弹出“非切削移动”对话框。

1）单击“进刀”选项卡，在“开放区域”选项组中，“进刀类型”设为“圆弧 - 平行于刀轴”，其他参数设置如图 6-59 所示。

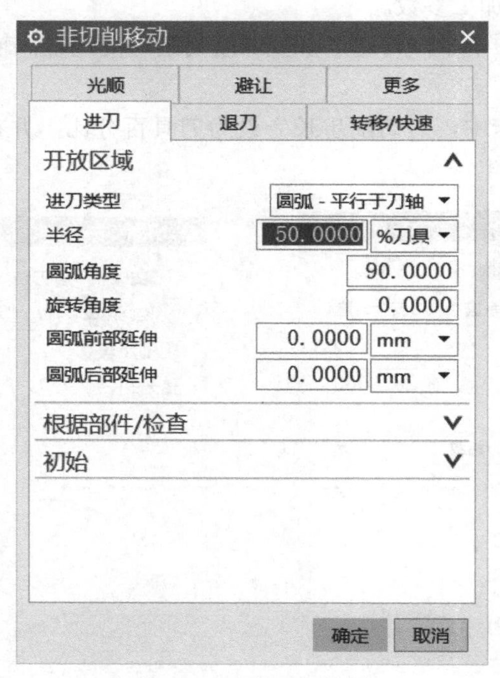

图 6-59 “进刀”设置

2）单击“退刀”选项卡，在“开放区域”选项组的“退刀类型”下拉列表中选择“与进刀相同”，如图 6-60 所示。

3）单击“非切削移动”对话框中的“确定”按钮，完成非切削参数的设置。

（7）设置进给参数　单击“刀轨设置”选项组中的“进给率和速度”按钮，弹出“进给率和速度”对话框。设置“主轴速度（rpm）”为 3000.000，“切削”速度为 1000.000、单位为“mmpm”，其他参数设置如图 6-61 所示。

图 6-60　“退刀”设置

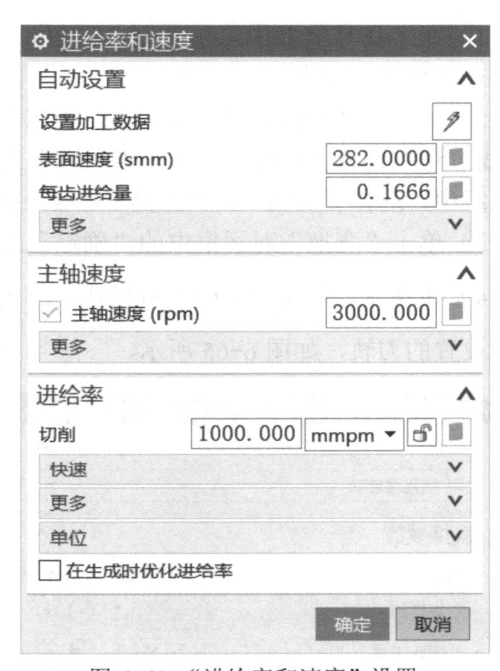

图 6-61　“进给率和速度”设置

（8）生成刀具路径并验证

1）在“操作”对话框中完成参数设置后，单击该对话框底部“操作”选项组中的“生成”按钮，可生成该操作的刀具路径，如图 6-62 所示。

2）单击“操作”对话框底部“操作”选项组中的“确认”按钮，弹出“导轨可视化”对话框，然后选择“3D 动态”选项卡，单击“播放”按钮，可进行 3D 动态刀具切削过程模拟，如图 6-63 所示。

图 6-62　刀具路径

图 6-63　刀具切削过程模拟

3）单击“可变轮廓铣 -[Z3]”对话框中的“确定”按钮，接受刀具路径，并关闭“可变轮廓铣 -[Z3]”对话框。

6.5.6 刀轨旋转复制变换 1

1）在工具导航器中选中 Z3 加工操作，单击鼠标右键，在弹出的快捷菜单中选择“对象”→“变换”命令。

2）在弹出的“变换”对话框中，“类型”选择“绕直线旋转”；在“变换参数”选项组中，“直线方法”设为“点和矢量”，点的坐标为（0，0，0），“指定矢量”为 ZC；在“结果”选项组中，选择“实例”，“距离 / 角度分割”设为 3，“实例数”设为 2，如图 6-64 所示。

3）单击“变换”对话框中的“确定”按钮，完成刀轨变换操作。

4）在操作导航器中选中所有操作，单击操作工具栏上的“确认刀轨”按钮 确认刀轨，可验证所设置的刀轨，如图 6-65 所示。

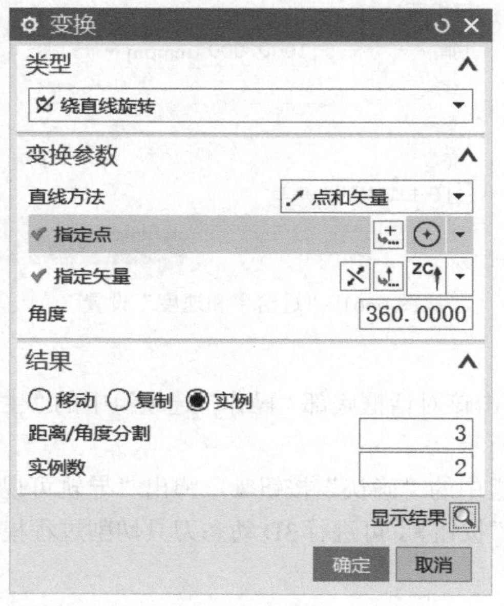

图 6-64 “变换”设置

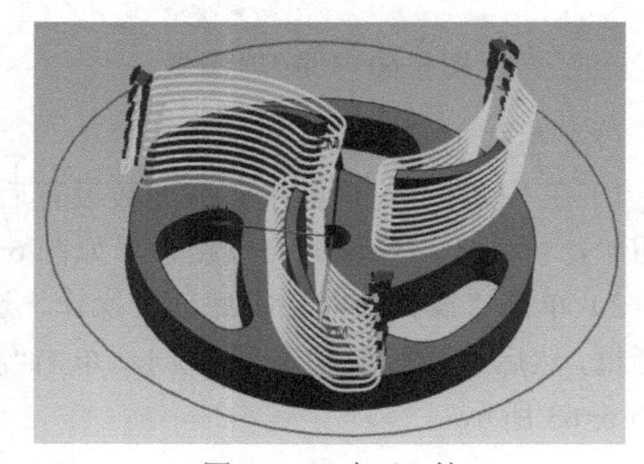

图 6-65 验证刀轨

6.5.7 可变轴曲面轮廓铣叶顶精加工

单击快速访问工具栏上的程序顺序视图按钮，工序导航器切换到程序视图。

（1）设置可变轴曲面轮廓铣

1）单击插入工具栏上的创建工序按钮，弹出“创建工序”对话框。在“创建工序”对话框的“类型”下拉列表中选择“mill_multi-axis”，“工序子类型”选择第 1 行第 1 个图标，“位置”选项组中的“程序”选择“PROGRAM-Z”、“刀具”选择“B6（铣刀 - 球头铣）”、“几何体”选择“MCS_MILL-Z”、“方法”选择“MILL_FINISH”，在“名称”文本框中输入 Z6，如图 6-66 所示。

2）单击“确定”按钮，弹出“可变轮廓铣 -[Z3]”对话框，如图 6-67 所示。

3）进入图层设置，切换图层 2 为工作图层，关闭图层 1，选择图层 2 所示区域作为部件。

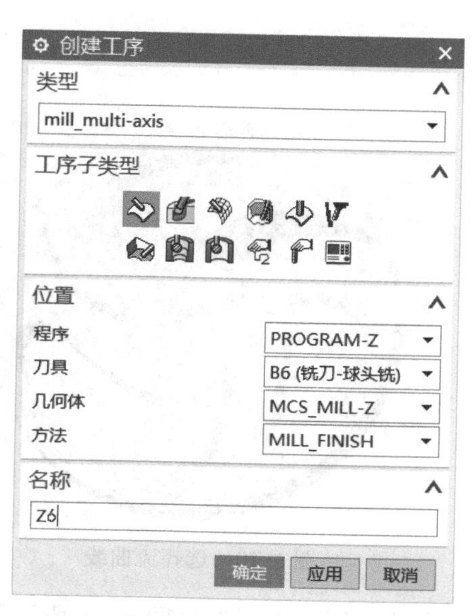

图 6-66　工序设置

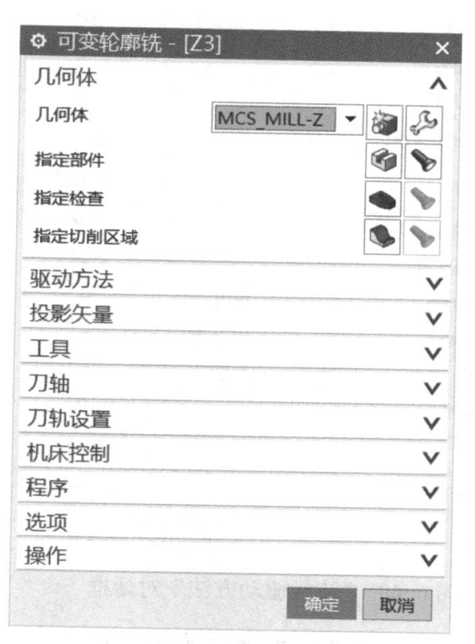

图 6-67　“可变轮廓铣 -[Z3]”对话框

4）在“几何体”选项组中单击选择或编辑切削区域几何体按钮，弹出“切削区域”对话框，选择图 6-68 所示区域作为切削区域。单击“确定”按钮，返回“可变轮廓铣 -[Z3]”对话框。

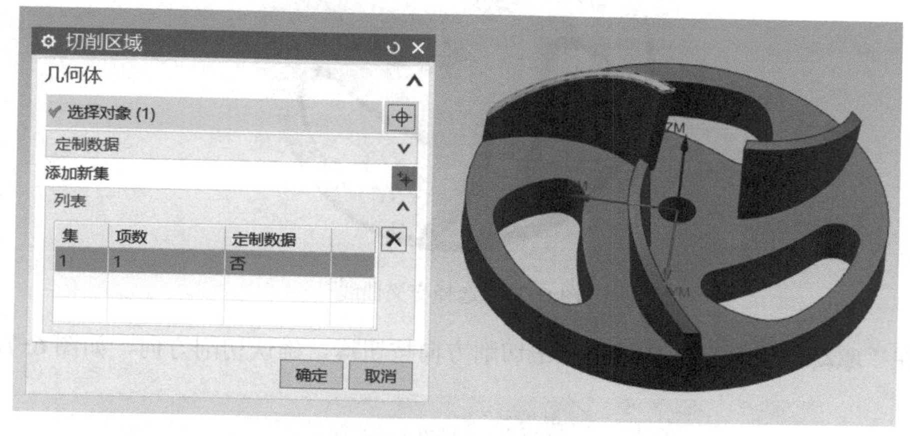

图 6-68　“切削区域”设置

（2）选择驱动方法

1）在“可变轮廓铣 -[Z3]”对话框中，在“驱动方法”选项组的“方法”下拉列表中选取“流线”，系统弹出“流线驱动方法”对话框，如图 6-69 所示。

2）在“流曲线”选项组中，单击选择流曲线按钮，然后选择图 6-70 所示曲线。

流线驱动方法
驱动曲线
选择方法 自动
流曲线
交叉曲线
切削方向
指定切削方向
材料侧
修剪和延伸
驱动设置
刀具位置 相切
切削模式 往复
步距 数量
步距数 10
更多
预览
确定 取消

图 6-69 “流线驱动方法”对话框

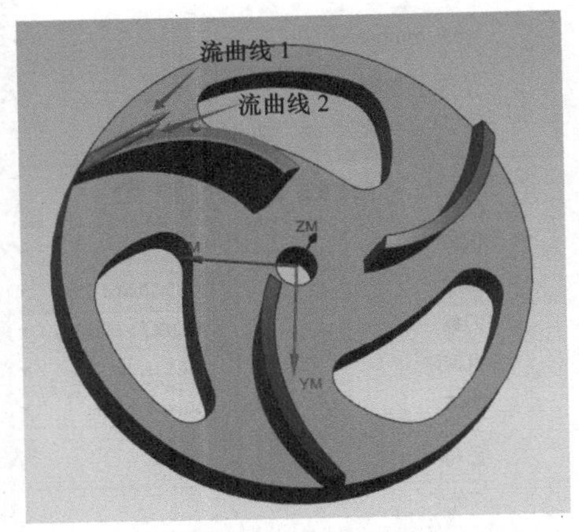

图 6-70 选择流曲线

3）在“交叉曲线”选项组中，单击选择交叉曲线按钮，然后选择图 6-71 所示曲线。

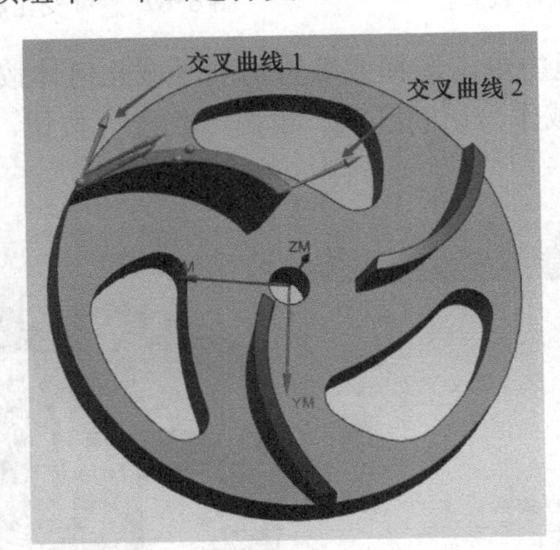

图 6-71 选择交叉曲线

4）在“驱动几何体”选项组中单击切削方向按钮，确认切削方向，如图 6-72 所示。

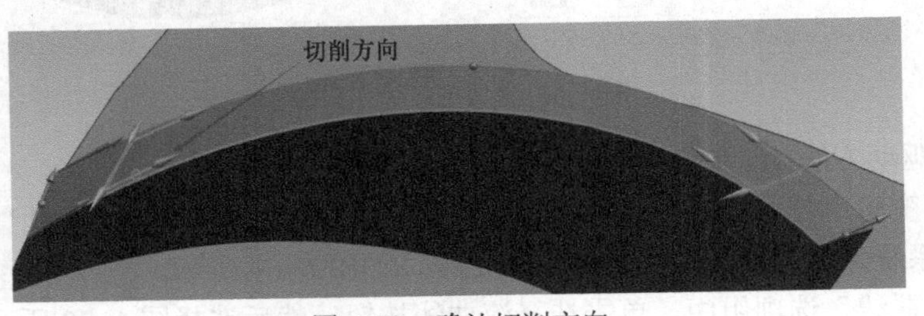

图 6-72 确认切削方向

5）在“驱动几何体”选项组中单击材料反向按钮✕，确认材料侧方向，如图 6–73 所示。

图 6–73　确认材料侧方向

6）在“驱动设置”选项组中选择“切削模式”为“往复”，“步距”为“数量”，并输入“步距数”为 10，如图 6–74 所示。

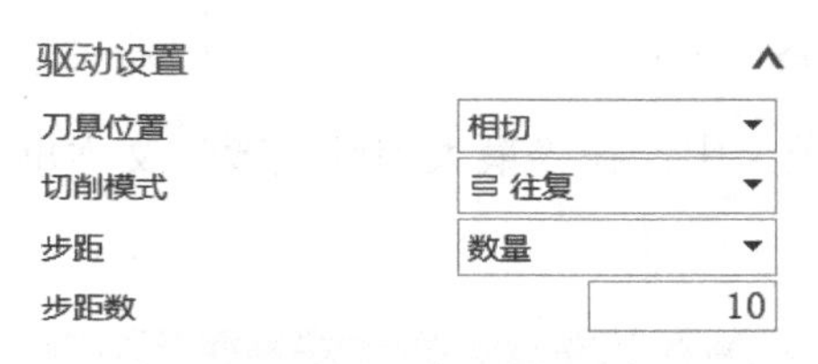

图 6–74　“驱动设置”参数设置

7）单击“流线驱动方法”对话框中的“确定”按钮，完成驱动方法设置，返回“可变轮廓铣 -[Z3]”对话框。

（3）选择刀轴方向　在“刀轴”选项组中选择“轴”为“垂直于驱动体”，如图 6–75 所示。

图 6–75　“刀轴”设置

（4）选择投影矢量方向　在“投影矢量”选项组中选择“矢量”下拉列表为“刀轴”，如图 6–76 所示。

图 6–76　“投影矢量”设置

（5）设置切削参数　单击“刀轨设置”选项组中的“切削参数”按钮，弹出“切削参数”对话框，设置切削加工参数。

1）在“多刀路”选项卡中，不勾选“多重深度切削”复选框，其他参数设置如图 6–77 所示。

2）在“更多”选项卡中，“切削步长”设为刀具百分比，并在“最大步长”文本框中输入 30，如图 6-78 所示。

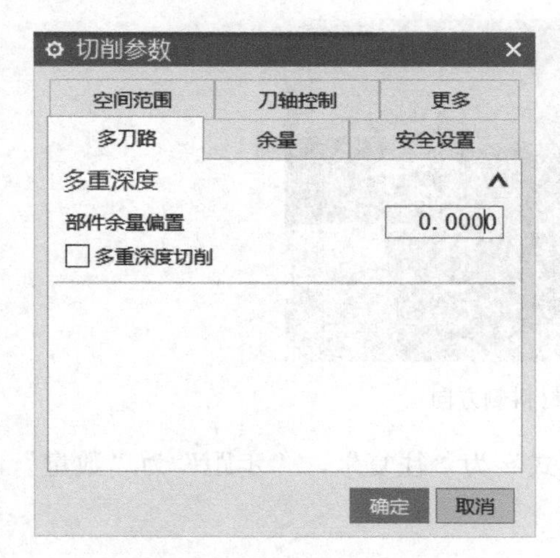

图 6-77 “多刀路”设置

图 6-78 “更多”设置

3）在“刀轴控制”选项卡中，在“最大刀轴更改”文本框中输入 180，其他参数设置如图 6-79 所示。

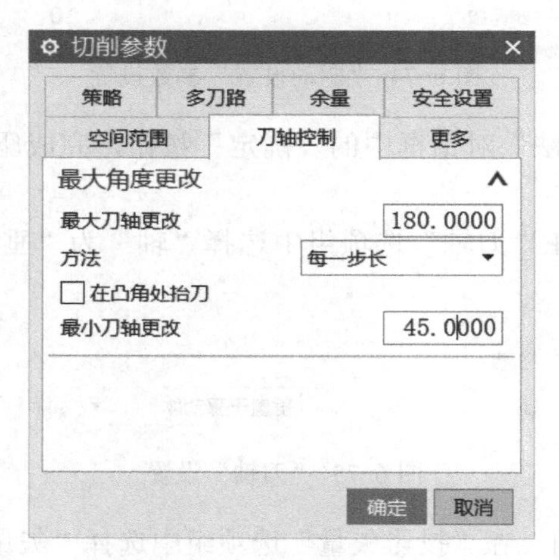

图 6-79 “刀轴控制”设置

4）单击“确定”按钮，完成切削参数的设置，返回“可变轮廓铣 -[Z3]”对话框。

（6）设置非切削参数　单击“刀轨设置”选项组中的“非切削移动”按钮，弹出“非切削移动”对话框。

1）单击“进刀”选项卡，在“开放区域”选项组中，“进刀类型”设为“圆弧 - 平行于刀轴”，其他参数设置如图 6-80 所示。

2）单击“退刀”选项卡，在“开放区域”选项组的“退刀类型”下拉列表中选择“与进刀相同”，如图 6-81 所示。

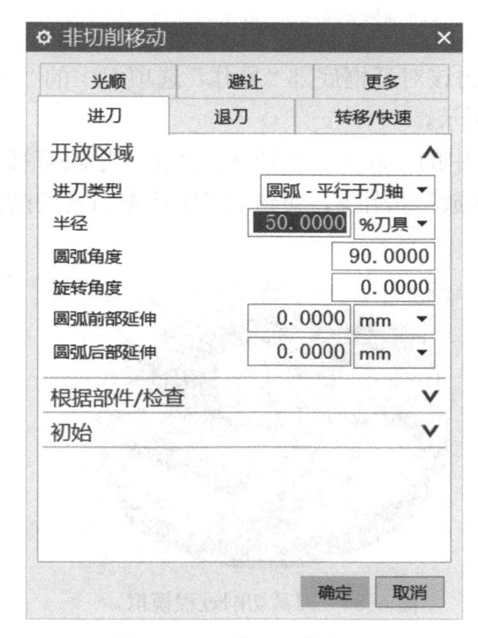

图 6-80 “进刀”设置

图 6-81 “退刀”设置

3）单击“非切削移动”对话框中的“确定”按钮，完成非切削参数的设置。

（7）设置进给参数　单击“刀轨设置”选项组中的“进给率和速度”按钮，弹出“进给率和速度”对话框。设置“主轴速度（rpm）”为 3000.000，“切削”速度为 1000.000、单位为“mmpm”，其他参数设置如图 6-82 所示。

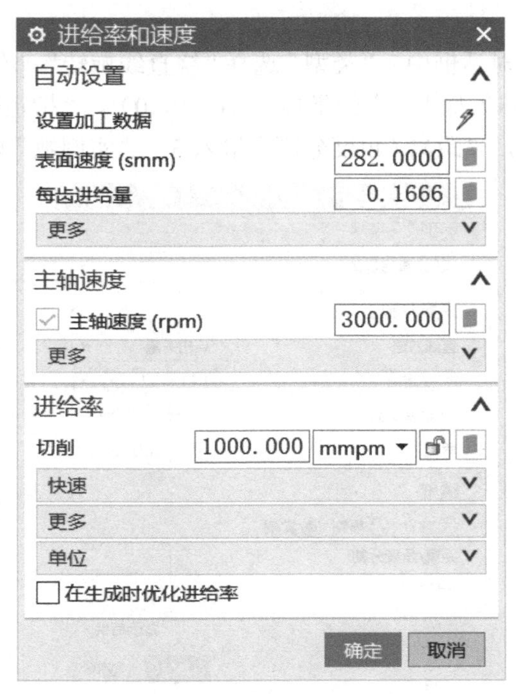

图 6-82 “进给率和速度”设置

（8）生成刀具路径并验证

1）在“操作”对话框中完成参数设置后，单击该对话框底部“操作”选项组中的“生成”按钮，可生成该操作的刀具路径，如图 6-83 所示。

2）单击“操作”对话框底部“操作”选项组中的“确认”按钮，弹出“导轨可视化”对话框，然后选择“3D 动态”选项卡，单击“播放”按钮，可进行 3D 动态刀具切削过程模拟，如图 6-84 所示。

图 6-83　刀具路径

图 6-84　刀具切削过程模拟

3）单击“可变轮廓铣 -[Z3]”对话框中的“确定”按钮，接受刀具路径，并关闭“可变轮廓铣 -[Z3]”对话框。

6.5.8　刀轨旋转复制变换 2

1）在工具导航器中选中 Z6 加工操作，单击鼠标右键，在弹出的快捷菜单中选择“对象”→“变换”命令。

2）在弹出的“变换”对话框中，“类型”选择“绕直线旋转”；在“变换参数”选项组中，选择“直线方法”为“点和矢量”，点的坐标为（0，0，0），“指定矢量”为 ZC；在“结果”选项组中，选择“实例”，“距离 / 角度分割”输入 3，“实例数”输入 2，如图 6-85 所示。

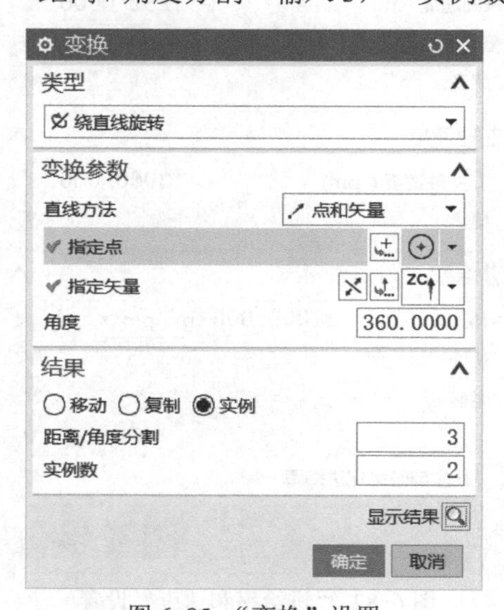

图 6-85　“变换”设置

3）单击“变换”对话框中的“确定”按钮，完成刀轨变换操作。

4）在操作导航器中选中所有操作，单击“操作”工具栏上的“确认刀轨”按钮，可验证所设置的刀轨，如图 6-86 所示。

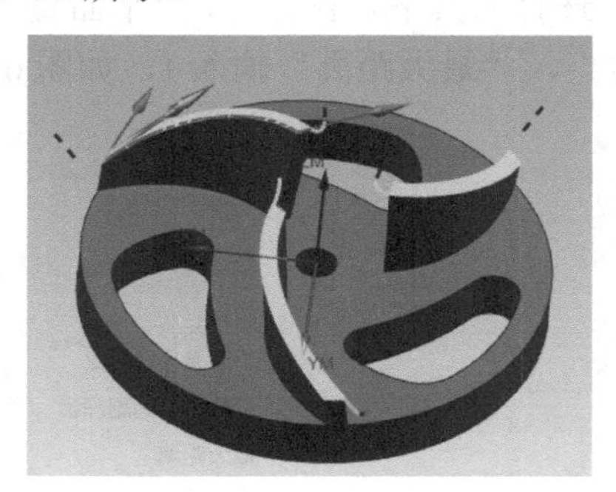

图 6-86　刀轨验证

6.5.9　五轴小叶轮反面型腔铣整体粗加工

单击快速访问工具栏上的程序顺序视图按钮，工序导航器切换到程序视图。

（1）创建型腔铣工序

1）单击插入工具栏上的创建工序按钮，弹出“创建工序”对话框。在“创建工序”对话框的“类型”下拉列表中选择“mill_contour”，“工序子类型”选择第 1 行第 1 个图标，“位置”选项组中的“程序”选择“PROGRAM-F”、“刀具”选择“D8（铣刀 -5 参数）”、“几何体”选择“WORKPIECE-F”、“方法”选择“MILL_SEMI_FINISH”，在“名称”文本框中输入 F1，如图 6-87 所示。

2）单击“确定”按钮，弹出“型腔铣 -[CAVITY_MILL]”对话框，如图 6-88 所示。

图 6-87　工序设置

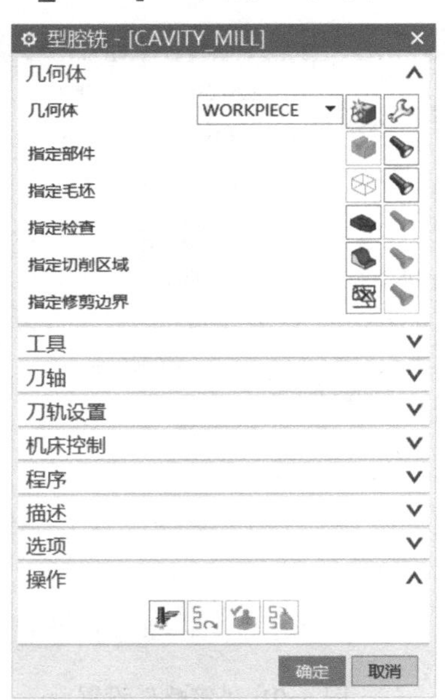

图 6-88　“型腔铣 -[CAVITY_MILL]”对话框

（2）设置刀轴方向　在“型腔铣 -[CAVITY_MILL]”对话框的“刀轴”选项组中选择“轴”为“+ZM 轴”，如图 6-89 所示。

（3）设置刀轨参数　在“刀轨设置”选项组中设置相关参数，在“切削模式”下拉列表中选择“跟随周边”，“步距”选择刀具平直百分比，“平面直径百分比”选择 65.0000，“公共每刀切削深度”选择“恒定”，“最大距离”输入 1，如图 6-90 所示。

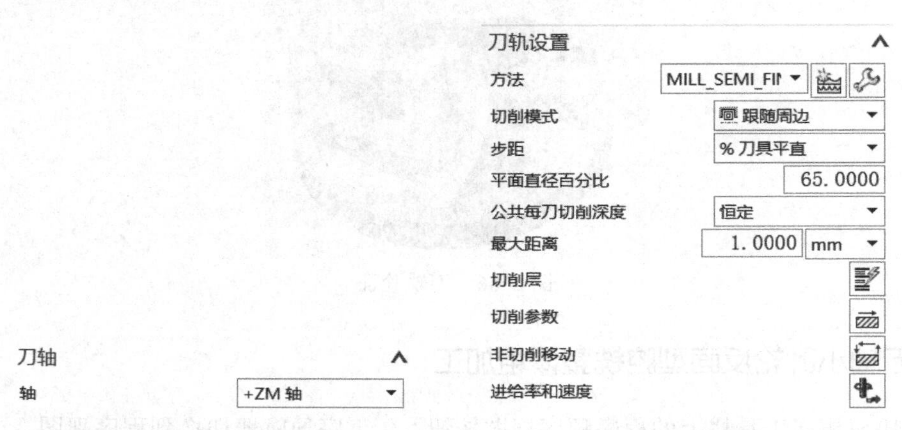

图 6-89　刀轴设置　　图 6-90　刀轨设置

（4）设置切削参数　单击“刀轨设置”选项组中的“切削参数”按钮，弹出“切削参数”对话框，设置切削加工参数。

1）单击“策略”选项卡，选择“切削方向”为“顺铣”，“切削顺序”为“深度优先”，“刀路方向”为“自动”，其他参数设置如图 6-91 所示。

2）单击“拐角”选项卡，选择“光顺”为“所有刀路”，选择“半径”为刀具的 50%，“步距限制”输入 150，其他参数设置如图 6-92 所示。

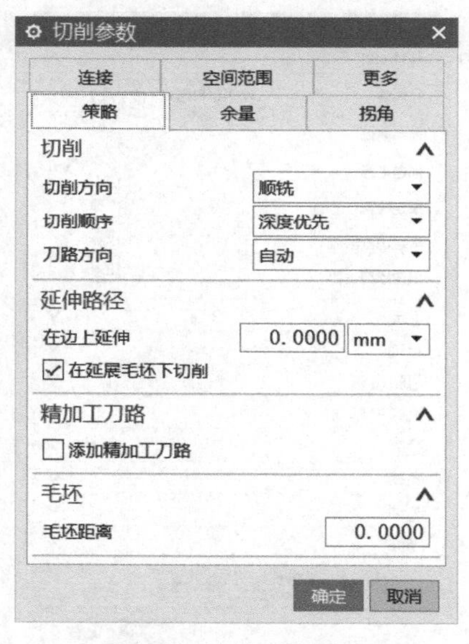

图 6-91　“策略”设置

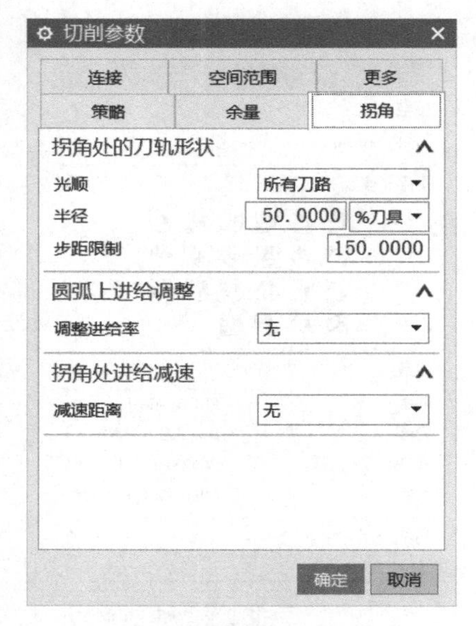

图 6-92　“拐角”设置

3）单击“确定”按钮，完成切削参数的设置，返回“型腔铣 -[CAVITY_MILL]”对话框。

（5）设置非切削参数

单击“刀轨设置”选项组中的“非切削移动”按钮，弹出“非切削移动”对话框。

1）单击“进刀”选项卡，在“封闭区域”选项组中，“进刀类型”设为“螺旋”，其他参数设置如图 6-93 所示。

2）单击“退刀”选项卡，在“退刀”选项组的“退刀类型”下拉列表中选择“与进刀相同”，如图 6-94 所示。

3）单击“非切削移动”对话框中的“确定”按钮，完成非切削参数的设置。

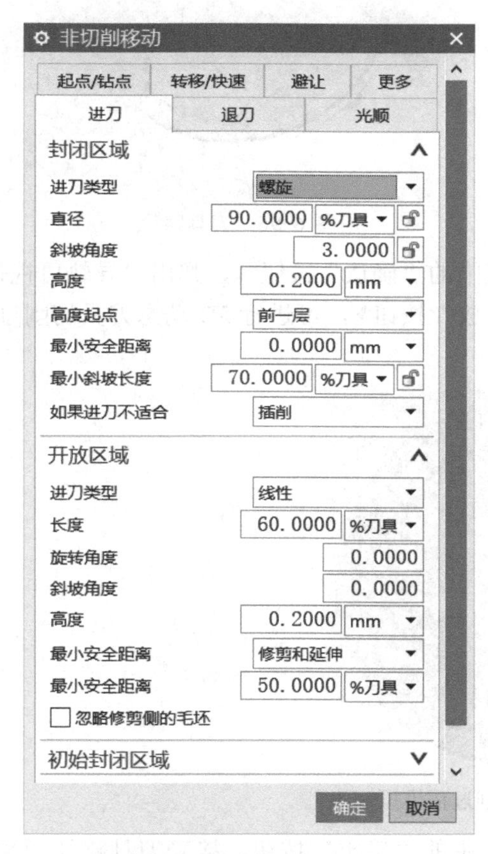

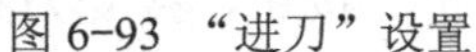
图 6-93 “进刀”设置

图 6-94 “退刀”设置

（6）设置进给参数　单击“刀轨设置”选项组中的“进给率和速度”按钮，弹出“进给率和速度”对话框。设置“主轴速度（rpm）”为 3000.000，“切削”速度为 1000.000、单位为“mmpm”，其他参数设置如图 6-95 所示。

（7）生成刀具路径并验证

1）在“操作”对话框中完成参数设置后，单击该对话框底部“操作”选项组中的“生成”按钮，可生成该操作的刀具路径，如图 6-96 所示。

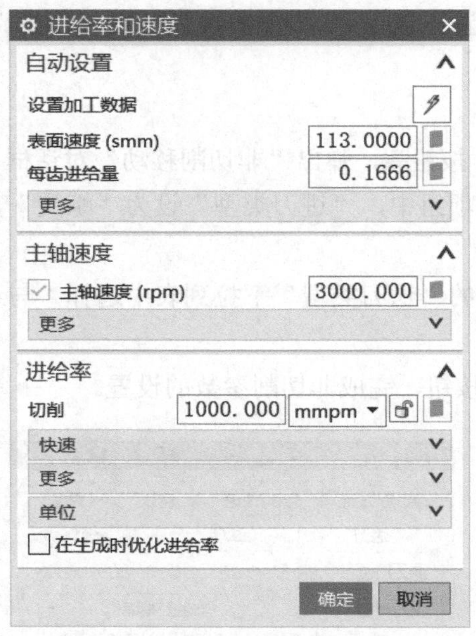

图 6-95 “进给率和速度”设置

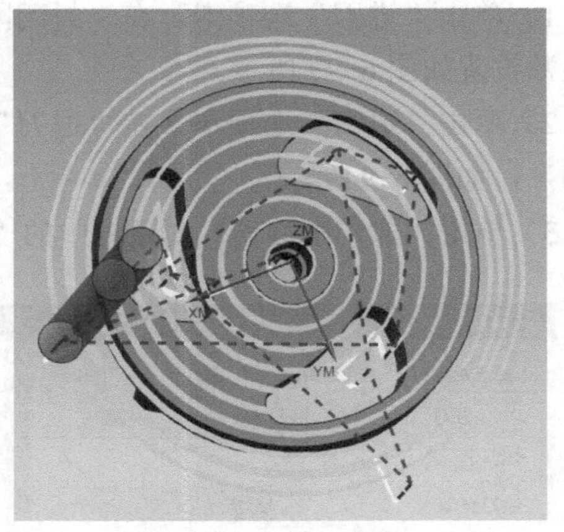

图 6-96 刀具路径

2）单击“操作”对话框底部“操作”选项组中的“确认”按钮，弹出“导轨可视化”对话框，然后选择“3D 动态”选项卡，单击“播放”按钮，可进行 3D 动态刀具切削过程模拟，如图 6-97 所示。

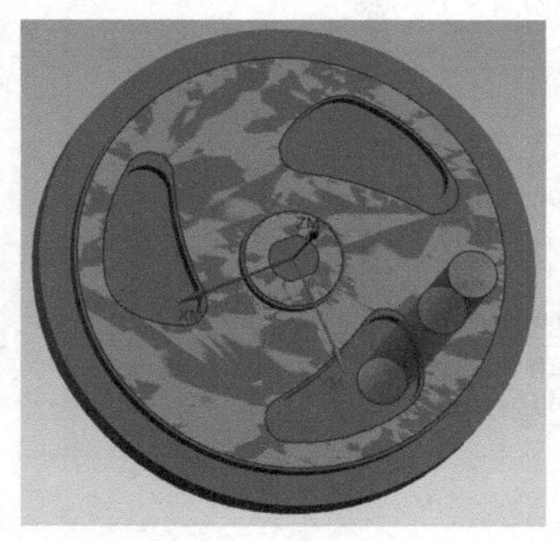

图 6-97 刀具切削过程模拟

3）单击“型腔铣 -[CAVITY_MILL]”对话框中的“确定”按钮，接受刀具路径，并关闭“型腔铣 -[CAVITY_MILL]”对话框。

6.5.10 五轴小叶轮反面二次粗加工

单击快速访问工具栏上的程序顺序视图按钮，工序导航器切换到程序视图。

（1）创建型腔铣工序

1）单击插入工具栏上的创建工序按钮，弹出“创建工序”对话框。在“创建工序”对话框的“类型”下拉列表中选择“mill_contour”，“工序子类型”选择第 1 行第 1 个图标，“位置”选项组的“程序”选择“PROGRAM-F”、“刀具”选择“D4（铣刀 -5 参数）”、“几何体”选择“WORKPIECE_F”、“方法”选择“MILL_SEMI_FINISH”，在“名称”文本框中输入 F2，如图 6-98 所示。

2）单击“确定”按钮，弹出“型腔铣 -[CAVITY_MILL]”对话框，如图 6-99 所示。

图 6-98　工序设置

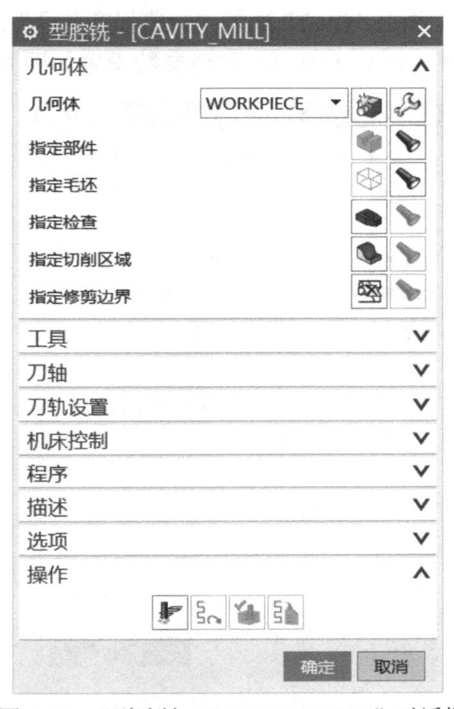

图 6-99　“型腔铣 -[CAVITY_MILL]”对话框

（2）设置刀轴方向　在“型腔铣 -[CAVITY_MILL]”对话框的“刀轴”选项组中选择“轴”为“+ZM 轴”，如图 6-100 所示。

（3）设置刀轨参数　在“刀轨设置”选项组中设置相关参数，在“切削模式”下拉列表中选择“跟随部件”，“步距”选择刀具平直百分比，“平面直径百分比”输入 30，“公共每刀切削深度”选择“恒定”，“最大距离：输入 1，如图 6-101 所示。

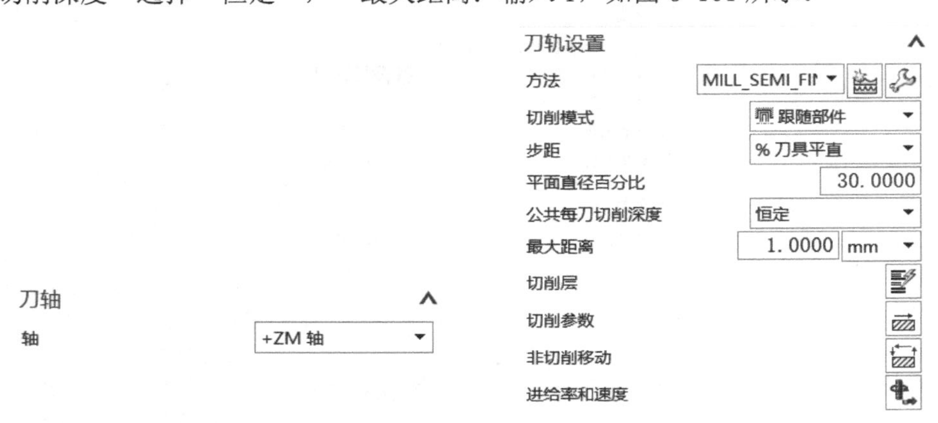

图 6-100　刀轴设置

图 6-101　刀轨设置

（4）设置切削参数 单击“刀轨设置”选项组中的“切削参数”按钮，弹出“切削参数”对话框，设置切削加工参数。

1）单击“策略”选项卡，选择“切削方向”为“顺铣”，“切削顺序”为“深度优先”，“刀路方向”为“自动”，其他参数设置如图 6-102 所示。

2）单击“拐角”选项卡，选择“光顺”为“所有刀路”，选择“半径”为刀具的 50%，“步距限制”为 150.0000，其他参数设置如图 6-103 所示。

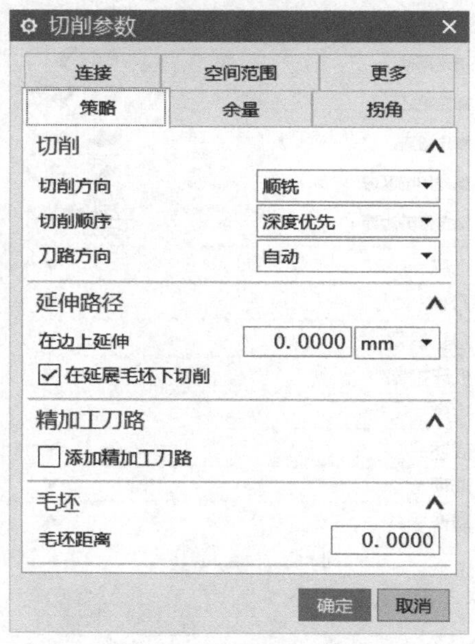

图 6-102 “策略”设置

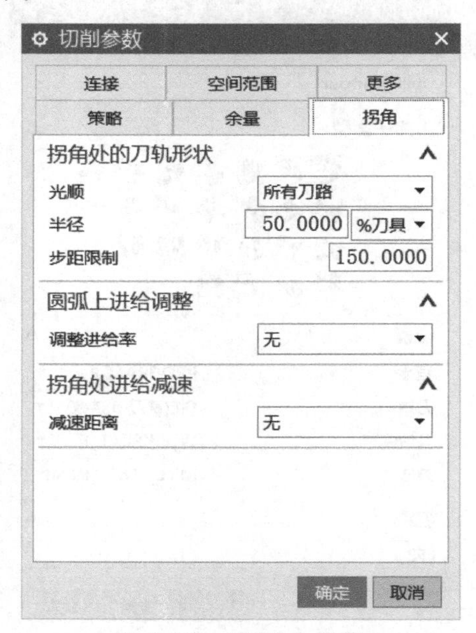

图 6-103 “拐角”设置

3）单击“余量”选项卡，勾选“使底面余量与侧面余量一致”复选框，输入“部件侧面余量”0.2，其他参数设置如图 6-104 所示。

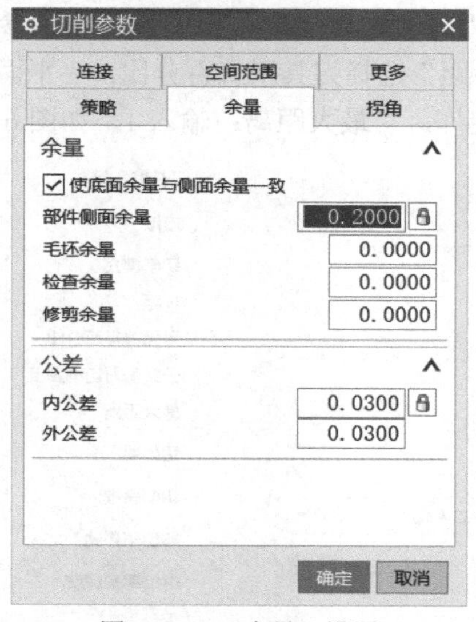

图 6-104 “余量”设置

4）单击“确定”按钮，完成切削参数的设置，返回“型腔铣 -[CAVITY_MILL]”对话框。

（5）设置非切削参数　单击“刀轨设置”选项组中的“非切削移动”按钮，弹出“非切削移动”对话框。

1）单击“进刀”选项卡，在“封闭区域”选项组中，“进刀类型”设为“螺旋”，其他参数设置如图 6-105 所示。

2）单击“退刀”选项卡，在“退刀”选项组的“退刀类型”下拉列表中选择“与进刀相同”，如图 6-106 所示。

3）单击“非切削移动”对话框中的“确定”按钮，完成非切削参数的设置。

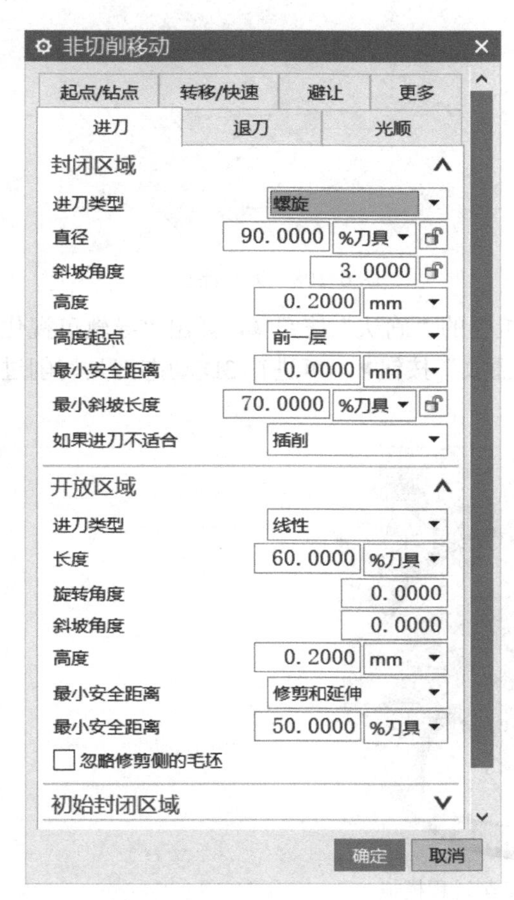

图 6-105　“进刀”设置

图 6-106　“退刀”设置

（6）设置进给参数　单击“刀轨设置”选项组中的“进给率和速度”按钮，弹出“进给率和速度”对话框。设置“主轴速度（rpm）”为 3000.000，“切削”速度为 1000.000、单位为“mmpm”，其他参数设置如图 6-107 所示。

（7）生成刀具路径并验证

1）在“操作”对话框中完成参数设置后，单击该对话框底部“操作”选项组中的“生成”按钮，可生成该操作的刀具路径，如图 6-108 所示。

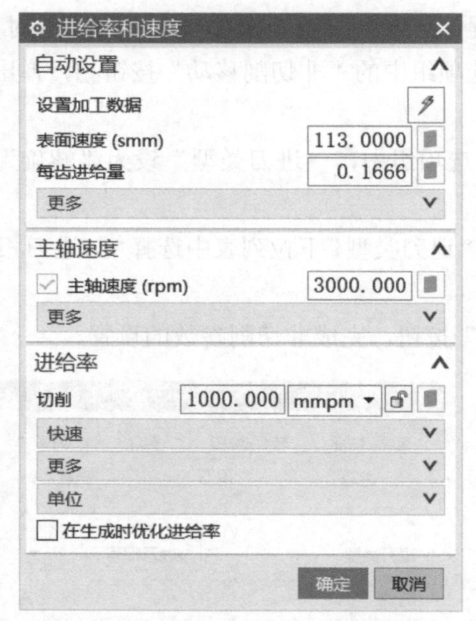

图 6-107 “进给率和速度”参数设置

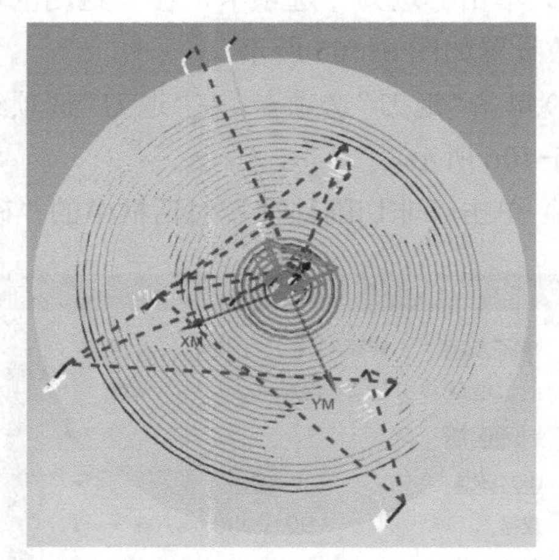

图 6-108 刀具路径

2）单击“操作”对话框底部“操作”选项组中的“确认”按钮，弹出“导轨可视化”对话框，然后选择“3D 动态”选项卡，单击“播放”按钮▶，可进行 3D 动态刀具切削过程模拟，如图 6-109 所示。

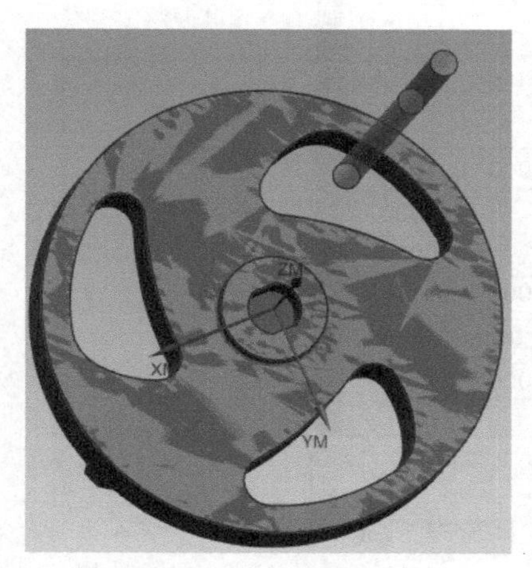

图 6-109 刀具切削过程模拟

3）单击“型腔铣 -[CAVITY_MILL]”对话框中的“确定”按钮，接受刀具路径，并关闭“型腔铣 -[CAVITY_MILL]”对话框。

6.5.11 五轴小叶轮反面钻孔

单击快速访问工具栏上的程序顺序视图按钮，工序导航器切换到程序视图。

（1）创建钻孔工序

1）单击插入工具栏上的创建工序按钮，弹出“创建工序”对话框。在“创建工序”

对话框的“类型”下拉列表中选择“drill”，“工序子类型”选择第 1 行第 3 个图标，“位置”选项组中的“程序”选择“PROGRAM-F”、“刀具”选择“Z6（钻刀）”、“几何体”选择“WORKPIECE_F”、“方法”选择“METHOD”，在“名称”文本框中输入 F3，如图 6-110 所示。

2）单击“确定”按钮，弹出“钻孔 -[F3]”对话框，如图 6-111 所示。

图 6-110　工序设置

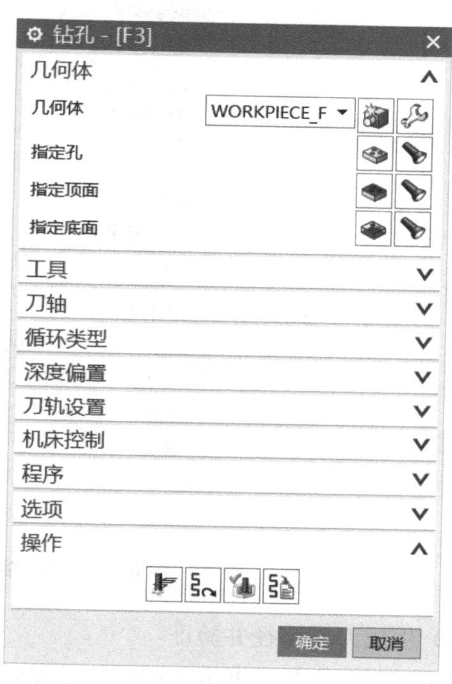

图 6-111　“钻孔 -[F3]”对话框

（2）设置刀轴方向　在“钻孔 -[F3]”对话框的“刀轴”选项组中选择“轴”为“+ZM 轴”，如图 6-112 所示。

（3）设置循环类型　在“钻孔 -[F3]”对话框的“循环类型”选项组中“循环”选择“标准钻 ...”，其他参数设置如图 6-113 所示。

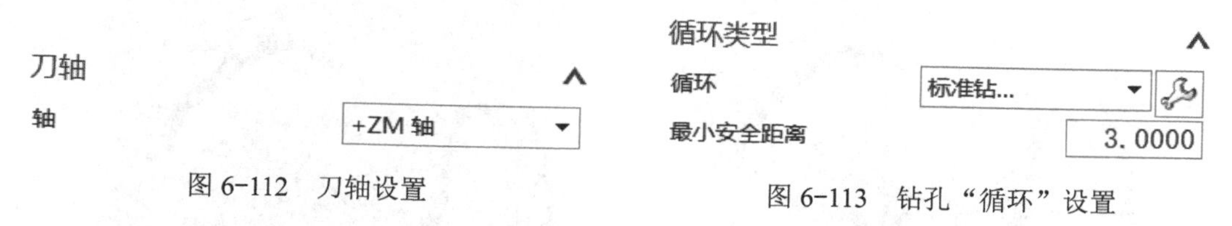

图 6-112　刀轴设置　　　图 6-113　钻孔“循环”设置

（4）设置深度偏置　在“通孔安全距离”中输入 1.5，其他参数设置如图 6-114 所示。

图 6-114　深度偏置设置

（5）设置进给参数　单击“刀轨设置”选项组中的“进给率和速度”按钮，弹出“进给率和速度”对话框。设置“主轴速度（rpm）”为 500.0000，“切削”速度为 300.0000、单位为“mmpm”，其他参数设置如图 6-115 所示。

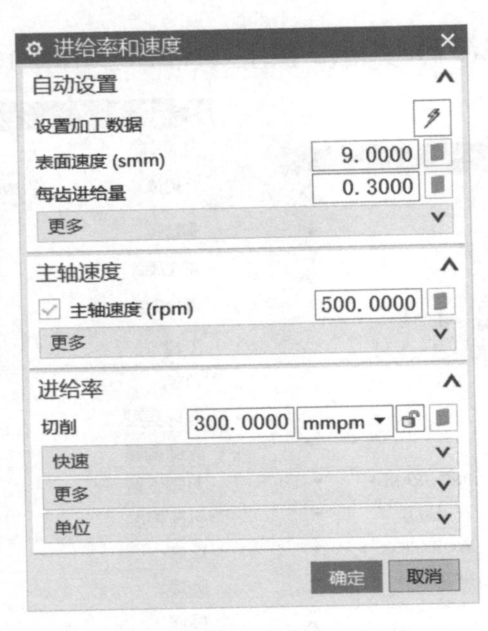

图 6-115 “进给率和速度”参数设置

（6）生成刀具路径并验证

1）在“操作”对话框中完成参数设置后，单击该对话框底部“操作”选项组中的“生成”按钮，可生成该操作的刀具路径，如图 6-116 所示。

2）单击“操作”对话框底部“操作”选项组中的“确认”按钮，弹出“导轨可视化”对话框，然后选择“3D 动态”选项卡，单击“播放”按钮，可进行 3D 动态刀具切削过程模拟，如图 6-117 所示。

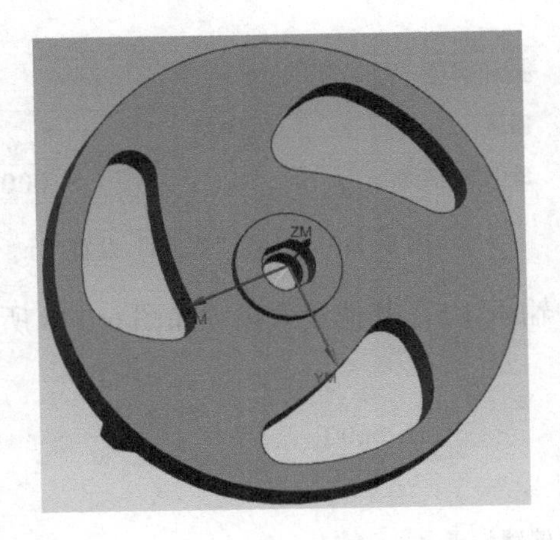

图 6-116 刀具路径

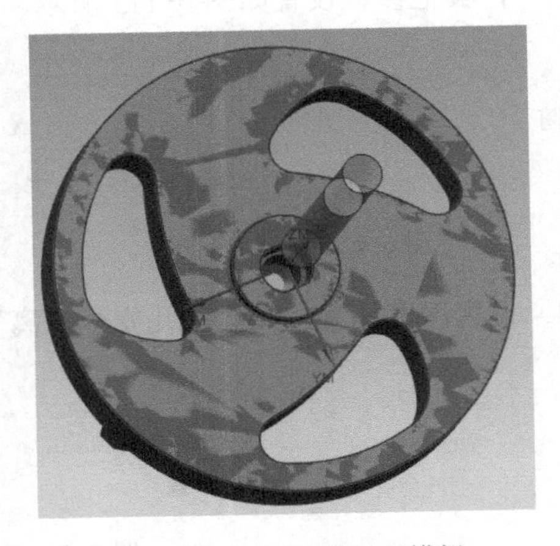

图 6-117 刀具切削过程模拟

3）单击“钻孔 -[F3]”对话框中的“确定”按钮，接受刀具路径，并关闭“钻孔 -[F3]”对话框。

6.5.12　五轴小叶轮反面内轮廓精加工

单击快速访问工具栏上的程序顺序视图按钮，工序导航器切换到程序视图。

（1）创建平面铣工序

1）单击插入工具栏上的创建工序按钮，弹出“创建工序”对话框。在“创建工序”对话框的“类型”下拉列表中选择“mill_planar”，“工序子类型”选择第 1 行第 5 个图标，“位置”选项组中的“程序”选择“PROGRAM-F”、“刀具”选择“D4（铣刀 -5 参数）”、“几何体”选择“WORKPIECE_F”、“方法”选择“MILL_FINISH”，在“名称”文本框中输入 F4，如图 6-118 所示。

2）单击“确定”按钮，弹出“平面铣 -[F4]”对话框，如图 6-119 所示。

图 6-118　工序设置

图 6-119　“平面铣 -[F4]”对话框

（2）选择部件边界　在“几何体”选项组的“指定部件边界”选项后单击选择或编辑部件边界按钮，弹出“部件边界”对话框，选择图 6-120 所示曲线作为部件边界，其他参数设置如图 6-121 所示，返回“平面铣 -[F4]”对话框。

（3）选择指定底面　在“几何体”选项组的“指定底面”选项后单击选择或编辑底平面几何体按钮，弹出“平面”对话框，选择图 6-122 所示平面作为平面对象，其他参数设置如图 6-123 所示，返回“平面铣 -[F4]”对话框。

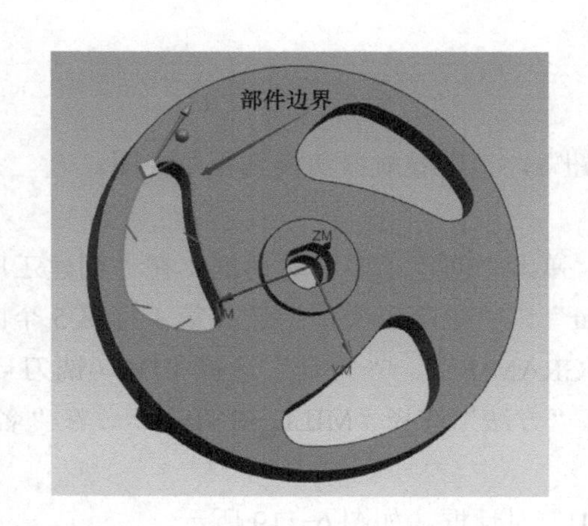

图 6-120　部件边界

图 6-121　“部件边界”设置

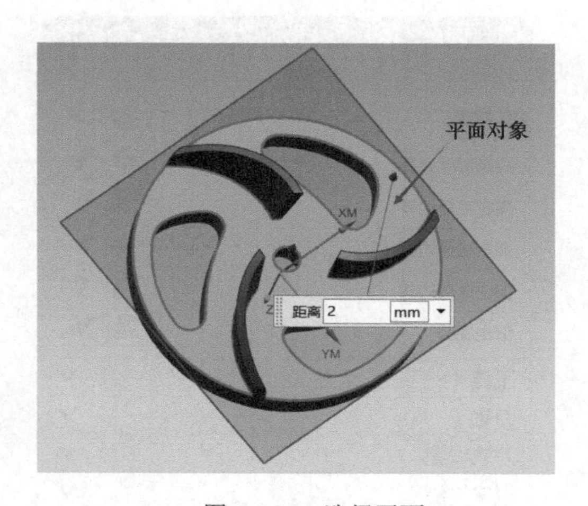

图 6-122　选择平面

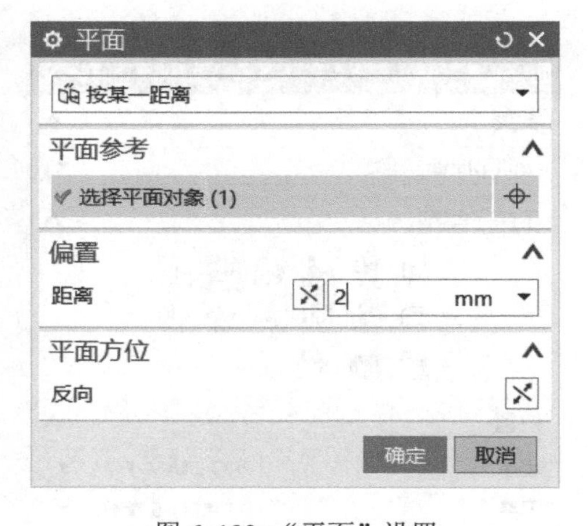

图 6-123　“平面”设置

（4）设置刀轴方向　在“平面铣 -[F4]”对话框的“刀轴”选项组中选择“轴”为“+ZM 轴”，如图 6-124 所示。

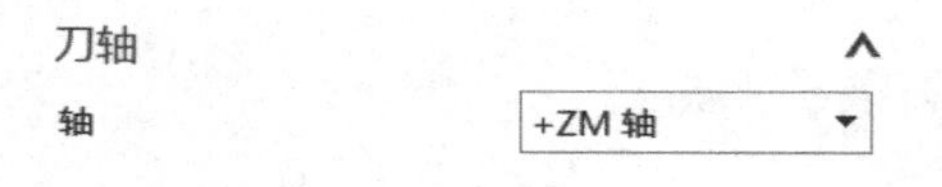

图 6-124　刀轴设置

（5）设置刀轨参数　在“刀轨设置”选项组中设置相关参数，在“切削模式”下拉列表中选择“轮廓”，“平面直径百分比”选择刀具的 50%，如图 6-125 所示。

（6）设置切削参数　单击“刀轨设置”选项组中的“切削参数”按钮，弹出“切削参数”对话框，设置切削加工参数。

1）单击“策略”选项卡，选择“切削方向”为“顺铣”，其他参数设置如图 6-126 所示。

2）单击“拐角”选项卡，选择“光顺”为“无”，其他参数设置如图 6-127 所示。

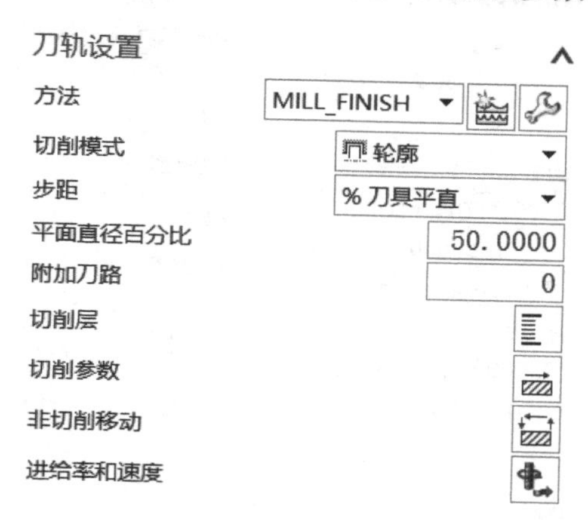

图 6-125　刀轨设置

图 6-126　“策略”设置

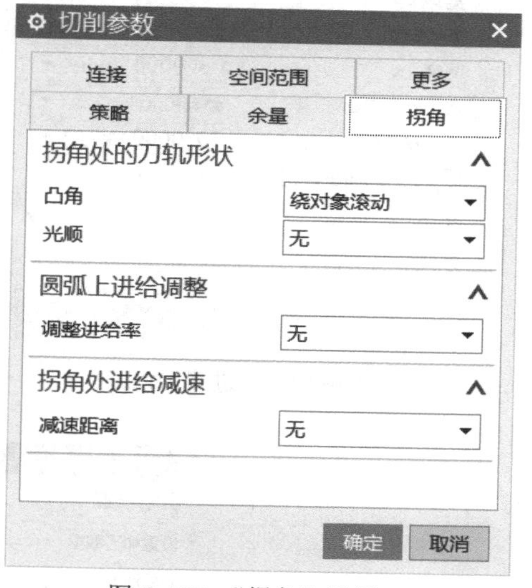

图 6-127　“拐角”设置

3）单击“确定”按钮，完成切削参数的设置，返回“平面铣 -[F4]”对话框。

（7）设置非切削参数　单击“刀轨设置”选项组中的“非切削移动”按钮，弹出“非切削移动”对话框。

1）单击“进刀”选项卡，在“封闭区域”选项组中，“进刀类型”设为“螺旋”，其他参数设置如图 6-128 所示。

2）单击“退刀”选项卡，在“退刀”选项组的“退刀类型”下拉列表中选择“与进刀相同”，如图 6-129 所示。

3）单击“非切削移动”对话框中的“确定”按钮，完成非切削参数的设置。

（8）设置进给参数　单击“刀轨设置”选项组中的“进给率和速度”按钮，弹出“进给率和速度”对话框。设置“主轴速度（rpm）”为 3000.000，“切削”速度为 2500.000、单位为“mmpm”，其他参数设置如图 6-130 所示。

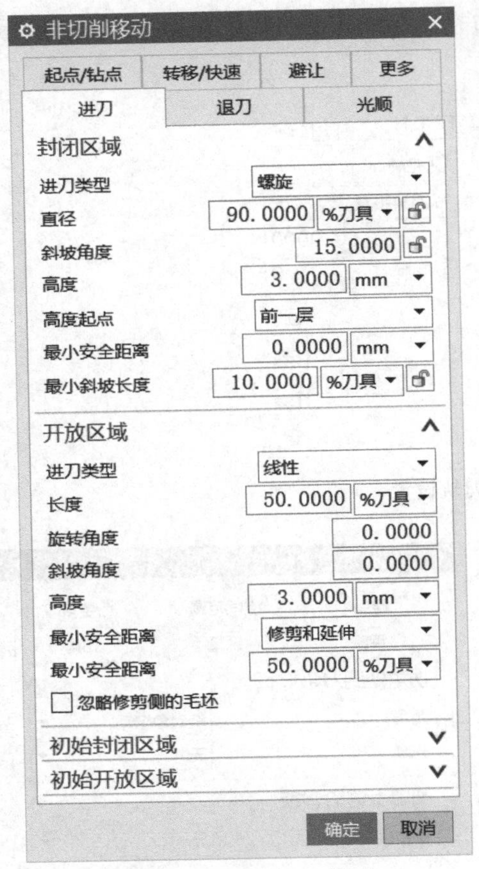

图 6-128 “进刀”设置

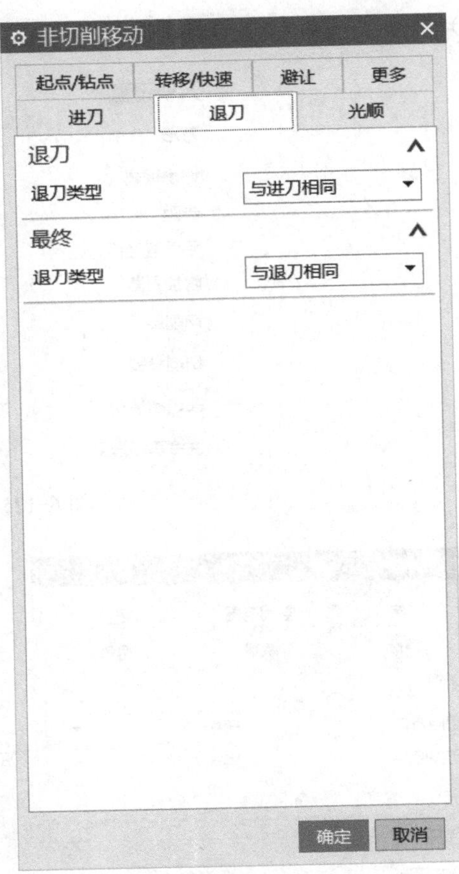

图 6-129 “退刀”设置

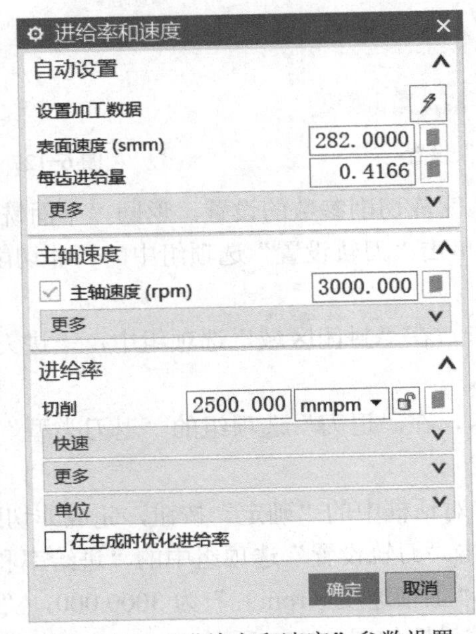

图 6-130 “进给率和速度”参数设置

（9）生成刀具路径并验证

1）在“操作”对话框中完成参数设置后，单击该对话框底部“操作”选项组中的“生成”按钮，可生成该操作的刀具路径，如图 6–131 所示。

2）单击“操作”对话框底部“操作”选项组中的“确认”按钮，弹出“导轨可视化”对话框，然后选择“3D 动态”选项卡，单击“播放”按钮▶，可进行 3D 动态刀具切削过程模拟，如图 6–132 所示。

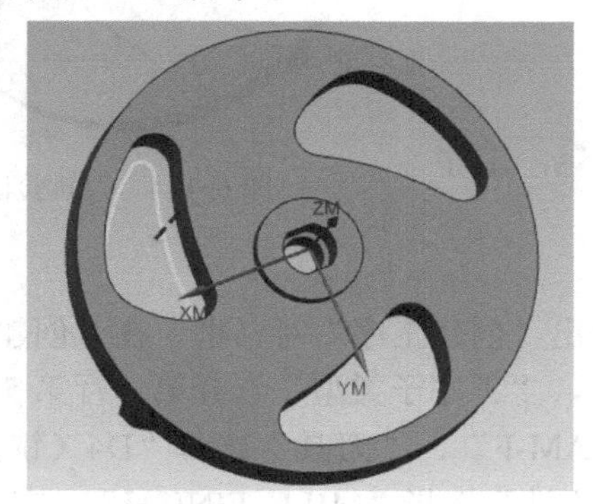

图 6–131　刀具路径

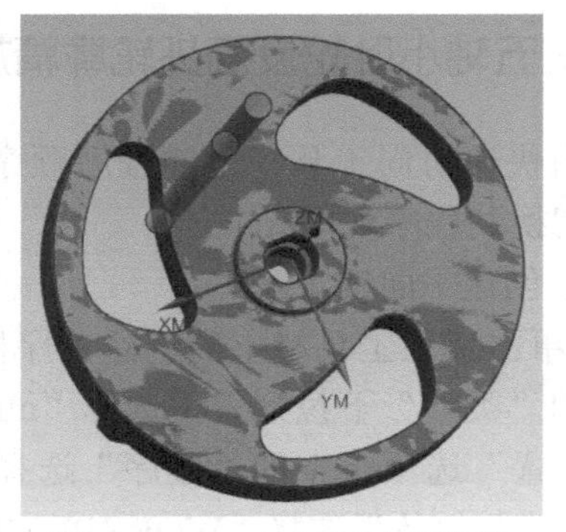

图 6–132　刀具切削过程模拟

3）单击“平面铣 -[F4]”对话框中的“确定”按钮，接受刀具路径，并关闭“平面铣 -[F4]”对话框。

6.5.13　刀轨旋转复制变换 3

1）在工具导航器中选中 F4 加工操作，单击鼠标右键，在弹出的快捷菜单中选择“对象”→“变换”命令。

2）在弹出的“变换”对话框中，“类型”选择“绕直线旋转”；在“变换参数”选项组中，选择“直线方法”为“点和矢量”，点的坐标为（0，0，0），“指定矢量”为 ZC；在“结果”选项组中，选择“实例”，“距离 / 角度分割”输入 3，“实例数”输入 2，如图 6–133 所示。

图 6–133　“变换”设置

3）单击“变换”对话框中的“确定”按钮，完成刀轨变换操作。

4）在操作导航器中选中所有操作，单击“操作”工具栏上的“确认刀轨”按钮 确认刀轨，可验证所设置的刀轨，如图 6-134 所示。

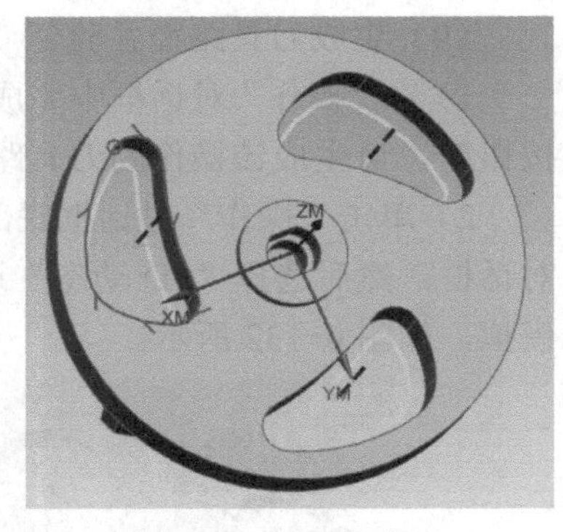

图 6-134　刀轨验证

6.5.14　五轴小叶轮反面外轮廓精加工

单击快速访问工具栏上的程序顺序视图按钮，工序导航器切换到程序视图。

（1）创建平面铣工序

1）单击插入工具栏上的创建工序按钮，弹出“创建工序”对话框。在“创建工序”对话框的“类型”下拉列表中选择“mill_planar”，“工序子类型”选择第 1 行第 5 个图标，“位置”选项组中的“程序”选择“PROGRAM-F”、“刀具”选择“D4（铣刀 -5 参数）”、“几何体”选择“WORKPIECE_F”、“方法”选择“MILL_FINISH”，在“名称”文本框中输入 F7，如图 6-135 所示。

2）单击“确定”按钮，弹出“平面铣 -[F4]”对话框，如图 6-136 所示。

图 6-135　工序设置

图 6-136　“平面铣 -[F4]”对话框

（2）选择部件边界　在“几何体”选项组的“指定部件边界”选项后单击选择或编辑部件边界按钮，弹出“部件边界”对话框，选择图 6-137 所示曲线作为部件边界，其他参数设置如图 6-138 所示，返回“平面铣 -[F4]”对话框。

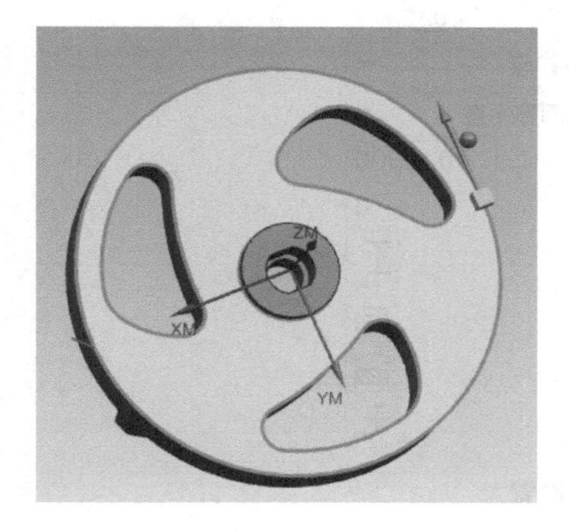

图 6-137　部件边界

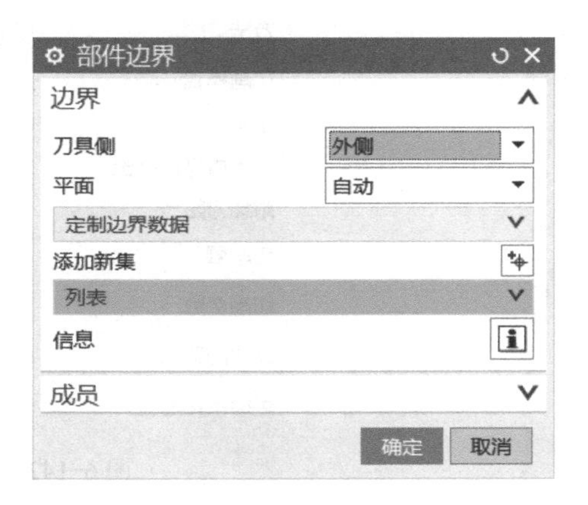

图 6-138 “部件边界”设置

（3）选择指定底面　在“几何体”选项组的“指定底面”选项后单击选择或编辑底平面几何体按钮，弹出“平面”对话框，选择图 6-139 所示平面作为平面对象，其他参数设置如图 6-140 所示，单击“确定”按钮，返回“平面铣 -[F4]”对话框。

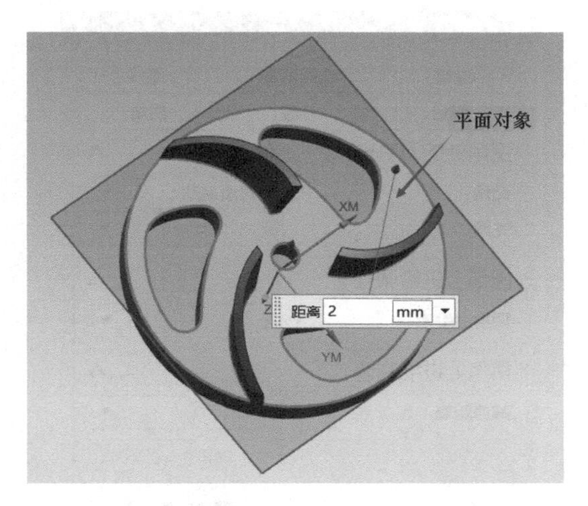

图 6-139　选择平面

图 6-140 “平面”设置

（4）设置刀轴方向　在“平面铣 -[F4]”对话框的“刀轴设置”选项组中选择“轴”为“+ZM 轴”，如图 6-141 所示。

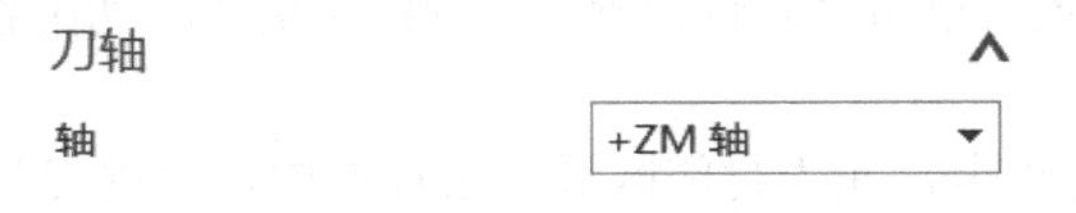

图 6-141　刀轴设置

（5）设置刀轨参数　在“刀轨设置”选项组中设置相关参数，在“切削模式”下拉列表中选择“轮廓”，“平面直径百分比”选择刀具的 50%，如图 6-142 所示。

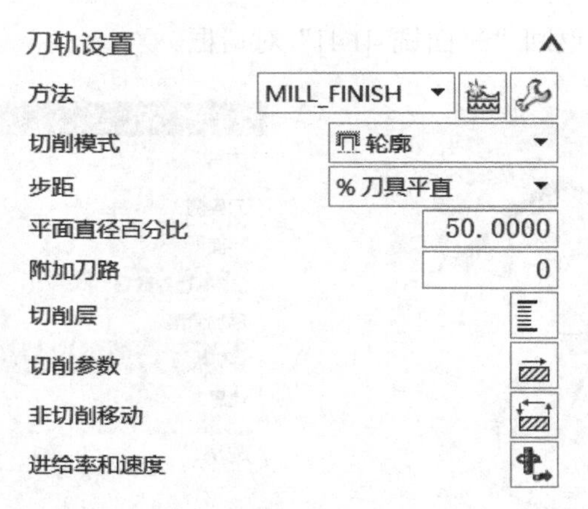

图 6-142　刀轨设置

（6）设置切削参数　单击“刀轨设置”选项组中的“切削参数”按钮，弹出“切削参数”对话框，设置切削加工参数。

1）单击“策略”选项卡，选择“切削方向”为“顺铣”，其他参数设置如图 6-143 所示。

2）单击“拐角”选项卡，选择“光顺”为“无”，其他参数设置如图 6-144 所示。

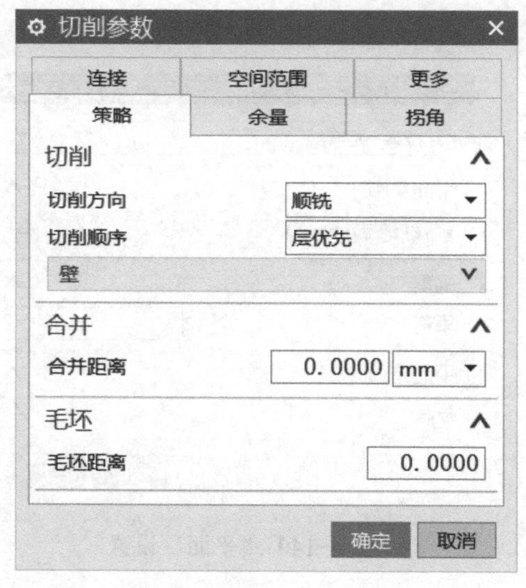

图 6-143 “策略”设置

图 6-144 “拐角”设置

3）单击“确定”按钮，完成切削参数的设置，返回“平面铣 -[F4]”对话框。

（7）设置非切削参数　单击“刀轨设置”选项组中的“非切削移动”按钮，弹出“非切削移动”对话框。

1）单击“进刀”选项卡，在“封闭区域”选项组中，“进刀类型”设为“螺旋”，其他参数设置如图 6-145 所示。

2）单击“退刀”选项卡，在“退刀”选项组的“退刀类型”下拉列表中选择“与进刀相同”，如图 6-146 所示。

3）单击“非切削移动”对话框中的“确定”按钮，完成非切削参数的设置。

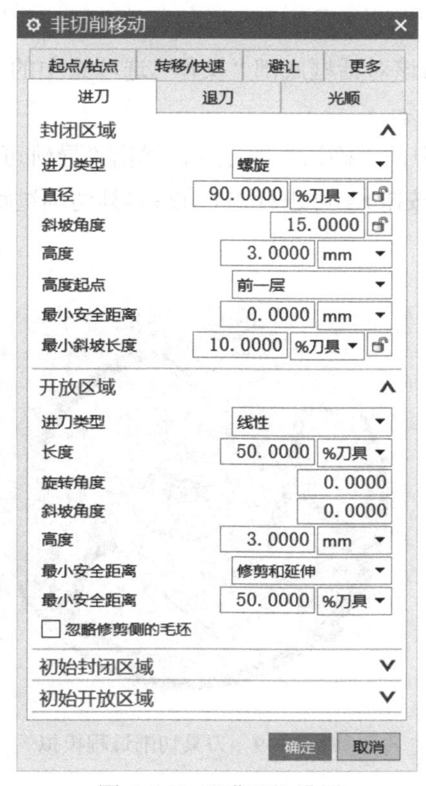

图 6-145 “进刀”设置

图 6-146 “退刀”设置

（8）设置进给参数　单击“刀轨设置”选项组中的“进给率和速度”按钮，弹出“进给率和速度”对话框。设置“主轴速度（rpm）”为 3000.000，“切削”速度为 2500.000、单位为“mmpm”，其他参数设置如图 6-147 所示。

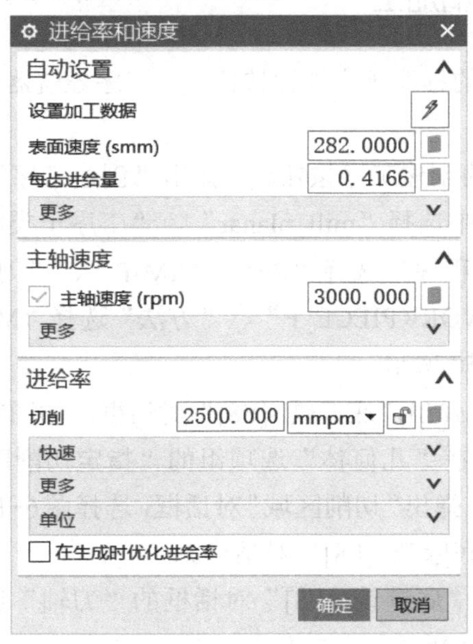

图 6-147 “进给率和速度”参数设置

（9）生成刀具路径并验证

1）在“操作”对话框中完成参数设置后，单击该对话框底部“操作”选项组中的“生成”按钮，可生成该操作的刀具路径，如图 6-148 所示。

2）单击“操作”对话框底部“操作”选项组中的“确认”按钮，弹出“导轨可视化”对话框，然后选择“3D 动态”选项卡，单击“播放”按钮，可进行 3D 动态刀具切削过程模拟，如图 6-149 所示。

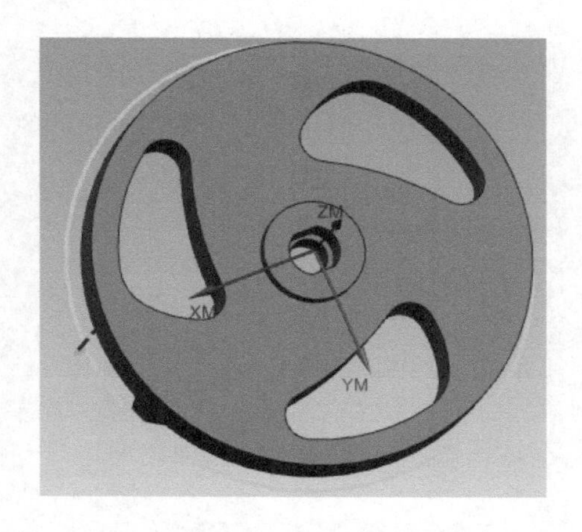

图 6-148　刀具路径

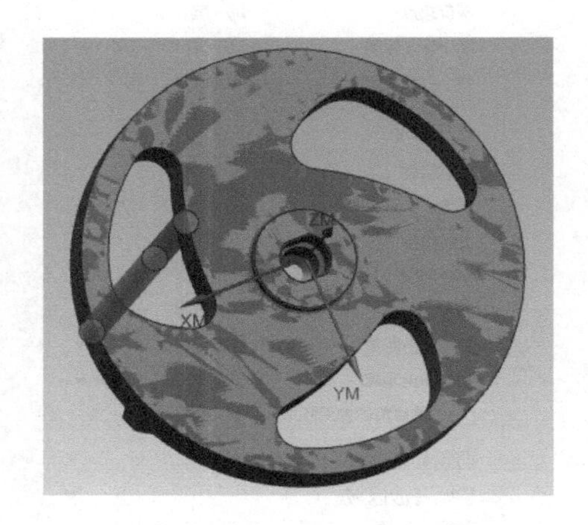

图 6-149　刀具切削过程模拟

3）单击“平面铣 -[F4]”对话框中的“确定”按钮，接受刀具路径，并关闭“平面铣 -[F4]”对话框。

6.5.15　五轴小叶轮底面精加工

单击快速访问工具栏上的程序顺序视图按钮，工序导航器切换到程序视图。

（1）创建底壁铣工序

1）单击插入工具栏上的创建工序按钮，弹出“创建工序”对话框。在“创建工序”对话框的“类型”下拉列表中选择“mill_planar”，“工序子类型”选择第 1 行第 1 个图标，“位置”选项组中的“程序”选择“PROGRAM-F”、“刀具”选择“D4（铣刀 -5 参数）”、“几何体”选择“WORKPIECE_F”、“方法”选择“MILL_FINISH”，在“名称”文本框中输入 F8，如图 6-150 所示。

2）单击“确定”按钮，弹出“底壁铣 -[F8]”对话框，如图 6-151 所示。

（2）选择铣削区底面　在“几何体”选项组的“指定切削区底面”选项后单击选择或编辑切削区域几何体按钮，弹出“切削区域”对话框，选择图 6-152 所示区域作为切削区域，单击“确定”按钮，返回“底壁铣 -[F8]”对话框。

（3）设置刀轴方向　在“底壁铣 -[F8]”对话框的“刀轴”选项组中选择“轴”为“垂直于第一个面”，如图 6-153 所示。

图 6-150　工序设置

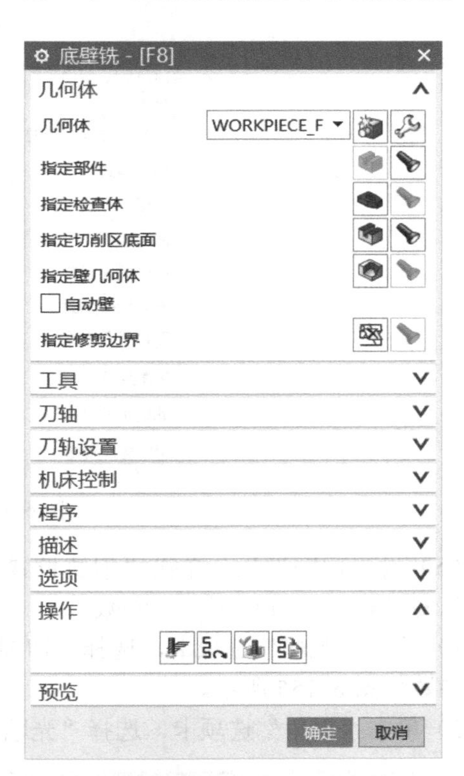

图 6-151　“底壁铣 -[F8]”对话框

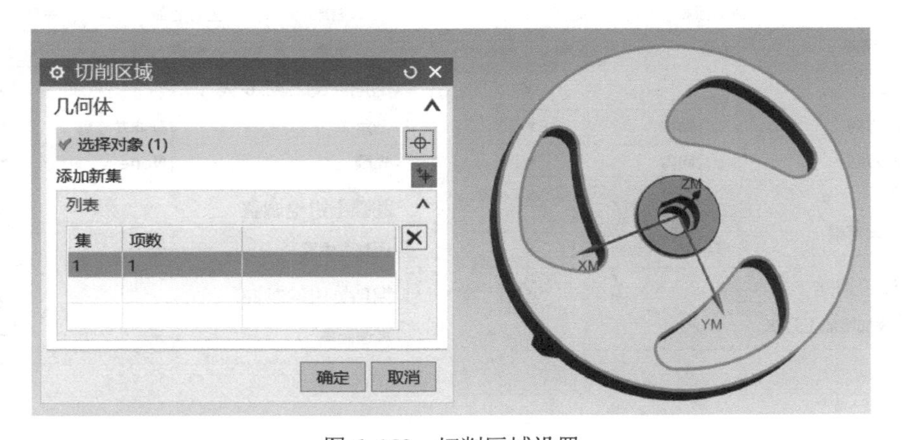

图 6-152　切削区域设置

图 6-153　刀轴设置

（4）设置刀轨参数　在“刀轨设置”选项组中设置相关参数，在“切削区域空间范围”下拉列表中选择“底面”，“最大距离”选择刀具的 70%，“底面毛坯厚度”输入 0.2，“每刀切削深度”输入 0，如图 6-154 所示。

图 6-154　刀轨设置

（5）设置切削参数　单击“刀轨设置”选项组中的“切削参数”按钮，弹出“切削参数”对话框，设置切削加工参数。

1）单击“策略”选项卡，选择“切削方向”为“顺铣”，“刀路方向”为“向内”，其他参数如图 6-155 所示。

2）单击“拐角”选项卡，选择“光顺”为“None”，其他参数设置如图 6-156 所示。

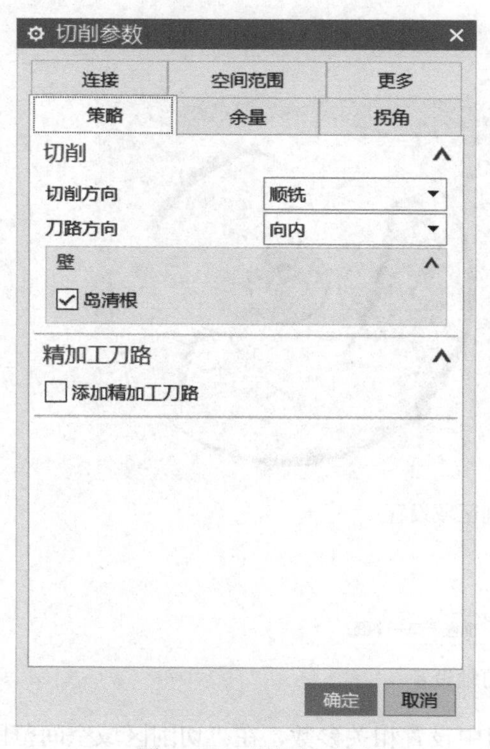

图 6-155　“策略”设置

图 6-156　“拐角”设置

3）单击“确定”按钮，完成切削参数的设置，返回“底壁铣 -[F8]”对话框。

（6）设置非切削参数　单击“刀轨设置”选项组中的“非切削移动”按钮，弹出“非切削移动”对话框。

1）单击“进刀”选项卡，在“封闭区域”选项组中，“进刀类型”设为“沿形状斜进刀”，其他参数设置如图 6-157 所示。

2）单击“退刀”选项卡，在“退刀”选项组的“退刀类型”下拉列表中选择“与进刀相同”，如图 6-158 所示。

3）单击“非切削移动”对话框中的“确定”按钮，完成非切削参数的设置。

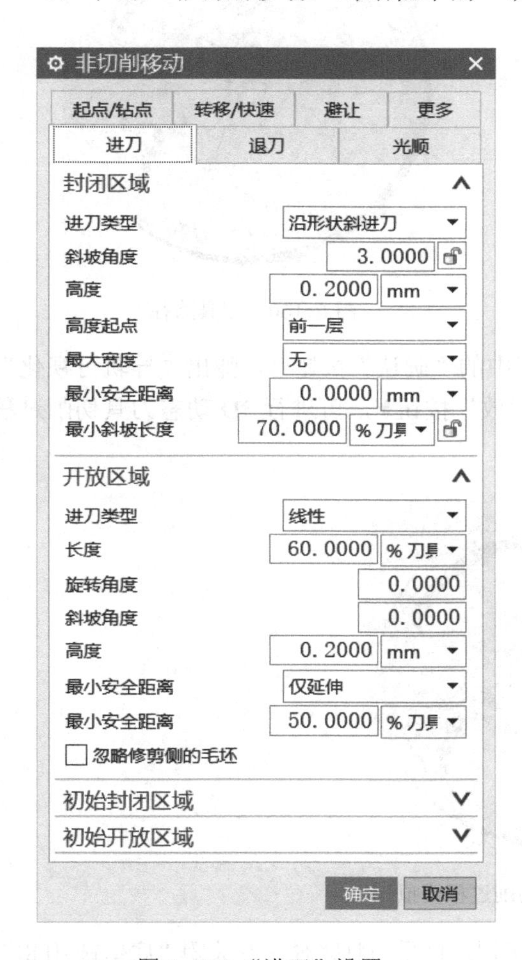

图 6-157　“进刀”设置

图 6-158　“退刀”设置

（7）设置进给参数　单击“刀轨设置”选项组中的“进给率和速度”按钮，弹出“进给率和速度”对话框。设置“主轴速度（rpm）”为 3000.000，“切削”速度为 2500.000、单位为“mmpm”，其他参数设置如图 6-159 所示。

（8）生成刀具路径并验证

1）在“操作”对话框中完成参数设置后，单击该对话框底部“操作”选项组中的“生成”按钮，可生成该操作的刀具路径，如图 6-160 所示。

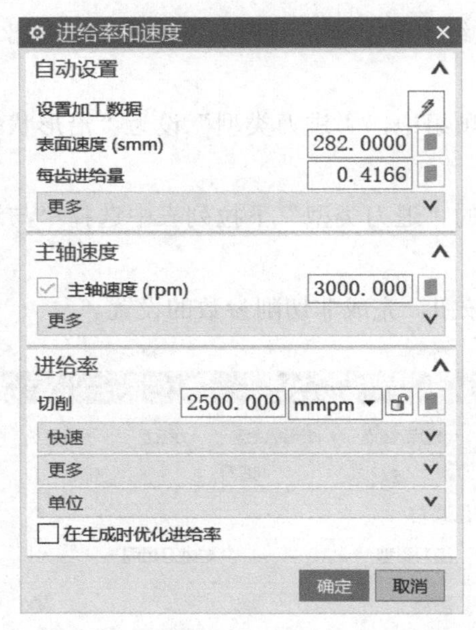

图 6-159 “进给率和速度”参数设置

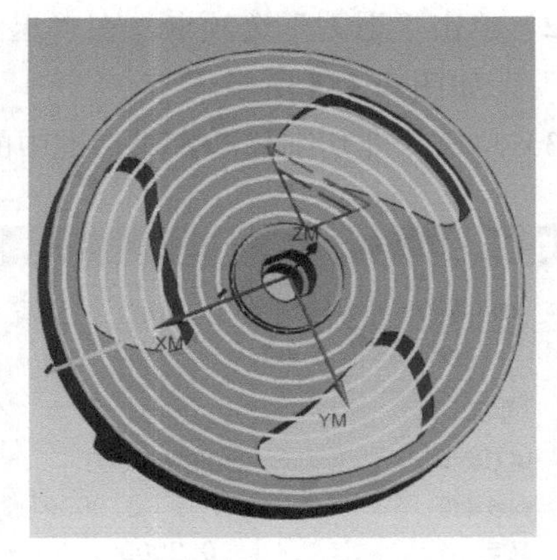

图 6-160 刀具路径

2）单击“操作”对话框底部“操作”选项组中的“确认”按钮，弹出“导轨可视化”对话框，然后选择“3D 动态”选项卡，单击“播放”按钮，可进行 3D 动态刀具切削过程模拟，如图 6-161 所示。

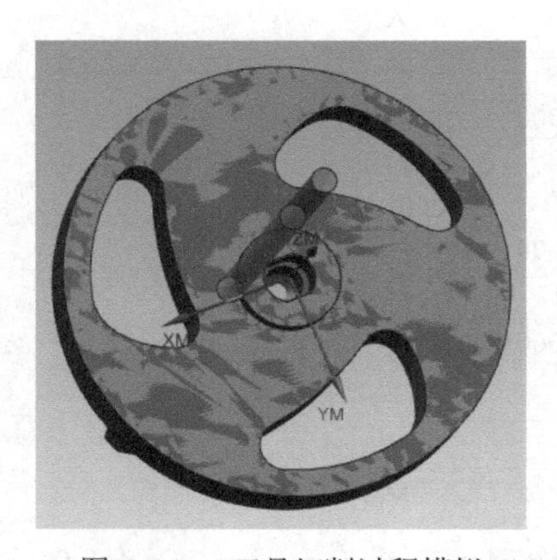

图 6-161 刀具切削过程模拟

3）单击“底壁铣 -[F8]”对话框中的“确定”按钮，接受刀具路径，并关闭“底壁铣 -[F8]”对话框。

6.5.16 五轴小叶轮反面孔精加工

单击快速访问工具栏上的程序顺序视图按钮，工序导航器切换到程序视图。

（1）创建深度轮廓铣工序

1）单击插入工具栏上的创建工序按钮，弹出“创建工序”对话框。在“创建工序”对话框的“类型”下拉列表中选择“mill_contour”，“工序子类型”选择第 1 行第 6 个图标，“位置”选项组中的“程序”选择“PROGRAM-F”、“刀具”选择“D4（铣刀 -5 参数）”、“几何体”选择“WORKPIECE_F”、“方法”选择“MILL_FINISH”，在“名称”文本框中输入 F9，如图 6-162 所示。

2）单击“确定”按钮，弹出“深度轮廓铣 -[F9]”对话框，如图 6-163 所示。

图 6-162　工序设置

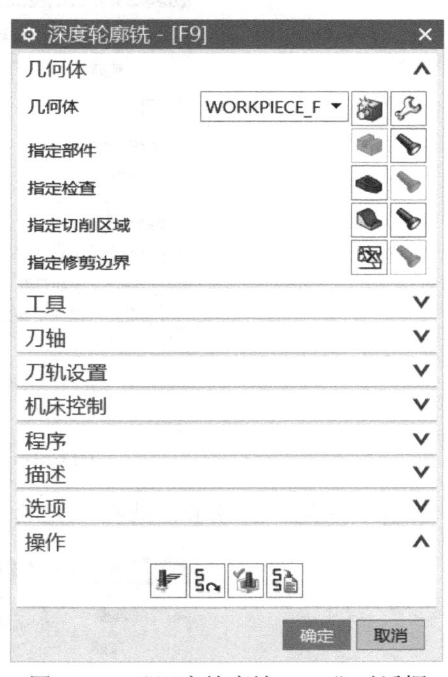

图 6-163　“深度轮廓铣 -[F9]”对话框

（2）设置刀轴方向　在“深度轮廓铣 -[F9]”对话框的“刀轴”选项组中选择“轴”为“+ZM 轴”，如图 6-164 所示。

（3）设置刀轨参数　在“刀轨设置”选项组中设置相关参数，在“陡峭空间范围”下拉列表中选择“无”，“合并距离”输入 3，“最小切削长度”输入 1，“公共每刀切削深度”选择“恒定”，“最大距离”输入 1，如图 6-165 所示。

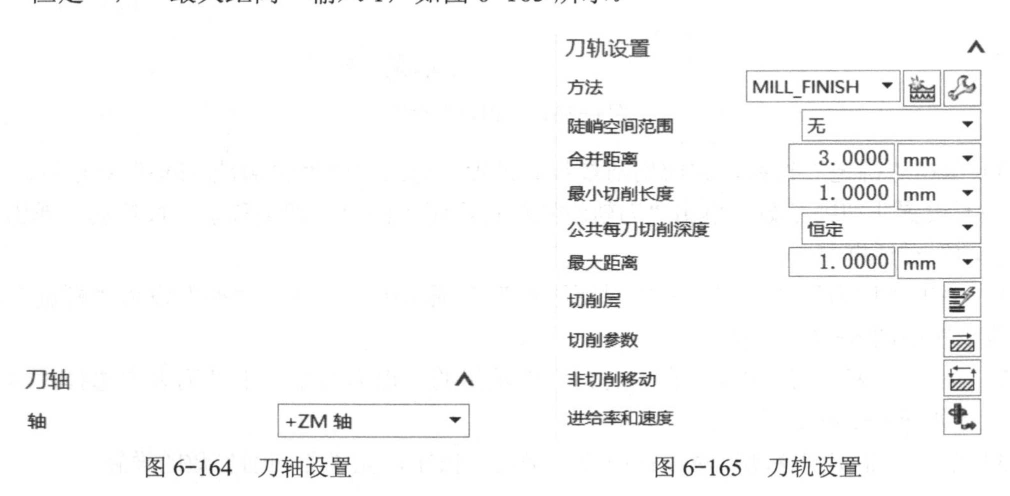

图 6-164　刀轴设置　　图 6-165　刀轨设置

（4）设置切削参数　单击“刀轨设置”选项组中的“切削参数”按钮，弹出“切削参数”对话框，设置切削加工参数。

1）单击“策略”选项卡，选择“切削方向”为“混合”，其他参数设置如图 6-166 所示。

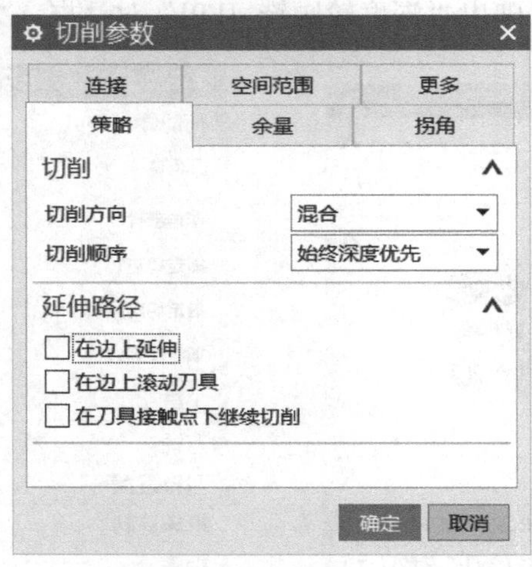

图 6-166 “策略”设置

2）单击“拐角”选项卡，选择“光顺”为“无”，其他参数设置如图 6-167 所示。

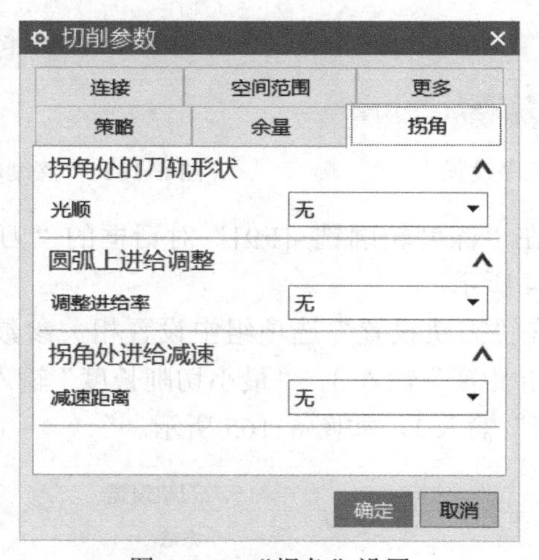

图 6-167 “拐角”设置

3）单击“确定”按钮，完成切削参数的设置，返回“深度轮廓铣 -[F9]”对话框。

（5）设置非切削参数　单击“刀轨设置”选项组中的“非切削移动”按钮，弹出“非切削移动”对话框。

1）单击“进刀”选项卡，在“封闭区域”选项组中，“进刀类型”设为“螺旋”，其他参数设置如图 6-168 所示。

2）单击“退刀”选项卡，在“退刀”选项组的“退刀类型”下拉列表中选择“与进刀相同”，如图 6-169 所示。

3）单击“非切削移动”对话框中的“确定”按钮，完成非切削参数的设置。

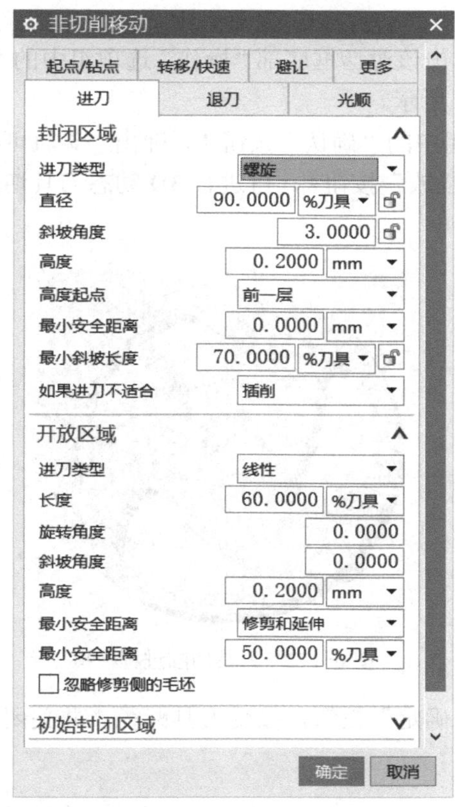

图 6-168 “进刀”设置

图 6-169 “退刀”设置

（6）设置进给参数　单击“刀轨设置”选项组中的“进给率和速度”按钮，弹出“进给率和速度”对话框。设置“主轴速度（rpm）”为 3000.000，“切削”速度为 1000.000、单位为“mmpm”，其他参数设置如图 6-170 所示。

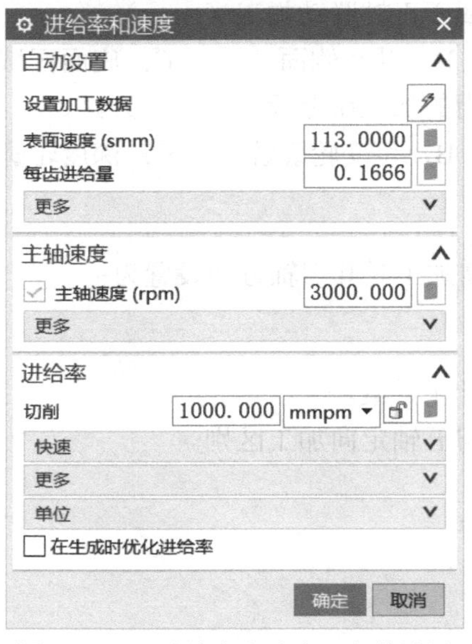

图 6-170 “进给率和速度”参数设置

（7）生成刀具路径并验证

1）在“操作”对话框中完成参数设置后，单击该对话框底部“操作”选项组中的“生成”按钮，可生成该操作的刀具路径，如图 6-171 所示。

2）单击“操作”对话框底部“操作”选项组中的“确认”按钮，弹出“导轨可视化”对话框，然后选择“3D 动态”选项卡，单击“播放”按钮，可进行 3D 动态刀具切削过程模拟，如图 6-172 所示。

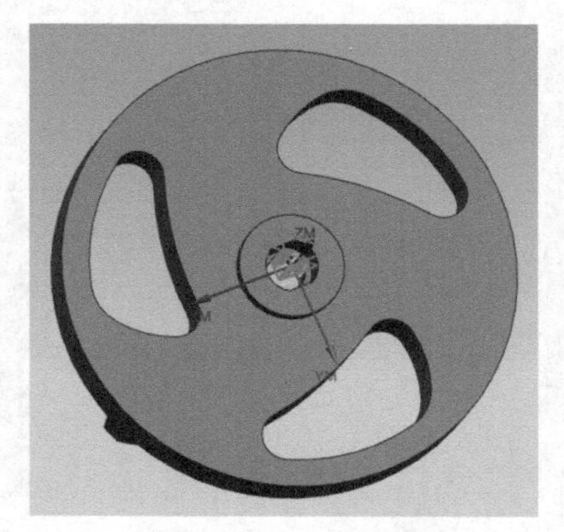

图 6-171　刀具路径

图 6-172　刀具切削过程模拟

3）单击“深度轮廓铣 -[F9]”对话框中的“确定”按钮，接受刀具路径，并关闭“深度轮廓铣 -[F9]”对话框。

思　考　题

1. 选择题

（1）叶轮零件哪一部分属于五轴联动加工（　　）。

A. 叶片顶面　　B. 叶片侧面　　C. 底面区域　　D. 内轮廓区域

（2）叶轮零件加工所使用的加工命令没有（　　）。

A. 型腔铣　　B. 可变轮廓铣　　C. 深度轮廓铣　　D. 面铣

2. 填空题

可变轴曲面轮廓铣叶顶精加工时其刀轴方向设置为____________。

3. 简答题

（1）简述五轴联动加工叶轮方案。

（2）简述五轴联动加工与五轴定向加工区别。

第 7 章 五轴复杂零件加工典型案例

7.1 猪首雕像

7.1.1 实例整体分析

如图 7-1 所示，猪首外形为圆料结构，由复杂曲面组成。毛坯为圆料，采用零件对半粗加工，然后进行五轴定向和联动精加工。

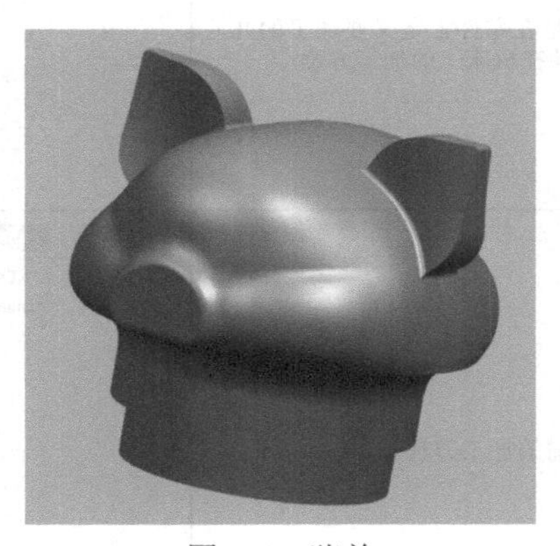

图 7-1 猪首

7.1.2 实例加工分析

根据零件的特点，按照加工工艺的安排原则，工序安排如下：

1）外表面粗加工采用较大直径的刀具进行粗加工以便去除大量余量，粗加工采用型腔铣环切的方法，进行两半粗加工。刀具为 ϕ10mm 的立铣刀。

2）猪耳粗加工采用固定轮廓铣进行粗加工，刀具采用 ϕ6mm 的球刀。

3）猪首整体半精加工采用可变轮廓铣进行半精加工，刀具采用 ϕ6mm 的球刀。

4）猪耳精加工采用可变轮廓铣进行精加工，刀具采用 ϕ2mm 的球刀。

5）猪首精加工采用可变轮廓铣进行精加工，刀具采用 ϕ2mm 的球刀。

7.1.3 加工流程与所用知识点

猪首零件数控加工的具体设计流程和知识点见表 7-1。

表 7-1　猪首零件数控加工的具体设计流程和知识点

步　　骤	设计知识点	设计流程效果图
步骤 1：打开文件，进入加工环境	数控加工环境是指进入 UG NX 的制造模块后进行编程作业的软件环境，选择型腔铣“mill_contour”	
步骤 2：创建几何组	创建几何组是在零件上定义要加工的几何对象和指定零件在机床上的加工方位	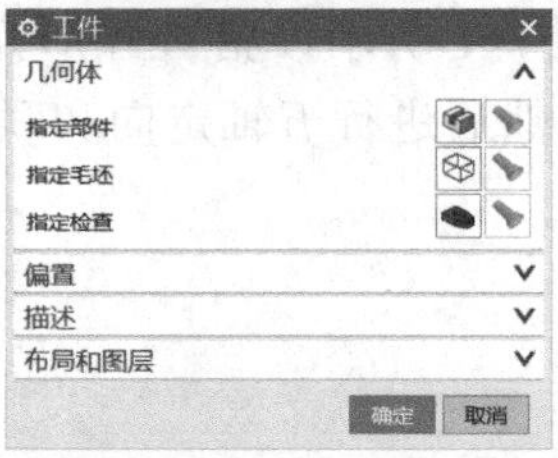
步骤 3：创建刀具组	创建加工所需的加工刀具	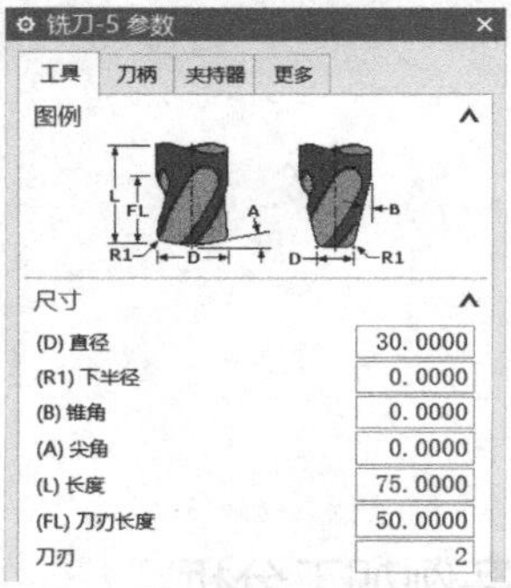
步骤 4：创建加工方法组	加工方法通过对加工余量，几何体的内、外公差等设置，为粗加工、半精加工和精加工设定统一的参数	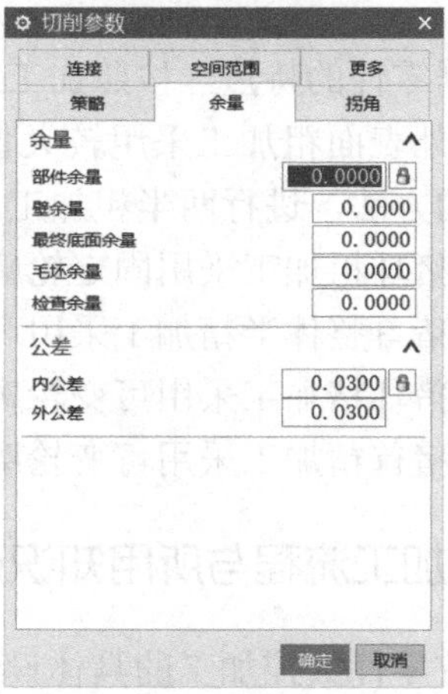

（续）

步　　骤	设计知识点	设计流程效果图
步骤 5：创建型腔铣加工正面	通过型腔铣工序可移除平面中的大量材料，选择刀轴方向控制加工深度，选择合适切削方法，控制加工余量，达到加工效果	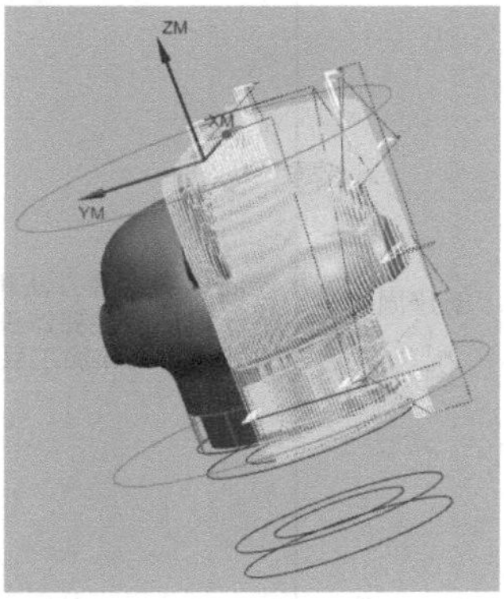
步骤 6：创建型腔铣加工反面	通过改变刀轴方向，从而对刀路进行控制，改变切削方向，达到反面加工效果	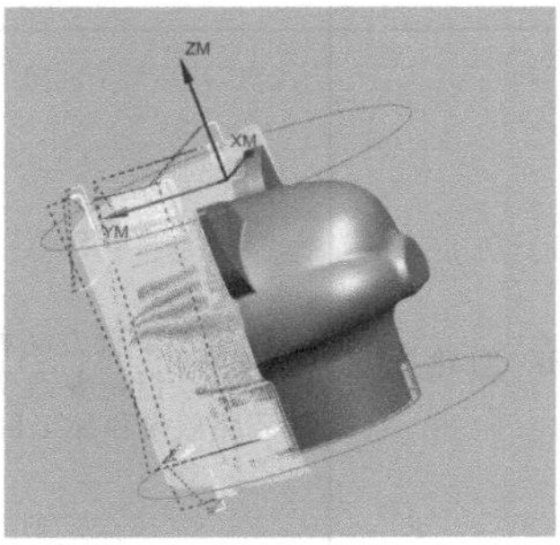
步骤 7：创建固定轮廓铣 1	通过选择加工区域，改变固有刀轴方向，达到相应铣削效果，精加工部件表面区域有好的刀路轨迹效果，可提高部件表面加工质量	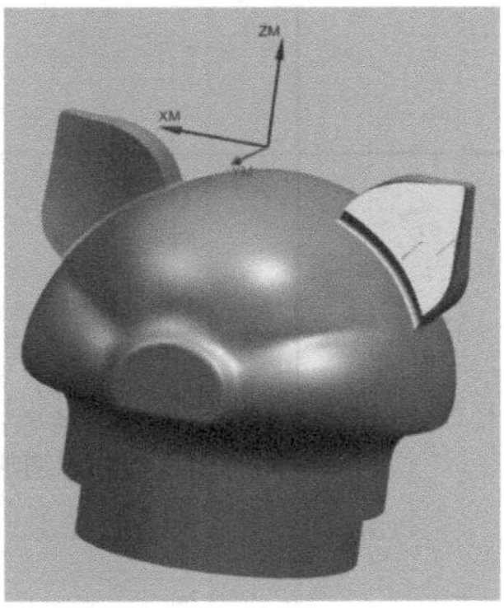
步骤 8：创建固定轮廓铣 2	同第 7 步骤方法相同，工序方法相同，思路一致，但是要改变刀轴方向，从而达到好的刀路效果和加工目的	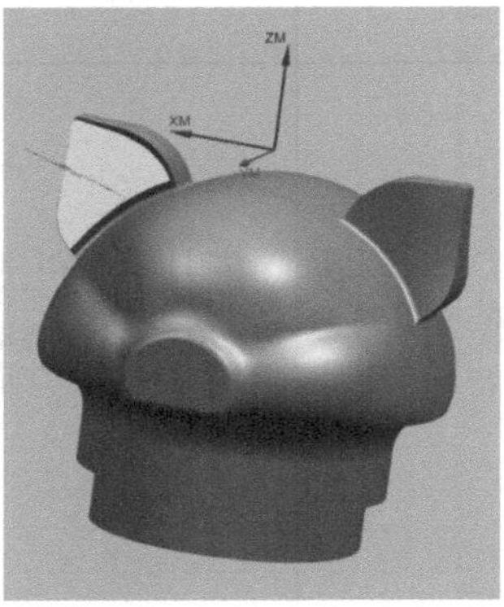

（续）

步　　骤	设计知识点	设计流程效果图
步骤 9：创建固定轮廓铣 3	同第 7 步骤方法相同，工序方法相同，思路一致，但是要改变刀轴方向，从而达到好的刀路效果和加工目的	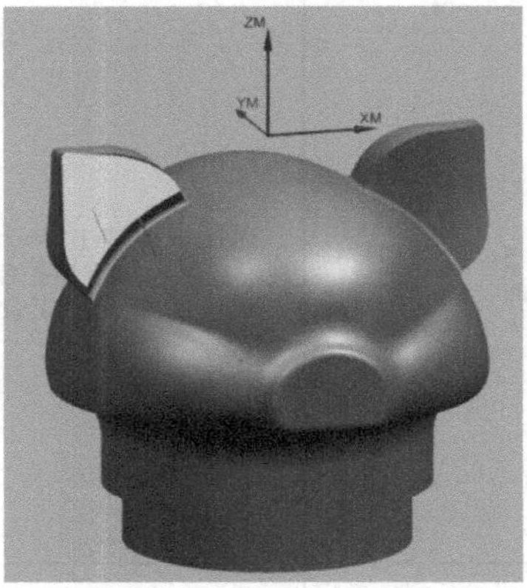
步骤 10：创建固定轮廓铣 4	同第 7 步骤方法相同，工序方法相同，思路一致，但是要改变刀轴方向，从而达到好的刀路效果和加工目的	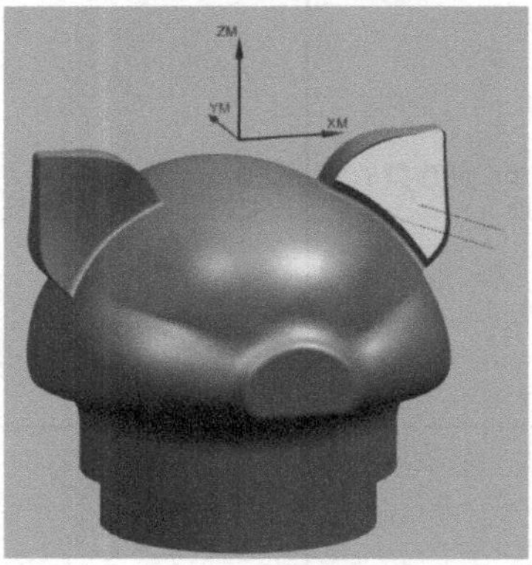
步骤 11：创建可变轮廓铣 1	针对猪首整体，对要加工零件表面设计辅助面，选择刀轴方式以及投影方法，设计刀路轨迹以达到预期加工效果	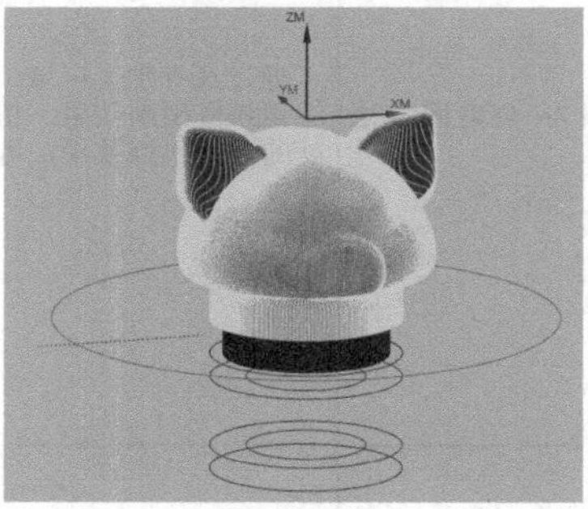
步骤 12：创建可变轮廓铣 2	针对猪首耳朵，对要加工零件表面通过修剪体方法划定加工范围选择切削区域，通过旋转的方法创建驱动几何体、选择刀轴方式以及投影方法，生成刀路轨迹，以达到预期加工效果	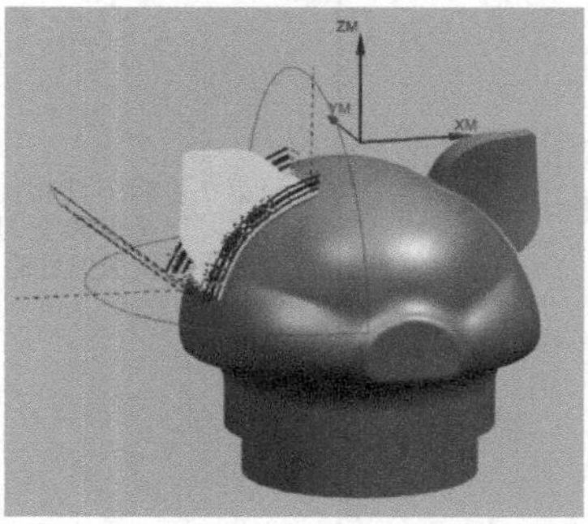

（续）

步　骤	设计知识点	设计流程效果图
步骤 13：创建可变轮廓铣 3	与第 12 步骤相同	
步骤 14：创建可变轮廓铣 4	通过第 11 步骤中驱动几何体，选择相应切削区域，改变加工余量，进行猪首整体精加工	

7.2　旋风塔

7.2.1　实例整体分析

如图 7-2 所示，旋风塔外形为圆料结构，由叶片、凹曲面和多平面组成。毛坯为圆料，采用零件整体开粗，然后进行五轴定向和联动精加工。

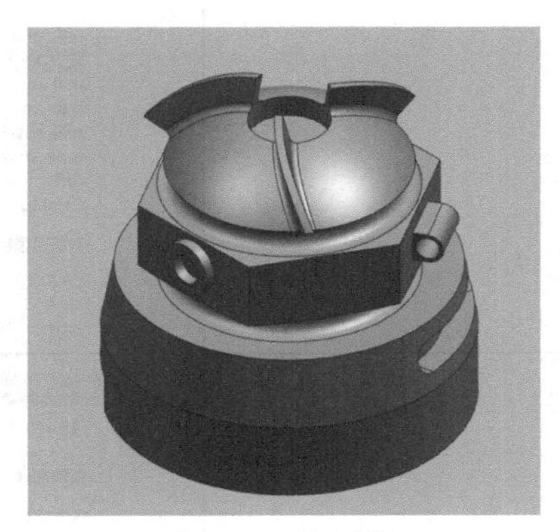

图 7-2　旋风塔

7.2.2　实例加工分析

根据零件的特点，按照加工工艺的安排原则，工序安排如下：

1）外表面粗加工采用较大直径的刀具进行粗加工，以便去除大量余量，粗加工采用型腔铣环切的方法进行整体粗加工，刀具采用 ϕ6mm 的立铣刀。

2）多平面加工采用底壁铣进行多边形精加工，刀具采用 ϕ6mm 的立铣刀。

3）多平面孔加工采用孔铣进行精加工，刀具采用 ϕ4mm 和 ϕ6mm 的立铣刀。

4）通孔外曲面加工采用固定轮廓铣进行精加工，刀具采用 ϕ6mm 的球刀。

5）外轮廓曲面精加工采用可变轮廓铣进行精加工，刀具采用 ϕ6mm 的球刀。

6）外轮廓凹槽精加工采用可变轮廓铣进行精加工，刀具采用 ϕ8mm 的立铣刀。

7）凹曲面精加工采用可变轮廓铣进行精加工，刀具采用 ϕ6mm 的立铣刀。

8）叶片精加工采用叶轮模块精加工，刀具采用 ϕ2mm 的球刀。

9）顶孔精加工采用平面铣精加工，刀具采用 ϕ6mm 的立铣刀。

7.2.3 加工流程与所用知识点

旋风塔零件数控加工的具体设计流程和知识点见表 7-2。

表 7-2 旋风塔零件数控加工的具体设计流程和知识点

步　骤	设计知识点	设计流程效果图
步骤 1：打开文件，进入加工环境	数控加工环境是指进入 UG NX 的制造模块后进行编程作业的软件环境，选择型腔铣“mill_contour”	加工环境 CAM 会话配置 cam_express cam_express_part_planner cam_general cam_library cam_native_rm_library cam_part_planner_library cam_part_planner_mrl cam_teamcenter_library 浏览配置文件 要创建的 CAM 设置 mill_planar mill_contour mill_multi-axis mill_multi_blade mill_rotary hole_making drill turning 浏览设置部件 确定 取消
步骤 2：创建几何组	创建几何组是在零件上定义要加工的几何对象和指定零件在机床上的加工方位	工件 几何体 指定部件 指定毛坯 指定检查 偏置 描述 布局和图层 确定 取消

（续）

步　骤	设计知识点	设计流程效果图
步骤3：创建刀具组	创建加工所需的加工刀具	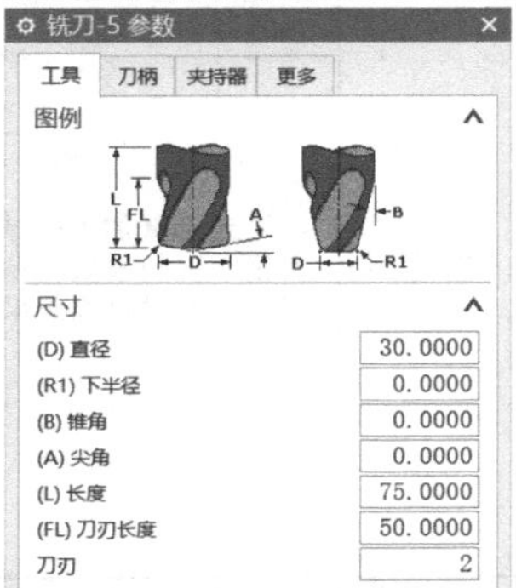 铣刀-5 参数 工具 刀柄 夹持器 更多 图例 尺寸 (D) 直径 30.0000 (R1) 下半径 0.0000 (B) 锥角 0.0000 (A) 尖角 0.0000 (L) 长度 75.0000 (FL) 刀刃长度 50.0000 刀刃 2
步骤4：创建加工方法组	加工方法通过对加工余量，几何体的内、外公差等设置，为粗加工、半精加工和精加工设定统一的参数	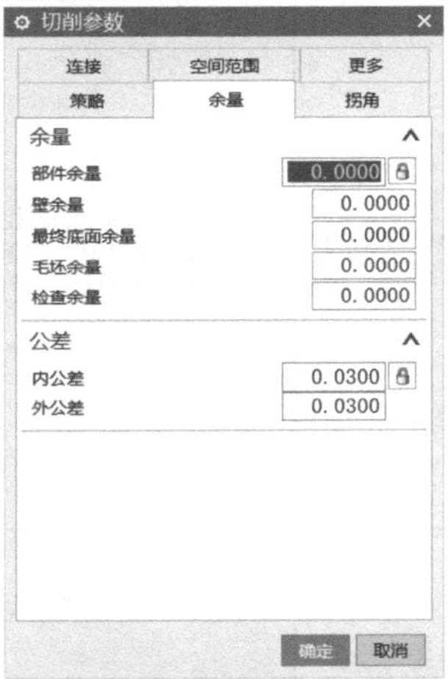 切削参数 连接 空间范围 更多 策略 余量 拐角 余量 部件余量 0.0000 壁余量 0.0000 最终底面余量 0.0000 毛坯余量 0.0000 检查余量 0.0000 公差 内公差 0.0300 外公差 0.0300 确定 取消
步骤5：创建型腔铣	通过型腔铣工序可移除平面中的大量材料，选择刀轴方向控制加工深度，选择合适切削方法，控制加工余量，达到加工效果	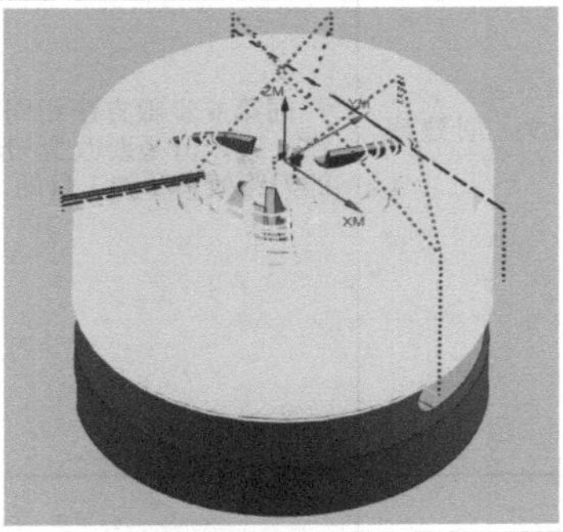
步骤6：创建底壁铣1	底壁铣操作将要移除的材料由切削区域底面和毛坯厚度来确定，自由定义底面到顶层的切削深度范围，达到精加工的目的	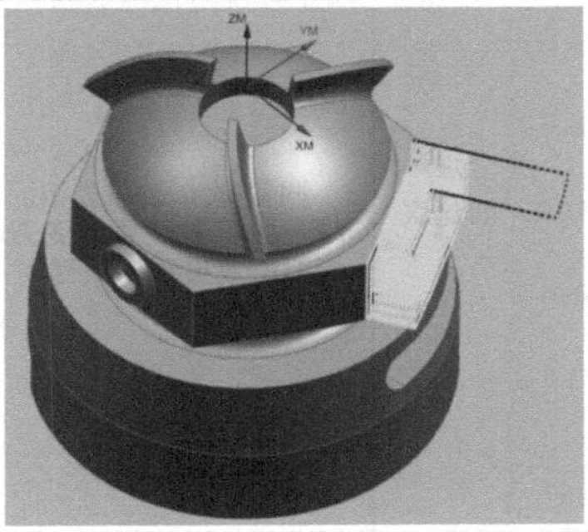

（续）

步　　骤	设计知识点	设计流程效果图
步骤 7：创建固定轮廓铣	通过选择加工区域改变固有刀轴方向，达到相应铣削效果，精加工部件表面区域，达到好的刀路轨迹效果，提高部件表面加工质量	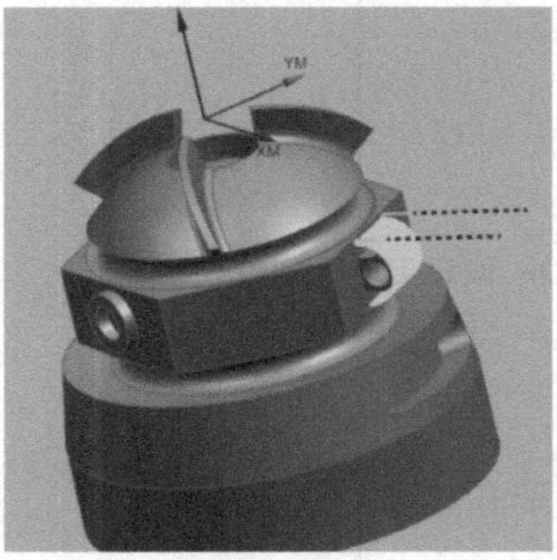
步骤 8：创建底壁铣 2	同第 6 步骤方法相同，工序方法相同，思路一致，但是要改变刀轴方向，从而达到好的刀路效果和加工目的	
步骤 9：创建底壁铣 3	同第 6 步骤方法相同，工序方法相同，思路一致，但是要改变刀轴方向，从而达到好的刀路效果和加工目的	
步骤 10：创建底壁铣 4	同第 6 步骤方法相同，工序方法相同，思路一致，但是要改变刀轴方向，从而达到好的刀路效果和加工目的	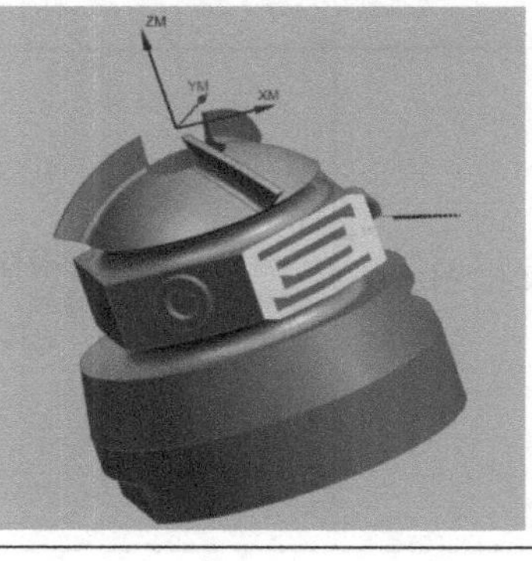

（续）

步　　骤	设计知识点	设计流程效果图
步骤 11：创建底壁铣 5	同第 6 步骤方法相同，工序方法相同，思路一致，但是要改变刀轴方向，从而达到好的刀路效果和加工目的	
步骤 12：创建底壁铣 6	同第 6 步骤方法相同，工序方法相同，思路一致，但是要改变刀轴方向，从而达到好的刀路效果和加工目的	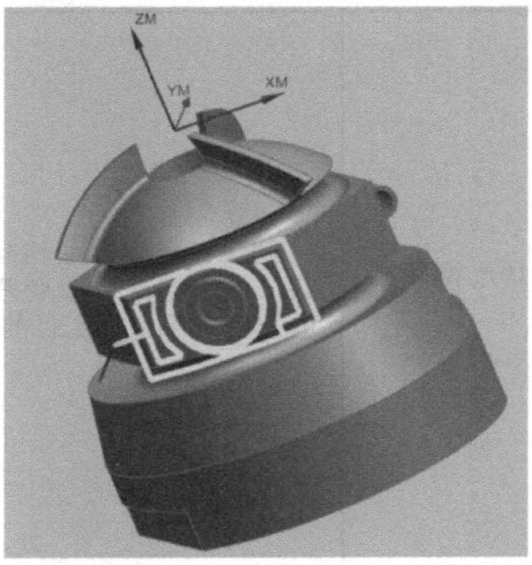
步骤 13：创建孔铣 1	通过孔铣工序可以直接选定特征孔，进行螺旋铣削模式除去过程特征的体积的待除料量	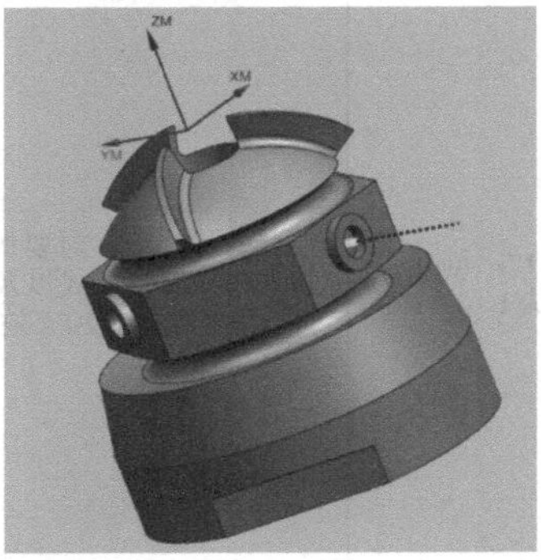
步骤 14：创建孔铣 2	同第 13 步骤方法相同，工序方法相同，思路一致，但是要改变刀轴方向，从而达到好的刀路效果和加工目的	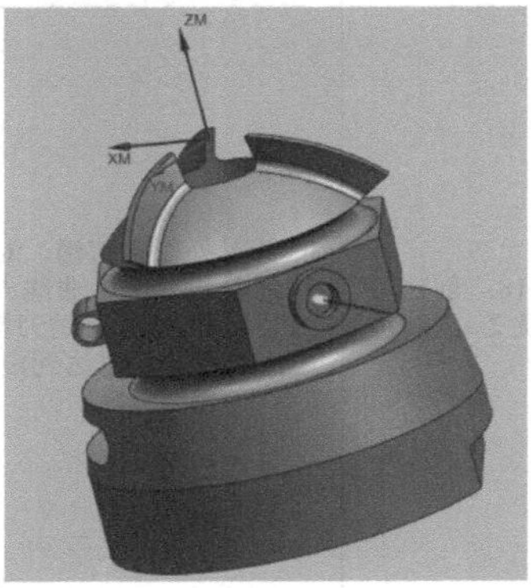

（续）

步　骤	设计知识点	设计流程效果图
步骤 15：创建孔铣 3	同第 13 步骤方法相同，工序方法相同，思路一致，但是要改变刀轴方向，从而达到好的刀路效果和加工目的	
步骤 16：创建底壁铣 7	同第 6 步骤方法相同，工序方法相同，思路一致，但是要改变刀轴方向，从而达到好的刀路效果和加工目的	
步骤 17：创建可变轮廓铣 1	针对拔模面，对要加工零件表面设计辅助面，选择刀轴方式以及投影方法，设计刀路轨迹以达到预期加工效果	
步骤 18：创建可变轮廓铣 2	针对外轮廓凹槽，对要加工零件表面通过偏置曲线，用“曲线 / 点”的驱动方法进行分层切削，选择合适刀轴方式以及投影方法，生成刀路轨迹以达到预期加工效果	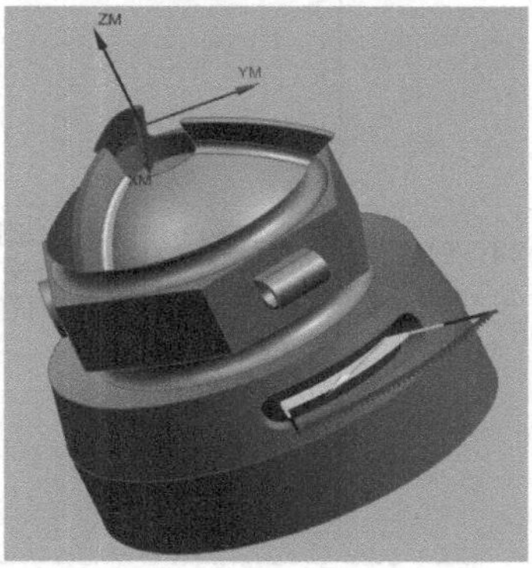

（续）

步　骤	设计知识点	设计流程效果图
步骤19：创建可变轮廓铣3	针对圆柱面，对要加工零件表面通过扩展面选择部件，拉伸设计辅助面，选择刀轴方式以及投影方法，设计刀路轨迹以达到预期加工效果	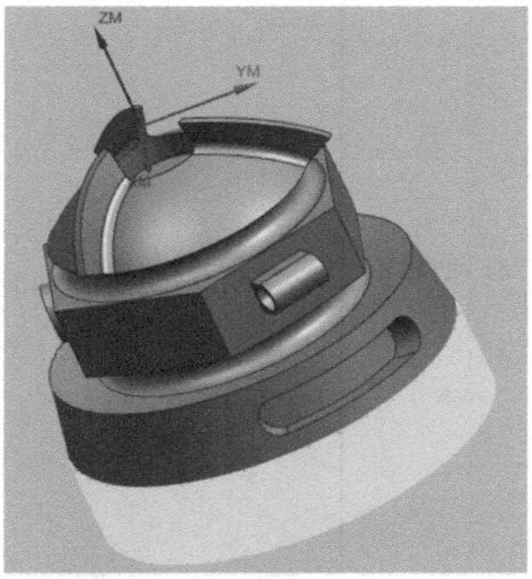 ZM YM
步骤20：创建可变轮廓铣4	针对凹型曲面，对要加工零件表面通过等参曲线找出中心线，通过曲面偏置、延伸片体找相交线确定刀轴方向，用曲面驱动方法选择刀轴方向以及投影方法，设计刀路轨迹以达到预期加工效果	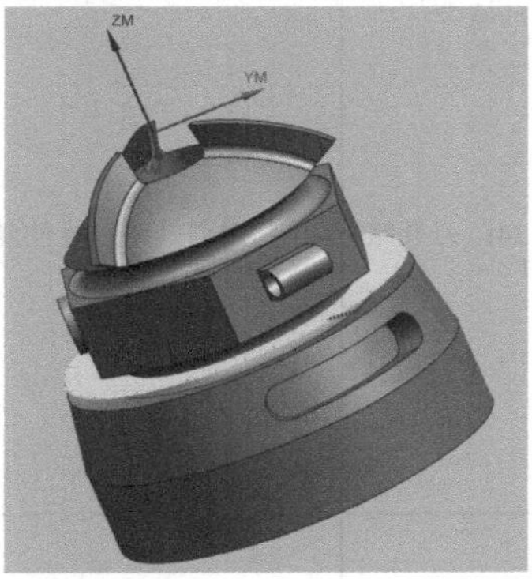 ZM YM
步骤21：创建可变轮廓铣5	针对凹型曲面，对要加工零件表面通过等参曲线找出边曲线，通过偏置曲线做驱动线，用曲线驱动方法选择刀轴方向以及投影方法，通过多刀路分层切削设计刀路轨迹，以达到预期加工效果	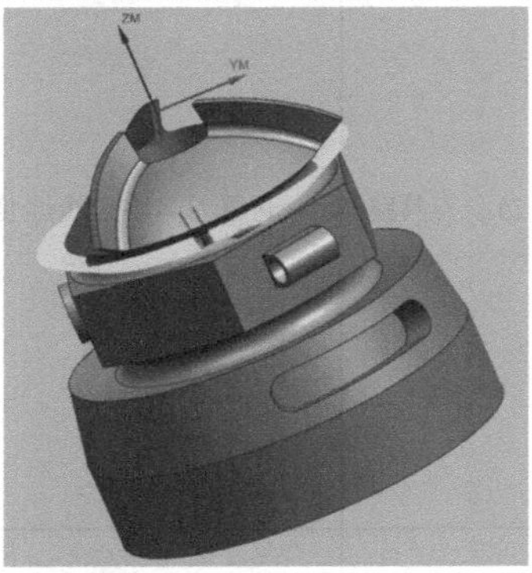 ZM YM
步骤22：创建可变轮廓铣6	同第21步骤方法相同，工序方法相同，思路一致，但不采用多刀路分层切削，以保证刀轴与侧壁平行，从而达到好的刀路效果和加工目的	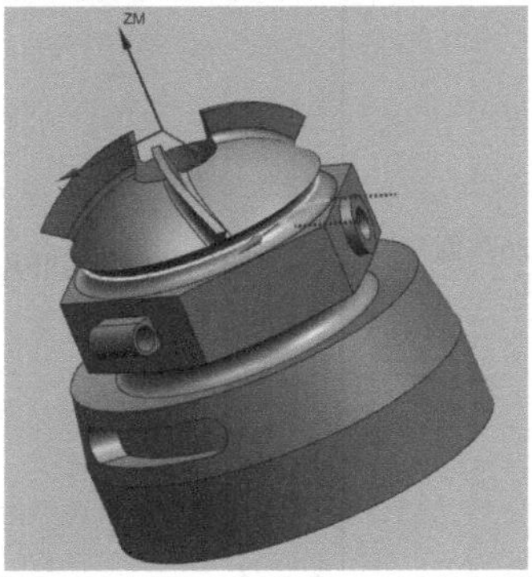 ZM

（续）

步　骤	设计知识点	设计流程效果图
步骤 23：创建轮毂精加工	采用叶轮模块对曲面进行精加工	
步骤 24：刀具路径变换 1	利用刀具路径线性复制功能，可简化刀具路径创建	
步骤 25：刀具路径变换 2	利用刀具路径线性复制功能，可简化刀具路径创建	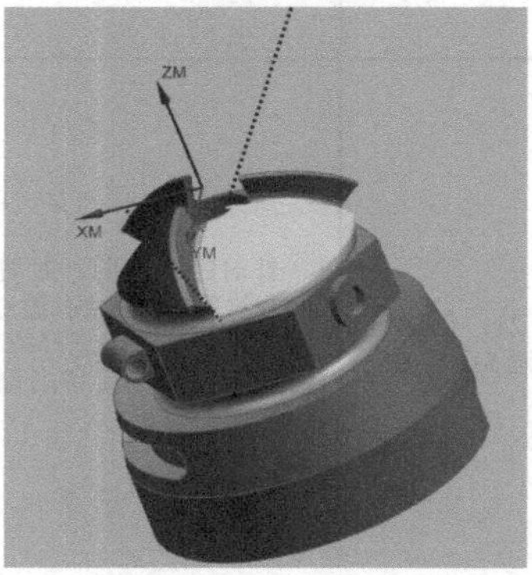
步骤 26：创建叶片精加工	采用叶轮模块对叶片侧壁进行精加工	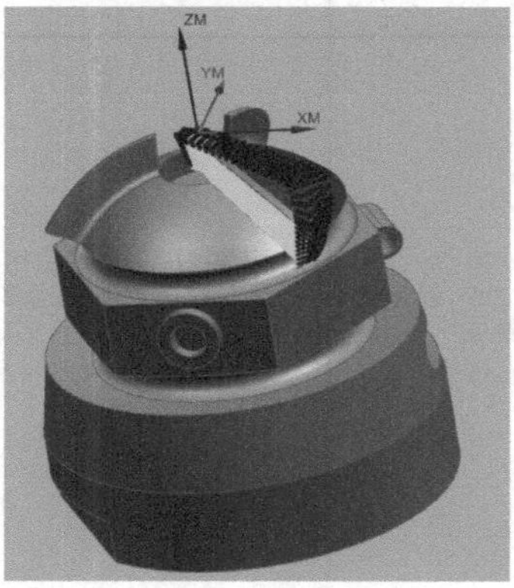

（续）

步　骤	设计知识点	设计流程效果图
步骤 27：刀具路径变换 3	利用刀具路径线性复制功能，可简化刀具路径创建	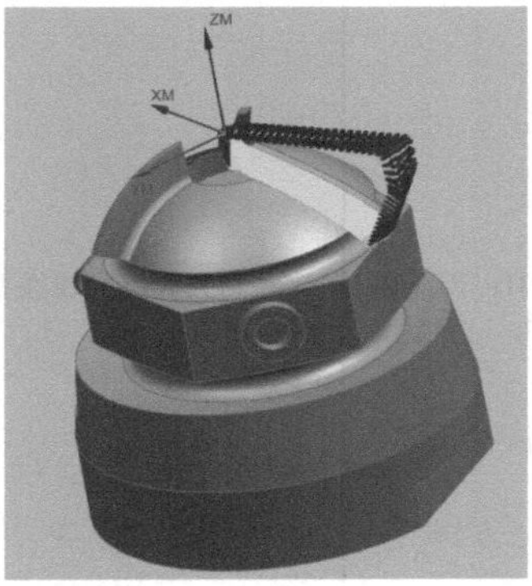
步骤 28：刀具路径变换 4	利用刀具路径线性复制功能，可简化刀具路径创建	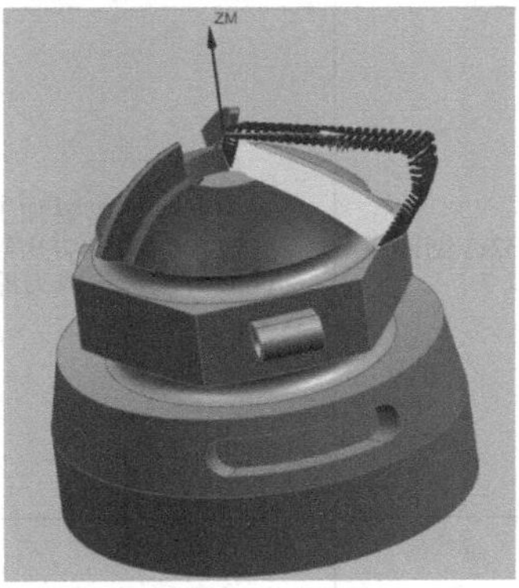
步骤 29：创建叶片精加工	采用叶轮模块对叶片侧壁进行精加工	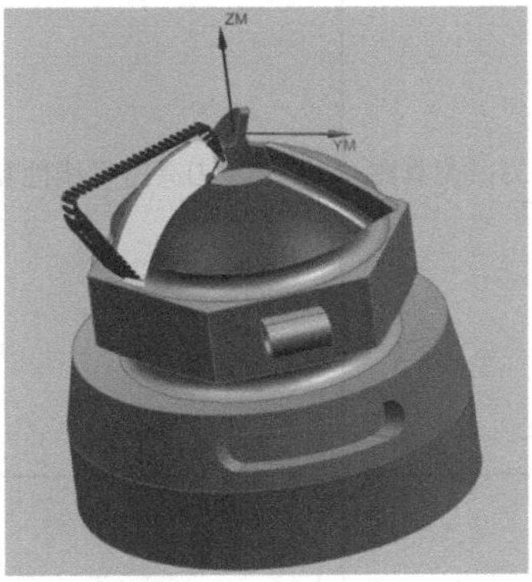
步骤 30：刀具路径变换 5	利用刀具路径线性复制功能，可简化刀具路径创建	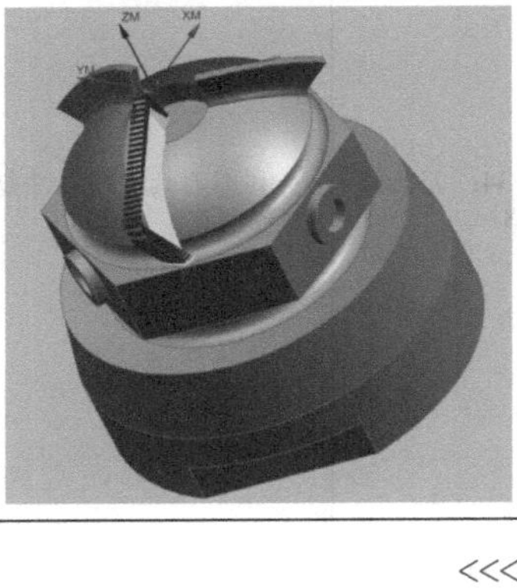

（续）

步　骤	设计知识点	设计流程效果图
步骤 31：刀具路径变换 6	利用刀具路径线性复制功能，可简化刀具路径创建	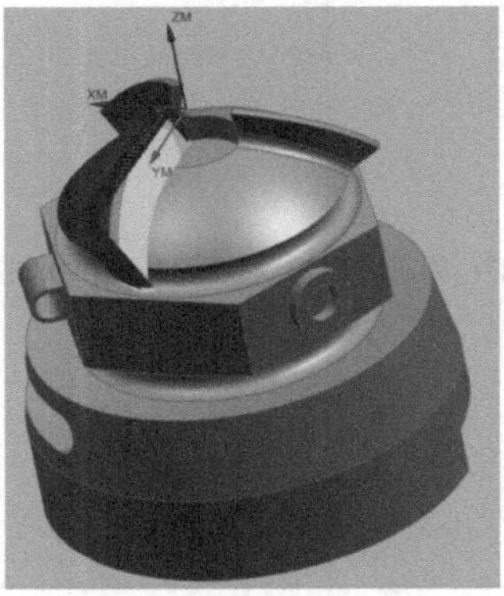
步骤 32：创建可变轮廓铣 7	针对叶顶，对要加工零件表面通过选择切削区域，创建驱动几何体，选择刀轴方式以及投影方法，生成刀路轨迹以达到预期加工效果	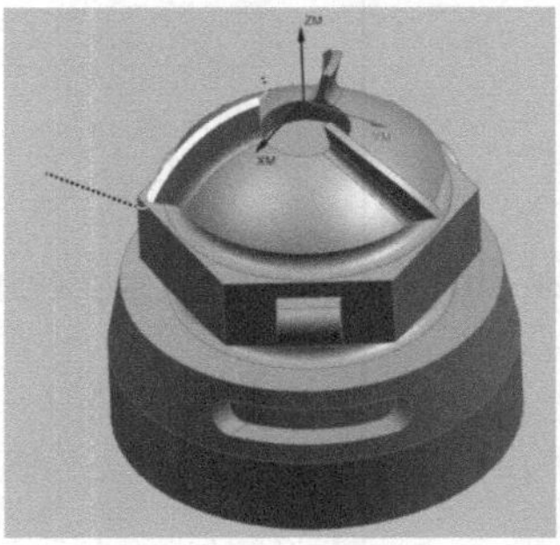
步骤 33：刀具路径变换 7	利用刀具路径线性复制功能，可简化刀具路径创建	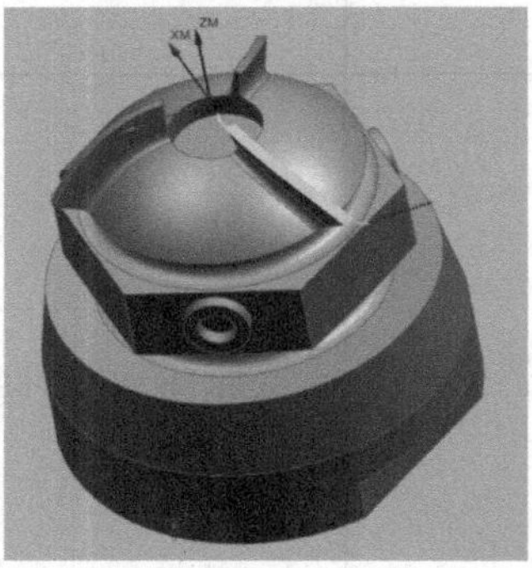
步骤 34：刀具路径变换 8	利用刀具路径线性复制功能，可简化刀具路径创建	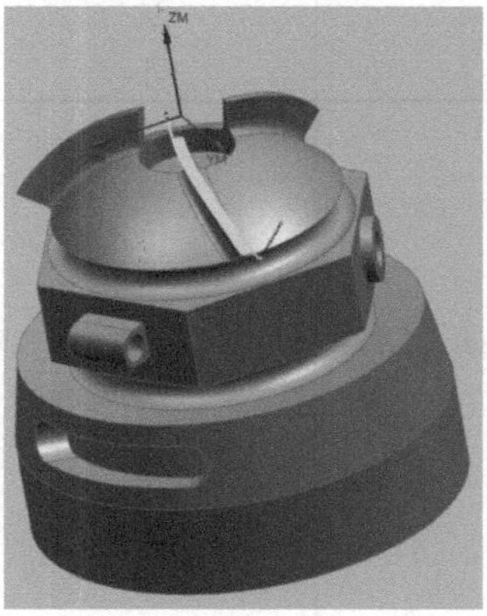

（续）

步　骤	设计知识点	设计流程效果图
步骤 35：创建平面铣	通过创建平面铣工序，对零件进行分层铣削、精铣底面和侧壁、清除加工余量	

思　考　题

1. 选择题

加工猪首零件时，使用刀具类型有（　　　）。（多选）

A. 立铣刀　　B. 球刀　　C. 槽刀　　D. 钻头

2. 填空题

（1）在加工旋风塔中，相同加工区域可通过__________进行加工。

（2）在加工猪首时使用 ϕ2mm 的__________加工猪耳。

3. 简答题

（1）简述五轴案例猪首加工方式。

（2）简述可变轮廓铣工序的主要加工参数设置。